100 BAHNSTRECKEN

die man kennen muss

Marc Dahlbeck

transpress

Einbandgestaltung: Sven Rauert
Foto: M. Dahlbeck
Rückseite: Jürgen Krantz (1), Marc Dahlbeck (3),
Malte Werning (1)

Bildnachweis:

Hinweis: Einige Fotos in diesem Buch stammen von Wikimedia Commons. Der Bildnachweis für diese Abbildungen steht auf Seite 160.

Seite 5: den-belitsky/Getty Images; Seite 6/7: Malte Werning; Seite 11: Dirk Endisch; Seite 14/15: Dirk Endisch; Seite 22: Malte Werning; Seite 24: Marc Dahlbeck; Seite 25 oben: Marc Dahlbeck; Seite 28: Dirk Endisch; Seite 29: Dirk Endisch; Seite 30: Dirk Endisch; Seite 31: Dirk Endisch; Seite 32: Uwe Miethe; Seite 34/35: Malte Werning; Seite 42: Malte Werning; Seite 45: Malte Werning; Seite 48: Malte Werning; Seite 52/53: Uwe Miethe; Seite 62: Dirk Endisch; Seite 65: Thomas Estler; Seite 67: Uwe Miethe; Seite 68/69 (2): Marc Dahlbeck; Seite 70/71: Uwe Miethe; Seite 72: Dr. Bernhard Domagalski; Seite 78: Thomas Estler; Seite 79: Uwe Miethe; Seite 80/81: Uwe Miethe; Seite 82: Thomas Estler; Seite 83: Thomas Estler; Seite 86: S. Bürgel; Seite 88: Thomas Estler; Seite 89: Uwe Miethe; Seite 90: Uwe Miethe; Seite 91: Uwe Miethe; Seite 92/93: Thomas Estler; Seite 94: Marc Dahlbeck; Seite 95: Marc Dahlbeck; Seite 96: Marc Dahlbeck; Seite 97: Marc Dahlbeck; Seite 98/99: Marc Dahlbeck; Seite 100: Marc Dahlbeck; Seite 101: Marc Dahlbeck; Seite 106: Thomas Estler; Seite 108/109: Thomas Estler; Seite 111: Christoph Riedel; Seite 112/113: Marc Dahlbeck; Seite 114/115: Marc Dahlbeck; Seite 117: Jürgen Krantz; Seite 124: Marc Dahlbeck; Seite 125: Dirk Endisch; Seite 126: Uwe Miethe; Seite 127: Uwe Miethe; Seite 128/129: Uwe Miethe; Seite 130: Uwe Miethe; Seite 131: Uwe Miethe; Seite 132/133: Thomas Estler; Seite 134: Thomas Estler; Seite 136/137: Dirk Endisch; Seite 138: Uwe Miethe; Seite 139: Uwe Miethe; Seite 140/141 (2): Uwe Miethe; Seite 142/143: Thomas Estler; Seite 144/145: Uwe Miethe; Seite 146/147: Uwe Miethe; Seite 148: Thomas Estler; Seite 149: Thomas Estler; Seite 150/151: A. Papazian; Seite 152/153 (4): Marc Dahlbeck; Seite 154: Thomas Estler; Seite 155: © RhB / T. Keller; Seite 156/157: Christian Pfammatter Photography/ MGBahn; Seite 158/159: Slg. A. Papazian

ISBN 978-3-613-71786-2

Ein Unternehmen der Paul Pietsch Verlage GmbH & Co. KG

1. Auflage 2026

Sie finden uns im Internet unter **www.transpress.de**

Produkthinweis:
Dieses Buch wurde nach den geltenden Vorschriften der General Product Safety Regulation (GPSR) entwickelt. Bei Fragen oder Problemen wenden Sie sich bitte an den Verlag unter der folgenden E-Mail-Adresse:
gpsr@paul-pietsch-verlage.de

Lektor: Hartmut Lange
Innengestaltung: Kornelia Erlewein
Druck und Bindung: DZS GRAFIK d.o.o., 1210 Ljubljana,
Printed in Slovenia

VORWORT

Eine Fahrt mit der Eisenbahn bietet immer neue reizvolle Ein- und Ausblicke auf die vorbeiziehenden Landschaften rechts und links der Strecke. Wobei der Begriff Landschaft in diesem Zusammenhang nicht nur die Schönheiten der Natur meint, sondern auch die abwechslungsreichen Stadt- und Industrielandschaften, die im Verlauf der letzten 200 Jahre entstanden. Bahnlinien, die entlang des Schienenstrangs ein eindrucksvolles Panorama bieten, gelten schnell als außergewöhnlich. Dabei ist es natürlich nicht nur die Landschaft, die darüber entscheidet, ob eine Strecke diesen Status erhält. Vielmehr verdankt die Eisenbahn ihren Siegeszug dem Bau von immer aufwendiger trassierten Strecken. Dabei überwanden die Ingenieure immer größere Hindernisse mit immer beeindruckenderen Bauwerken, ob nun im norddeutschen Flachland oder in den Alpen. Mit der Zeit wurden einige dieser außergewöhnlichen Ingenieurs- und Bauleistungen zur Legende. Dazu zählen beispielsweise Bauwerke wie die Rendsburger Hochbrücke über den Nord-Ostsee-Kanal (S. 8), der Hindenburgdamm, der die Insel Sylt mit dem Festland verbindet (S. 9) oder der Simplontunnel (S. 158).

Aber nicht nur mächtige Brücken und lange Tunnel machen Bahnlinien zu etwas Außergewöhnlichem, häufig ist es auch die landschaftliche Schönheit entlang der Strecke oder eine Besonderheit des Betriebs. Dazu zählt z.B. der Dampfbetrieb auf den Strecken der Harzer Schmalspurbahnen (S. 29 ff), beim Molli (S. 14), dem Rasenden Roland (S. 11) oder den Schmalspurbahnen in Sachsen (S. 59 ff). Auch interessante Kombinationen aus Standseilbahn und elektrischer Nebenbahn, wie sie die Oberweißbacher Bergbahn (S. 68 f.) bietet, geben einer Bahnlinie – oder in diesem Fall zwei kombinierten Bahnlinien – ein besonderes Erlebnis.

Die berühmte Albula-Strecke der Rhätischen Bahn von Thusis nach St. Moritz (S. 154) und die spektakuläre Berninabahn St. Moritz–Tirano (S. 155) erfüllen sogar gleich mehrere Kriterien: Brücken, Tunnel, die eindrucksvolle Berglandschaft des Kantons Graubünden und eine Spurweite von nur einem Meter. Kein Wunder, dass diese beiden Bahnlinien seit 2008 von der UNESCO als Welterbe anerkannt werden.

Dagegen ist es ganz einfach, eine Hochgeschwindigkeitsstrecke wie die Relation Köln–Frankfurt (S. 72) einzuordnen: Sie fand über das Kriterium Geschwindigkeit Eingang in diese Zusammenstellung, die Strecken aus Deutschland, Österreich und der Schweiz vorstellt.

Die Mehrzahl der Texte verfasste Ulrich Lieb (Ulm) für dieses Buch. Weitere Streckenbeschreibungen stammen aus der Feder von Marc Dahlbeck. Für diese Ausgabe wurden ihre Texte redaktionell überarbeitet und aktualisiert.

Ein großer Dank gilt auch den Fotografen Sven Bürgel, Christof Schröfl, Uwe Miethe, Thomas Estler, Malte Werning sowie Marc Dahlbeck, die Bilder aus ihren Archiven zur Verfügung stellten.

Wir wünschen Ihnen viele Freude bei der Reise über 100 Bahnstrecken, die man kennen muss!

INHALT

VOM RHEIN AN DEN MAIN 70

ZWISCHEN NECKARSTRAND UND BODENSEE 92

VOM ALLGÄU BIS NACH NORDITALIEN 128

ZWISCHEN WATTENMEER UND BODDENSTRAND

JÜTLANDLINIE

Dänemark engagiert sich bereits früh für den Eisenbahnbau, seit 1835 gibt es eine Königliche Eisenbahnkommission. 1840 vereinigen sich Interessengemeinschaften in Altona und Kiel und vereinbaren die Strecke Altona–Kiel vermessen zu lassen. Da ein Abzweig nach Glückstadt (Keimzelle der späteren Marschbahn Hamburg–Niebüll–Westerland/Sylt) geplant wird, einigt man sich auf die Linienführung über Elmshorn statt über Barmstedt.

Die 1843 begonnene und am 18.9.1844 eröffnete König-Christian VIII.-Ostseebahn (das ist die Strecke Altona–Kiel) zeigt Dänemarks Zielsetzung (Dänemark herrscht bis 1864 über die Herzogtümer Holstein und Schleswig), Landverbindungen zwischen Nord- und Ostsee zur Erschließung des ländlichen Raums zu schaffen. Am 18.9.1845 folgt die in Neumünster abzweigende Strecke Neumünster–Rendsburg der Rendsburg-Neumünster Eisenbahn-Gesellschaft (RNE). Dann geht es in Flensburg weiter: Die Bahn Flensburg–Husum–Tönning der Flensburg-Husum-Tönninger Eisenbahngesellschaft (FHTE) wird am 1.4.1854 eröffnet. Von Flensburg ausgehend baut die Schleswigsche Eisenbahn AG (SEAG) die Strecke nach Rendsburg. Am 25.10.1854 wird der Abschnitt Rendsburg–Oster Ohrstedt der FHTE als Zweigstrecke der Strecke Flensburg–Husum–Tönning eröffnet (diese Strecke entsteht für den Viehtransport nach England). Gleichzeitig entsteht auch die Hafenbahn Flensburg. Schleswig wird (von Klosterkrug aus) mit einer Stichstrecke am 2.6.1858 angebunden. Am 17.2.1862 geht die RNE in der SEAG auf, die FHTE folgt am 24.10.1865.

Nachdem Dänemark die Herzogtümer 1864 abgetreten hat, strukturiert Preußen die verschiedenen Streckenteile um und bildet die später so genannte Jütlandlinie. Am 2.5.1866 geht die (heute zu Dänemark gehörende) Verlängerung Flensburg–Padborg–Haderslev in Betrieb.

Streckenname	Jütlandlinie
Relation	Neumünster–Padborg (Schleswig-Holstein, Dänemark)
Länge	106,1 km
Funktion	Personen- und Güterverkehr
Daten zum Bau	Baubeginn: 1843 | Bauzeit (inkl. Planung, bis zur Fertigstellung): 23 Jahre (mit Unterbrechungen) | Eröffnung: 18.9.1845 | Durchgängig befahrbar ab: 2.5.1866
Spurweite	Vollbahn (1435 mm)
Bauwerke	Rendsburger Hochbrücke (317 m) | Rendsburger Schleife
Bahnhöfe	Neumünster, Flensburg, Padborg
Anschlusspunkte	Neumünster: nach Bad Oldesloe, Hamburg–Altona–Kaltenkirchen–Neumünster, nach Heide, Hamburg–Altona–Kiel | Jübek: nach Husum | Flensburg: nach Kiel, nach Padborg und Fredericia (Dänemark)
Besonderheiten	Weitgehend zweigleisige, elektrifizierte Hauptbahn

Als letzte Veränderung erfolgt 1869 unter Ägide der *Altona-Kieler Eisenbahn* eine Streckenverkürzung zwischen Owschlag, Schleswig und Jübek nach Eggebek. Die SEAG wird am 5.11.1884 verstaatlicht. Schleswig-Holstein ist damit im Wesentlichen eisenbahntechnisch erschlossen. Die Kunstbauten Rendsburger Hochbrücke mit der anschließenden Rendsburger Schleife werden am 1.12.1913 in Betrieb genommen. Die Bahnstrecke entwickelt sich zur Hauptverbindung für den Güterverkehr zwischen Deutschland und Dänemark bzw. Skandinavien.

Im Fernverkehr spielt die Bahnlinie heute eine bedeutende Rolle, da sie bis zur Eröffnung des Fehmarnbelttunnels die Vogelfluglinie ersetzt: Im Zweistundentakt verbinden EC-Züge Hamburg und Kopenhagen mit Halt in Schleswig sowie ein Eurocity-Zugpaar Flensburg über Hamburg und Berlin mit Prag über diese Strecke. Im Regionalverkehr bedienen RB- und RE-Züge die Relation Neumünster–Flensburg.

Bei Rendsburg überquert die Jütlandlinie auf einer stählernen Hochbrücke den Nord-Ostsee-Kanal. Blick aus dem Nachtzug von Stockholm nach Hamburg.

2

MARSCHBAHN

245 027 bringt auf der Marschbahn ein Syltshuttle von Westerland nach Niebüll.

Streckenname	**Marschbahn**
Relation	Hamburg–Westerland (Hamburg, Schleswig-Holstein)
Länge	237,7 km
Funktion	Personen- und Güterverkehr
Daten zum Bau	Baubeginn: 1844 | Bauzeit (inkl. Planung, bis zur Fertigstellung): 83 Jahre (mit langjährigen Unterbrechungen) | Eröffnung: 20.7.1845 | Durchgängig befahrbar ab: 1.6.1927
Spurweite	Vollbahn (1435 mm)
Bauwerke	Klappbrücke über Stör, Hochbrücke Hochdonn (2218 m), Eiderbrücke (417 m), Flussbrücken über Arlau, Lecker Au, Hindenburg-Damm (11300 m)
Bahnhöfe	Hamburg, Westerland (Sylt)
Anschlusspunkte	Hamburg: nach Lübeck, nach Berlin, nach Stade, nach Hannover, Hamburg-Altonaer-Verbindungsbahn, zahlreiche S-Bahn-Strecken und Nahverkehr | Heide (Holst.): nach Büsum, nach Neumünster | Husum: nach Flensburg, nach Kiel, nach St. Peter Ording | Niebüll: Kleinbahn nach Dagebüll, Autoverladestelle Sylt-Shuttle
Besonderheiten	Zweigleisige Hauptstrecke, Elektrifizierung im Bau, Hindenburg-Damm

Zwischen Elmshorn und Glückstadt wird am 20.7.1845 eine Bahnlinie der Glückstadt-Elmshorner Eisenbahn-Gesellschaft (seit 1888 Schleswig-Holsteinische Marschbahn-Gesellschaft) eröffnet (Baubeginn war 1844). Ziel ist es die Herzogtümer Holstein und schließlich Schleswig mit einer Bahn zu erschließen. Sie zweigt von der Strecke Hamburg–Altona–Kiel (eröffnet 18.9.1844) bei Elmshorn ab. Von Glückstadt wird die Bahn bis 15.10.1857 nach Itzehoe verlängert, am 1.11.1878 erreicht die Bahn schon Heide in Holstein (die Stadt hat am 22.8.1877 Bahnanschluss durch die Strecke Neumünster–Heide–Karolinenkoog erhalten).

Erst 1886 wird die Strecke weitergebaut und erreicht, da keine Kunstbauten notwendig sind, rasch am 15.11.1887 Niebüll. Sie erschließt damit schrittweise das Land in Richtung Marsch (da die Bahn durch die Marschlandschaft verläuft, erhält sich schon damals den Namen Marschbahn) bis zur ehemaligen dänischen Grenze bei Ribe (deutsch: Ripen), jenseits des heute dänischen Tondern. Die Marschbahn wird weiter bis ins dänische Bramming geführt, wo sie Anschluss an die dänische Hauptbahn Esbjerg–Fredericia (eröffnet 1869) erhält.

Die Bahn ist besonders bei Sylt-Urlaubern beliebt, bis 1914 nimmt der Verkehr nach Tondern und von dort per Postschiff nach Sylt stark zu. Nach dem Ersten Weltkrieg wird Tondern dänisch, der Weg nach Sylt umständlich, da er über dänisches Territorium führt. Erst mit Einweihung des Hindenburgdamms am 1.6.1927 kann man von Niebüll aus per Bahn nach Westerland auf Sylt reisen. Damit hat die Marschbahn ihr heutiges Streckenbild erhalten.

Nach dem Zweiten Weltkrieg kommen Schnellzüge der Relationen Köln–Westerland und West-Berlin–Westerland über die Marschbahn (Zuglokomotiven bisweilen BR 01.10). Die Stammstrecke der Marschbahn (in Richtung Tondern) verliert in den folgenden Jahren ihre Bedeutung und wird 1973 für den Personenverkehr stillgelegt. Seit 1978 ist die Marschbahn in den IC-Taktfahrplan eingebunden.

Noch immer besitzt die Marschbahn große Bedeutung im Zubringerverkehr nach Hamburg, den Nordseebädern und natürlich den Nordfriesischen Inseln. Der Güterverkehr besitzt vor allem in der Nähe zum Ballungsraum Hamburg noch erhebliche Bedeutung, wohingegen er auf den nördlichen Abschnitten nahezu verschwunden ist. Zwischen Niebull und Tondern gibt es seit 2.7.2000 wieder sogar wieder Personenverkehr.

Bereits seit Juli 1998 ist Abschnitt Hamburg–Itzehoe elektrifiziert, seitdem bemüht sich das Land um eine Elektrifizierung des verbliebenen Abschnitts Itzehoe–Westerland.

VOGELFLUGLINIE

Der Flug der Vögel weist die kürzeste Strecke zwischen Mitteleuropa und Skandinavien aus. Und der kürzeste Weg von Hamburg nach Kopenhagen verläuft über Lübeck und die Insel Fehmarn. Nachdem die Bahnlinie Hamburg–Lübeck am 1.8.1965 in Betrieb gegangen ist, schlägt ein deutscher Ingenieur den Bau von Eisenbahnen auf den dänischen Inseln Seeland, Falster und Lolland, einen Damm zur Überquerung des Fehmarnsunds sowie eine Anschlussbahn nach Lübeck vor. Ausgeführt wird der Plan nicht, aber bis 1909 entstehen zwei Fährverbindungen (Warnemünde–Gedser und Saßnitz–Trelleborg). Den Bau der Vogelfluglinie fördert stattdessen die private Kreis Oldenburger Eisenbahn (KOE). Sie eröffnet die Strecke Neustadt–Oldenburg/Holstein am 30.9.1881, die bis Heiligenhafen verlängert wird am (17.1.1898); der Sprung über den Fehmarnsund erfolgt am 23.10.1903. Am 2.9.1905 geht auf Fehmarn die Strecke Fährhafen Fehmarnsund–Orth in Betrieb. Trotz mehrfacher Anstöße zum Weiterbau der Strecke nach Kopenhagen entsteht lediglich das Stück Lübeck–Neustadt (1.6.1928).

Nach dem Zweiten Weltkrieg verlieren die von der DDR ausgehenden Verbindungen an Bedeutung, neue Verkehrsströme entstehen. Der Bau des Fährhafens Großenbrode-Kai beginnt am 23.4.1951, am 13.6.1958 schließen die Bundesrepublik und Dänemark ein Abkommen, 1959 starten die Bauarbeiten für den 1350 m langen Brückenschlag (Brückenbau 963 m lang) über den Fehmarnsund. Zwischen Großenbrode und Puttgarden entsteht eine zweigleisige Neubaustrecke, in Puttgarden ein neuer Fährhafen. Am 14.5.1963 erfolgt die Einweihung des bis dahin größten Bauvorhabens der DB seit Kriegsende.

Derzeit ist eine feste Fehmarnbelt-Querung (deutsch-dänischer Staatsvertrag, 3.9.2008) in Bau. Zum 14. Dezember 2019 wurde die Eisenbahnfährverbindung aufgrund des Baus des Fehmarnbelttunnels eingestellt; stattdessen fahren nun alle Fernverkehrszüge zwischen Hamburg und Kopenhagen über die Jütlandlinie, also über die Strecke Flensburg–Kolding–Odense und die Großer-Belt-Querung.

Der erste Spatenstich für den Tunnel auf dänischer Seite erfolgte am 1. Januar 2021, auf deutscher Seite am 29. November 2021. Die prognostizierte Vollendung des Tunnels hat sich mehrmals verschoben, aktuell geht man von 2031 aus. Die Schienenanbindung wird jedoch nicht vor 2032 fertiggestellt sein.

Streckenname	Vogelfluglinie
Relation	Hamburg–Lübeck–Puttgarden(–Kopenhagen) (Hamburg, Schleswig-Holstein, Dänemark)
Länge	151,4 km
Funktion	Verbindung des mitteleuropäischen Festlands mit Skandinavien, kürzeste Verbindung Hamburg–Öresundregion
Daten zum Bau	Baubeginn: 1865 (Hamburg–Lübeck) | Bauzeit (inkl. Planung bis zur Fertigstellung): mit zum Teil sehr langen Unterbrechungen 98 Jahre | Eröffnung: 14.5.1963 | Durchgängig befahrbar ab: 14.5.1963
Spurweite	Vollbahn (1435 mm)
Bauwerke	Fehmarnsundbrücke (963 m)
Bahnhöfe	Hamburg, Lübeck, Puttgarden
Anschlusspunkte	Hamburg: nach Hannover, Berlin, Elmshorn, Bremen | Lübeck: nach Kiel, Lüneburg, Bad Kleinen | Puttgarden: nach Dänemark
Besonderheiten	Fährverbindung von Puttgarden nach Dänemark, bekanntestes Einsatzgebiet von V 200.1 und VT 12, Abschnitt Hamburg–Lübeck elektrifiziert, höchster Punkt: Fehmarnsundbrücke (68 m)

Ein Diesel-ICE im Dienst der DSB hat die Fehmarnsundbrücke überquert.

RASENDER ROLAND

99 4632 dampft an einem Oktoberabend 2021 bei Seelvitz über die herbstliche Insel.

Streckenname	Rasender Roland
Alternative Bezeich.	Rügensche Kleinbahn
Relation	Putbus–Göhren (Insel Rügen, Mecklenburg-Vorpommern)
Länge	24,1 km (einstmals über 60 km Streckennetz)
Funktion	Einst Personen- und Güterverkehr, heute noch Personenverkehr
Daten zum Bau	Baubeginn: 7.7.1893 | Bauzeit (inkl. Planung, bis zur Fertigstellung): 6 Jahre | Eröffnung: 22.7.1895 | Durchgängig befahrbar ab: 13.10.1899
Spurweite	Schmalspurbahn (750 mm)
Bahnhöfe	Putbus, Göhren
Anschlusspunkte	Putbus: Bergen–Lauterbach Mole (Dreischienengleis ab Putbus, nach Bergen Vollbahn)
Besonderheiten	Dampfbetriebe Schmalspurbahn

Die Insel Rügen ist mit Eröffnung der Bahnlinie Stralsund–Bergen am 26.10.1863 ebenfalls von der Eisenbahn erreicht worden. Allerdings harren noch Gebiete Rügens erhofften Bahnanschluss. In diesem Zusammenhang ist das preußische Kleinbahngesetz vom 28.7.1892 bedeutsam: Es regelt den Bau kostengünstiger Kleinbahnen, also einfach zu erstellenden Eisenbahnlinien.

Aus einer Vielzahl an Ideen und Projekten zur weiteren Erschließung Rügens, die alle scheitern, kristallisieren sich schließlich drei Linien heraus: Putbus–Göhren, Altefähr–Putbus (eröffnet 04.07.1896, stillgelegt 3.12.1967) und Bergen–Altenkirchen Wittower Fähre (21.12.1896, 18.12.1969). Am wichtigsten ist die Verbindung Putbus–Göhren, bei der der Personenverkehr im Vordergrund steht. Am 7.7.1893 beginnen die Arbeiten (ausgeführt von Lenz & Co., Stettin, auch Betreiber bis 1910), Putbus–Binz wird am 22.7.1895 als erster Abschnitt eröffnet. Göhren ist am 13.10.1899 erreicht, die Bahn damit durchgängig befahrbar.

1910 wechselt der Betreiber: Die eigens gegründete Kleinbahnabteilung des Provinzialverbandes von Pommern (ab 1920: Vereinigung vorpommerscher Kleinbahnen GmbH) betreibt die Strecke nun rationeller. Allerdings stellt die Nachkriegszeit mit der Inflation die Bahn vor große Herausforderungen.

1918 beträgt das Kleinbahnstreckennetz an die 100 km. Die Verbindung zwischen Putbus und Göhren erweist sich als die wirtschaftlichste Strecke. Nach dem Zweiten Weltkrieg verhindert allein die exponierte Lage Rügen die Demontage der Gleisanlagen als Reparationsleistung.

1949 übernimmt die DR den Betrieb. Mit Einsetzen des Massentourismus Mitte der 50er-Jahre des 19. Jh. erweist sich Putbus–Göhren als wichtigste Verkehrsbasis für die Badeorte Baabe, Binz, Göhren und Sellin (der Name »Rasender Roland« für die Strecke geht wohl auf sächsische Bergleute zurück, die in den 50er-Jahren in Binz Erholung suchen).

Am 11.12.1967 wird der ohnehin geringe Güterverkehr eingestellt. Der Personenverkehr sollte nach Willen des DDR-Verkehrsministeriums 1976 folgen, aber dem Einsatz privater Bahnfreunde ist es zu verdanken, dass der Rasende Roland erhalten bleibt.

Zum 1.1.1994 kommt die Strecke in den Besitz der DB. Diese, am Rasenden Roland desinteressiert, überträgt die Betriebsführung der Bahn zum 1.1.1996 an die eigens gegründete Rügensche Kleinbahn GmbH, einem Teil der damaligen Karsdofer Eisenbahngesellschaft. Am 28.5.1999 wird das Dreischienengleis Putbus–Lauterbach Mole eröffnet, seitdem ist Lauterbach auch durch Schmalspurzüge erreichbar.

Nach einigen Irrungen und Wirrungen rund um die Schmalspurbahn übernimmt die Eisenbahn- Bau- und Betriebsgesellschaft Pressnitztalbahn mbH (PRESS, Jöhstadt) zum 1.1.2008 den Betrieb zwischen Putbus und Göhren. Zum 1.6.2008 geht auch die Infrastrukturverantwortung auf die PRESS über. Die nunmehrige Rügensche BäderBahn (RüBB) setzt täglich mit großem Erfolg Dampflokomotiven (Baujahre 1914–1953) vor ihren Personenzügen ein.

USEDOMER BÄDERBAHN

Auf der Insel Usedom dominiert im 19. Jahrhundert die Fischerei als Haupterwerbszweig. Vom Bau einer Eisenbahn hängt die weitere Erschließung der Insel ab. Zwar hat die Berlin-Stettiner-Eisenbahngesellschaft (BSE) von Züssow am 23.3.1864 bereits den Wolgaster Hafen erreicht, aber der Übergang nach Usedom steht noch aus.

Die Erschließung Usedoms erfolgt von Südosten: Im August 1873 beginnen die Arbeiten. Mit Eröffnung der Hauptbahn Ducherow–Swinemünde am 15.5.1876 (Querung des Peenestroms bei Karnin mittels einer Drehbrücke, Ausbau zur Hubbrücke bis 1933) ist die weitere Erschließung vorbereitet.

In mehreren Etappen entsteht der sogenannte Bäderverkehr auf Usedom. An eben demselben 15. Mai wird auch die Hafenbahn Swinemünde in Betrieb genommen und nach längerer Pause – seit 1879 unter Ägide der Königlich Preußischen Staatsbahnen (KPEV) – bis 1.1.1892 verlängert. Der Abschnitt bis Heringsdorf wird am 1.7.1894 dem Betrieb übergeben, ehe am 1.7.1901 die Strecke Ostswine–Swinemünde (Fährverkehr) eröffnet werden kann. Die Inbetriebnahme der Nebenbahn Heringsdorf–Wolgaster Fähre beendet am 1.6.1911 zunächst den Bahnbau auf Usedom.

1908 hat der Verkehr bereits so stark zugenommen, dass ein zweigleisiger Ausbau notwendig wird. Vor allem in den 30-Jahren entwickelt sich der Bäderverkehr enorm, Usedom wird zur »Badewanne Berlins«. Damals kommen sogar Schnell- und Eilzüge (darunter ein Kurswagen Stettin–München) auf die Insel. Allerdings transportiert die Bahn seit etwa 1935 Material für die im Aufbau befindliche Raketenversuchsanlage in Peenemünde.

Nachdem die Karniner Hubbrücke am 28.4.1945 unbrauchbar gemacht worden ist, wird der Verkehr nach Usedom unterbrochen. Die Grenzziehung zwischen Deutschland und Polen durchtrennt die Bäderbahn, die Usedomer Bahn ist nun

In Wolgast rollen die UBB-Triebwagen über die 1994–96 errichtete Peenebrücke. Das Bauwerk ist die größte Waagebalken-Brücke Deutschlands.

reines Inselnetz. Im Dezember 1946 entsteht eine Eisenbahnfährverbindung bei Wolgast. 1945–1990 werden Güterwaggons und Lokomotiven im Trajektverkehr zwischen Wolgast Hafen und Wolgaster Fähre übergesetzt.

Der Zuwachs an Urlaubsgästen führt aber in den 60er-Jahren zu einer Überlastung der Eisenbahnfähre, sodass viele Güter per LKW über die seit Mai 1950 wieder hergestellte Wolgaster Straßenbrücke transportiert werden müssen. Auf der Usedomer Inselbahn verkehren vor allem BR 86 mit den charakteristischen Windleitblechen, sie werden von der BR 110 der DR abgelöst.

Bis 17.3.1989 lässt die DR den Abschnitt Züssow–Wolgast mit einer Einfachfahrleitung überspannen. Die Bahn auf Usedom aber befindet sich in sehr schlechtem Zustand. Die Stilllegung scheint 1992 beschlossene Sache.

Aber am 1.4.1993 wird das »Projekt Usedom« ins Leben gerufen, seit Mai 1993 werden Zugverbindungen im Stundentakt mit Schienenbussen der Deutschen Reichsbahn (Baureihe 771/971) angeboten. Das lockt wieder viele Gäste auf die Insel, die immer noch in Zügen anreisen, die mit der Fähre auf Usedom übergesetzt werden müssen.

Am 1.6.1995 übernimmt die Usedomer Bäderbahn (UBB; ein Tochterunternehmen der DB AG) den Betrieb und führt eine aufwendige Modernisierung der Gleisanlagen und Infrastruktur durch. Im Jahr 2000 erfolgt die Wiederanbindung an das Festlandnetz über die bereits fertiggestellte kombinierte Straßen- und Eisenbahnbrücke in Wolgast. Seit diesem Jahr wird der Betrieb mit modernen Dieseltriebwagen der BR 646 abgewickelt.

Am 5. Oktober 2007 begann der Bau der Verlängerung von Ahlbeck Grenze nach Świnoujście (Swinemünde). Für rund drei Millionen Euro wurden 1,5 km Strecke wieder aufgebaut und der neue, zweigleisige Bahnhof Świnoujście Centrum am Rande des Stadtzentrums (etwa 250 m vor dem früheren Bahnhof Swinemünde Bad) errichtet. Für den Betrieb auf polnischer Seite gründete die UBB die Tochtergesellschaft UBB Polska. Am 20. September 2008 wurde die Strecke freigegeben, der Planbetrieb startete am nächsten Tag. Zum 10. Dezember 2017 übernahm die DB Regio Nordost den Betrieb und die 23 Triebwagen der Baureihe 646, die bisher von der UBB betrieben wurden. Sie stellte bereits seit 2013 das Fahrpersonal.

Streckenname	Usedomer Bäderbahn (UBB)
Relation	Wolgast–Ahlbeck (Mecklenburg-Vorpommern)
Länge	59,1 km
Funktion	Bäderverkehr, Personen- und Güterverkehr, heute Personennahverkehr
Daten zum Bau	Baubeginn: August 1873 | Bauzeit (inkl. Planung, bis zur Fertigstellung): 38 Jahre (mit längeren Unterbrechungen) | Eröffnung: 15.5.1876 | Durchgängig befahrbar ab: 1.6.1911
Spurweite	Vollbahn (1435 mm)
Bahnhöfe	Peenebrücke (Klappbrücke) in Wolgast
Anschlusspunkte	Züssow, Wolgast, Seebad Heringsdorf, Ahlbeck | Züssow: Stralsund–Pasewalk
Besonderheiten	Elektrifizierung des Abschnitts Züssow–Wolgast Hafen 1989

DER MOLLI

Die Gründung des Seebades Heiligendamm im Jahr 1793 zieht in den folgenden Jahren immer mehr Badegäste in die Region. Doch eine unproblematische Verkehrsanbindung an die Ostseeküste gibt es lange Zeit nicht. Erst 1885 erteilt der mecklenburgische Großherzog Friedrich Franz III. eine Konzession für den Bau und Betrieb einer schmalspurigen Eisenbahn vom Bahnhof Bad Doberan nach dem Seebad Heiligendamm.

Nach dem Baubeginn durch Lenz & Co., Stettin, im Jahr 1885 kann die Strecke bereits am 7.7.1886 von der Doberan-Heiligendammer-Eisenbahn (DHE) eröffnet und betrieben werden. Anfangs stehen zunächst lediglich eine Trambahnlokomotive, drei Reisezugwagen und ein Gepäckwagen zur Verfügung. Der Zugverkehr findet nur in den Monaten Mai bis September eines Jahres statt.

Zum 1.3.1890 übernimmt die Großherzoglich Mecklenburgische Friedrich-Franz-Eisenbahn (GMFFE) die Bahn. 1909 beginnt die Streckenverlängerung bis in das Ostseebad Arendsee (Kühlungsborn entsteht 1938 durch Zusammenschluss mehrere Gemeinden mit Arendsee), die Eröffnung findet am 12.5.1910 statt.

1920 wird die Strecke von den Reichseisenbahnen übernommen (ab 1924 Deutsche Reichsbahn-Gesellschaft, DRG). 1932 kommen die Maschinen der BR 99.32 auf die Bahn (diese drei Loks sind heute noch unter den Nummern 99 2321 bis 2323 im Einsatz).

In der Zeit nach dem Weltkrieg fungiert die Strecke als Lehrlinie für die Ausbildung junger Eisenbahner in der DDR. 1961 kommen von den Wismut-Werkbahnen drei Loks der BR 99.33 zum Molli. Die 99 331 ist noch betriebsfähig. 99 332 steht als Denkmal im Molli-Museum (es befindet sich im Endbahnhof Ostseebad Kühlungsborn West).

Der Güterverkehr, er hatte sich stets in beschaulichem Rahmen gehalten, wird 1969 eingestellt. Hauptgrund ist das aufwendige Umladen der Güter von der Regelspurstrecke in Bad Doberan auf die Schmalspurwagen. Der Personenverkehr ist aber noch erheblich: 1969 werden täglich 13 Zugpaare aufgeführt. Ab 1974 erfolgt der Umbau zur Touristenbahn. Seit 1976 ist der »Molli« (die Ursprünge der Bezeichnung sind umstritten) als technisches Denkmal anerkannt und eingetragen.

Am 1.1.1995 übernimmt die Mecklenburgische Bäderbahn Molli GmbH & Co. KG die Betriebsführung von der DBAG. Sie ist ein privates Betriebs- und Infrastrukturunternehmen der Stadt und des Landkreises Bad Doberan sowie des Seebads Kühlungsborn. Seit dieser Zeit pendeln historische Züge. Die Bahn hält ein umfangreiches touristisches Angebot bereit.

Sommer an der Ostsee: 99 2321 ist auf dem Weg von Heiligendamm nach Bad Doberan (August 2021).

Die Fahrtzeit (im Stundentakt, im Winter Zweistundentakt) beträgt etwa 40 Min. In den Jahren 2008/2009 baute das Dampflokwerk Meiningen mit heutigen Fertigungsverfahren nach historischen Plänen eine Lok der Baureihe 99.32, die die Nummer 99 2324. Erstmals nach fast 50 Jahren entstand damit in Deutschland wieder eine Dampflok für den regulären Zugdienst.

Streckenname	Der Molli
Relation	Bad Doberan–Kühlungsborn West (Mecklenburg-Vorpommern)
Länge	15,4 km
Funktion	Personen- und Güterverkehr, heute nur noch Personenverkehr
Daten zum Bau	Baubeginn: 1885 | Bauzeit (inkl. Planung, bis zur Fertigstellung): 25 Jahre (mit langjährigen Unterbrechungen) | Eröffnung: 7.7.1886 | Durchgängig befahrbar ab: 12.5.1910
Spurweite	Schmalspurbahn (900 mm)
Bahnhöfe	Bad Doberan, Kühlungsborn West
Anschlusspunkte	Bad Doberan: Wismar-Rostocker-Eisenbahn
Besonderheiten	Streckenführung direkt durch Bad Doberan, Spurweite 900 mm, älteste Schmalspurbahn an der Ostseeküste; Neubaudampflok 99 2324

BORKUMER KLEINBAHN

Der historische Dampfzug ist der Stolz der Borkumer Kleinbahn.

Streckenname	Borkumer Kleinbahn
Relation	Borkum-Dorf–Borkum-Reede (Niedersachsen)
Länge	7,5 km
Funktion	Personen- und Güterverkehr, heute nur noch Personenverkehr
Daten zum Bau	Baubeginn: 22.6.1883 Bauzeit (inkl. Planung, bis zur Fertigstellung): 5 Jahre Eröffnung: 15.6.1888 | Durchgängig befahrbar ab: 15.6.1888
Spurweite	Schmalspurbahn (900 mm)
Bauwerke	Deichdurchlass
Bahnhöfe	Borkum-Dorf, Borkum-Reede
Anschlusspunkte	Borkum-Reede: Fähre nach Emden und Eemshaven (Niederlande)
Besonderheiten	einzige durchgehend zweigleisige Schmalspurbahn Deutschlands sowie älteste deutsche Insel-Bahn; Kleinbahntrasse und der historische Fahrzeugpark vom Institut für Denkmalpflege Hannover als erstes mobiles Kulturdenkmal in Niedersachsen eingestuft

Auf der Nordseeinsel Borkum entsteht 1879 eine Pferdebahn für Materialtransporte, die von der östlichen Einbuchtung der Insel zur Baustelle des Neuen Leuchtturms führt (auf ihr verläuft zum Teil die heutige Trasse). Da in Borkum in jener Zeit der Fremdenverkehr immer wichtiger wird, entschließt sich der für Borkum zuständige Emder Magistrat am 22.6.1883 einen festen und gezeitenunabhängigen Anleger zu errichten. Denn die Anlandung ist bislang ein nicht ungefährliches Unterfangen, das man den Gästen nicht weiter zumuten will. Am 15.6.1888 kann die Inselbahn in Betrieb gehen, betrieben wird sie durch das Privatunternehmen Habich & Goth im öffentlichen Verkehr. Zugloks sind zwei Baulokomotiven. Die Linie verläuft von Borkum-Dorf am Westende der Insel über Dünen und durch Watt bis Borkum-Reede am Südostzipfel der Insel.

Die Bahn entwickelt sich rasch und erfolgreich. Im Sommer 1888 wird ein Bahnhofsgebäude errichtet. Aber 1894 und 1896 zerstören Sturmfluten einen Teil der Strecke. Zum 23.09.1903 übernimmt die »Borkumer Kleinbahn und Dampfschiffahrt Aktiengesellschaft« (Emden) die Bahn. Bis 1908 wird die Bahn stellenweise zweigleisig ausgebaut. Auch während des Ersten Weltkriegs nutzt die Kriegsmarine die Bahn.

Eine weitere wichtige Neuerung bildet 1938 der Bau des Neuen Hafens bei Reede. Allerdings dient er in erster Linie militärischen Zwecken. In dieser Zeit wächst das Streckennetz durch zahlreiche Anschlüsse zu Einrichtungen der Kriegsmarine auf 45 km, neue Dieselloks kommen auf die Bahn. Nach Beseitigung der Schäden durch Bombenangriffe geht die Bahn im April 1946 wieder in Betrieb. Die schwere Sturmflut vom 16./17.2.1962 zerstört weite Teile der Gleisanlagen, sodass der Betrieb längere Zeit eingestellt werden muss. Zum 31.12.1967 erfolgt die Einstellung des Güterverkehrs auf der Inselbahn.

Aus Einsparungsgründen wird 1989 das zweite Streckengleis auf etwa 4 km Länge abgebaut. Schon bald zeitigt die eingleisige Betriebsführung Nachteile, sodass 1993 das zweite Gleis (nun für 50 km/h zugelassen) wieder eingebaut wird.

Seit 25.03.1994 stehen die neuen Schöma-Loks im Dienst, am 25.03.1997 kann auch die Dampflok »Borkum« wieder in Betrieb genommen werden. Bis 1998 kommt noch ein Wismarer Schienenbus hinzu. Am 26.07.2007 wird der Wendezugbetrieb auf Borkum aufgenommen. Bis 2014 werden die Streckengleise aufwendig saniert und in den Jahren 2023/24 alle Bahnsteige in einheitlicher Höhe neugebaut.

WANGEROOGER INSELBAHN

Im März 1897 beginnen die Bauarbeiten für eine Inselbahn auf Wangerooge. Sie soll nicht nur die Inselgäste aus den Fähren ins Dorf transportieren, sondern auch den Güterverkehr verbessern. Nach nur vier Monaten Bauzeit geht die Bahn am 3.7.1897 zwischen Dorf und Sommer- bzw. Winteranleger in Betrieb. Die Betriebsführung liegt bei der Großherzoglich Oldenburgischen Eisenbahn (GOE; die Inselbahn hat sich übrigens immer in Hand einer Staatsbahn befunden, denn der GOE folgen DRG/DR, dann die DB und schließlich die DB AG).

Im Gegensatz zu manch anderer Inselbahn wird der Betrieb auf Wangerooge von Anfang an mit Dampflokomotiven geführt. Vom Fähranleger im Südwesten geht es über ein 4 km langes eingleisiges Streckenstück ins Inseldorf. Seit 1904 zweigt etwa auf halber Strecke eine 2 km lange Stichbahn von der Saline zum westlichen Zipfel Wangerooges, dem Anschluss Westen (die Insel verfügt somit über drei Bahnhöfe). Diese Stichbahn wird von der Kriegsmarine zu militärischen Zwecken erbaut, in den folgenden Jahren entstehen weitere militärische Anschlusslinien. 1905 kommt mit dem Ostanleger eine 5,4 km lange Strecke vom Bahnhof an das Ostende der Insel hinzu. 1906 erhält Wangerooge zudem ein der Verkehrsentwicklung angepasstes Bahnhofsgebäude. 1912 entsteht durch die Marine der Westanleger, die Sommer- und Winteranleger aus der Entstehungszeit der Bahn werden abgebaut.

Die militärische Bedeutung der Inselbahn garantiert ihren Ausbau, darüber hinaus erfreut sich die Bahn der Wertschätzung der zahlreichen Urlaubsgäste. Während des Zweiten Weltkriegs wird die Inselbahn aufgrund ihrer strategischen Bedeutung Ziel von Bombenangriffen. Schon kurz nach Kriegsende geht die Bahn wieder in Betriebe. Die DB setzt hier 1952 erstmals eine Diesellok ein, die V 11 901 (Gmeinder, Mosbach, 1952), bis 1957 wird der Dampfbetrieb eingestellt (die 1929 beschaffte 99 211 (Henschel, Kassel, 1929) steht von 1968 bis 2025 unterhalb des Leuchtturms als Denkmal). Nachdem der Verkehr über den Ostanleger immer stärker zurückgeht, wird er 1957/58 eingestellt und abgebaut. Bis 1971 erhält die Inselbahn vier Dieselloks der BR 329 (Gmeinder und KHD).

Streckenname	Wangerooger Inselbahn
Relation	Wangerooge–Westanleger (Niedersachsen)
Länge	5,9 km
Funktion	Personen- und Güterverkehr
Daten zum Bau	Baubeginn: März 1897 |Bauzeit (inkl. Planung, bis zur Fertigstellung): vier Monate | Eröffnung: 3.7.1897 | Durchgängig befahrbar ab: 3.7.1897
Spurweite	Schmalspurbahn (900 mm)
Bauwerke	2 Deichdurchlasse
Bahnhöfe	Wangerooge, Westanleger
Anschlusspunkte	Westanleger: Fähre nach Harlesiel
Besonderheiten	Eingleisig, einzige von der DB AG betriebe Schmalspurstrecke, eine der letzten deutschen Schmalspurbahnen mit Güterverkehr

1995–2005 werden große Teile der Gleise im Rahmen einer Streckensanierung auf Schotterbett verlegt. Die Wangerooger Inselbahn ist heute die letzte Schmalspurstrecke der Deutschen Bahn AG und wird mit zwei Dieselloks der Baureihe 399 (Schöma, Diepholz) betrieben. Neben Personen- gibt es auch Güterverkehr. Bis heute sind noch über 30 Güterwagen unterschiedlicher Typen im Einsatz. So nutzt die Bahn z. B. Rollcontainer, die von Harlesiel auf dem Festland bis zum Bahnhof Wangerooge befördert werden. Für die Instandhaltung der Lokomotiven und Wagen steht eine Werkstatt zur Verfügung. Umgezogen ist inzwischen die Denkmallok 99 211: Am 25./26.10 2025 brachte sie der Deutsche Eisenbahn-Verein e.V. nach Bruchhausen-Vilsen, wo sie zunächst ausgestellt wird. Langfristig will man die Lok wieder in Betrieb nehmen.

Ein Zug der Wangerooger Inselbahn wartet am Anleger auf Fahrgäste.

9

HEIDEBAHN

Ein moderner Dieseltriebwagen vom Typ LINT 41 verlässt die Station Büsenbachtal.

Streckenname	Wangerooger Inselbahn
Relation	(Hannover–)Soltau–Buchholz (Niedersachsen), die eigentliche Heidebahn verläuft zwischen Soltau und Buchholz
Länge	45,1 km (+ 88 km bis Hannover)
Funktion	Personen- und Güterverkehr
Daten zum Bau	Baubeginn: 1896 Bauzeit (inkl. Planung, bis zur Fertigstellung): 5 Jahre (mit Unterbrechungen) | Eröffnung: 1.10.1896 | Durchgängig befahrbar ab: 30.9.1901
Spurweite	Vollbahn (1435 mm)
Bauwerke	Brücken über Flüsse wie Aller, Böhme
Bahnhöfe	Hannover, Walsrode, Soltau, Buchholz
Anschlusspunkte	Hannover: Hamburg–Würzburg, nach Altenbeken, nach Braunschweig, nach Bremen | Walsrode: Verden-Walsroder-Eisenbahn nach Altenboitzen, nach Bomlitz |Soltau: Uelzen–Langwedel, nach Lüneburg |Buchholz: Wanne-Eickel–Hamburg
Besonderheiten	Nur in Abschnitten elektrifizierte, eingleisige Hauptstrecke Größte Steigung: 10,5 Promille

Im Umfeld der Beratungen über den Bau der sogenannten Amerikalinie Bremen–Uelzen–Berlin 1866 bittet Walsrode, das schon seit etwa 1850 immer wieder um Bahnanschluss für die chemische Industrie nachgesucht hat, erneut um eine Bahnlinie, nun bei den Preußen, denn die Stadt ist seit kurzem Teil des Königreichs. Immerhin: Die Stadt wird Teil der am 27.2.1885 beschlossenen Strecke Hannover–Visselhövede, die am 25.8.1890 in Betrieb geht. Da die Bahn den Städten und Orten erheblichen wirtschaftlichen Aufschwung beschert, drängt auch Soltau auf Anschluss, der 1896 genehmigt wird. Am 1.10.1896 geht die von Hannover–Visselhövede abzweigende Strecke Walsrode–Soltau in Betrieb. Der Weiterbau erfolgt 1898 durch das Eisenbahn-Regiment Nr. 2. Am 30.9.1901 wird die eigentliche Heidebahn Soltau –Buchholz eröffnet, einen Tag später beginnt der reguläre Betrieb. 1904 entsteht der neue Bahnhof Buchholz. Dort besteht Anschluss an die am 1.6.1874 eröffnete Strecke Wanne-Eickel–Hamburg.

In den folgenden Jahren entstehen weitere Anschlüsse an die Heidebahn: So schließen in Soltau zwischen 1910 und 1917 z.B. die Kleinbahnen nach Lüneburg, Celle und Neuenkirchen, die 1944 unter das Dach der neu gegründeten Osthannoverschen Eisenbahnen (OHE) gelangen.

Aufgrund schnellerer Verbindungen im Umland (etwa Hamburg–Uelzen–Hannover) gewinnt die Heidebahn keine Bedeutung für den Durchgangsverkehr. 1938 erhalten mehrere Bahnhöfe, etwa Schneverdingen, Stellwerke. Während des Zweiten Weltkriegs verkehren im Rahmen des sogenannten Kriegsfahrplans täglich acht Züge auf der Heidebahn Soltau–Buchholz. 1955–1957 erfolgt eine Renovierung der durch Kriegseinwirkung in Mitleidenschaft gezogenen Gleise. 1969 wird die Streckengeschwindigkeit auf 80 km/h angehoben. Als neues Transportgut wird 1972 Holz entdeckt: Nach einem Orkan beginnt die Abfuhr von Bruchholz aus der Nordheide, bis Oktober 1974 werden es über 22.000 t sein. 1978 gibt es erste Gerüchte über eine Stilllegung der Bahn, was Proteste unter der Bevölkerung der Anliegergemeinden auslöst. Dennoch: Im Jahrzehnt 1980–1990 steht die Heidebahn zur Stilllegung an. Am 25.4.1984 gründet sich die Interessengruppe »Rettet die Heidebahn« sich Schneverdingen. Mit einem »Sonderzugprogramm auf der Heidebahn« kann die drohende Stilllegung verhindert werden.

Heute besitzt die Heidebahn (man zählt heute auch den Abschnitt von Soltau bis Hannover dazu) hohe Bedeutung für den Pendlerverkehr nach Hannover und Hamburg sowie für den Tagestourismus. Güterverkehr findet auf der eigentlichen Heidebahn zwischen Soltau und Buchholz nicht mehr statt. Die Strecke wurde in den Jahren 2009 bis 2011 für eine Höchstgeschwindigkeit von 80 bis zu 120 km/h ausgebaut und damit die Reisegeschwindigkeit erheblich erhöht.

DIE ROLLBAHN

Ursprünglich werden 1860 Pläne einer Bahn Paris–Venlo (Niederlande)–Hamburg–St. Petersburg (Russland) entwickelt. 1868 erteilt die preußische Regierung der Köln-Mindener-Eisenbahngesellschaft (CME) die Konzession zum Bau der Strecke Venlo–Hamburg (als östlicher Teil einer Verbindung von Hamburg nach Paris). Nach den damaligen Planungen war als Endpunkt Harburg vorgesehen, da es noch keine Elbbrücken gibt. Der Stadtstaat verpflichtet sich daher gleichzeitig einen neuen Kopfbahnhof rechts der Elbe zu erbauen (der 1872 entstandene Venloer Bahnhof, auch Pariser Bahnhof genannt, 1892 in Hannoverscher Bahnhof umbenannt).

Die private CME dringt aus wirtschaftlichen Erwägungen bei den Verhandlungen mit Preußen darauf, die Venloer Bahn an ihr bestehendes Streckennetz anzuschließen (Stammstrecke Köln–Minden, 15.10.1847 durchgängig eröffnet) und setzt den Bahnhof Wanne (seit dem Zusammenschluss der Ämter Wanne und Eickel im Jahr 1926 Wanne-Eickel) als südlichen Endpunkt der Strecke durch (in Haltern wird dann die Strecke ab 31.12.1874 nach Venlo abzweigen).

Gleich nach Konzessionserteilung beginnen die Bauarbeiten von Süden und Norden aus. Technische Probleme des Bahnbaus stellen die Brücken dar, etwa die Rheinbrücke bei Wesel (1874 fertiggestellt). Am 1.1.1870 wird als erstes Teilstück Wanne–Münster eröffnet, Osnabrück ist am 1.9.1871 erreicht. Im Norden wird am 1.12.1872 das erste Teilstück eröffnet: Harburg–Wilhelmsburg–Hamburg Venloer Bahnhof. Die Strecke Osnabrück–Bremen ist am 16.8.1873 fertiggestellt, am 1.6.1874 ist die Fahrt von Harburg bis Bremen möglich (dort ist die Weserbrücke 1874 fertiggestellt worden). 1879 wird die Strecke verstaatlicht. Die Strecke entwickelt sich sofort zu einer bedeutenden Fernverbindung des jungen Reichs. Der zweigleisige Ausbau erfolgt 1900/01. Wegen der ständig rollenden Güter – und Personenzüge erhält sie den Namen Rollbahn. Mit Eröffnung des neuen Hamburger Hauptbahnhofs (5.12.1906) ist eine Streckenverschwenkung nötig geworden, die bis 29.9.1907 abgeschlossen ist, die Rollbahn endet nun im Hauptbahnhof.

Streckenname	Rollbahn
Alternat. Bezeich.	Venloer Bahn
Relation	Hamburg–Wanne–Eickel (Hamburg, Bremen, Niedersachsen, Nordrhein-Westfalen)
Länge	355 km
Funktion	Personen- und Güterverkehr
Daten zum Bau	Baubeginn: 1868 | Bauzeit (inkl. Planung, bis zur Fertigstellung): 23 Jahre |Eröffnung: 1.1.1870 | Durchgängig befahrbar ab: 1.6.1874
Spurweite	Vollbahn (1435 mm)
Bauwerke	Brücken über Flüsse wie Norder- und Süderelbe (Hamburger Elbbrücken), Wümme, Weser, Dortmund-Ems-Kanal, Lengericher Tunnel (581 m)
Bahnhöfe	Hamburg, Bremen, Osnabrück, Münster, Wanne-Eickel
Anschlusspunkte	Hamburg: nach Lübeck, nach Berlin, nach Stade, nach Hannover, Hamburg-Altonaer-Verbindungsbahn, zahlreiche S-Bahn-Strecken und Nahverkehr | Bremen: nach Bremerhaven, nach Oldenburg, nach Hannover | Osnabrück: Löhne–Rheine | Münster: Warendorfer Bahn nach Rheda-Wiedenbrück, Westfälische Landeseisenbahn nach Lippstadt, nach Hamm, nach Rheine, nach Enschede (Niederlande) | Wanne-Eickel: Duisburg–Dortmund
Besonderheiten	Schnellfahrstrecke für 200 km/h ertüchtigt, teilweise dreigleisig ausgebaut

Pläne die Bahn viergleisig auszubauen scheitern während der Wirtschaftskrise 1929/30. Haltern–Wesel–Venlo ist seit der Zerstörung der Weseler Rheinbrücke am 10.3.1945 nicht mehr befahrbar und wird auch nicht mehr reaktiviert. Am 24.9.1968 erreicht der erste von einer Elektrolok gezogenen Zug Hamburg. Die Strecke ist die kürzeste Eisenbahnverbindung zwischen der Metropolregion Rhein/Ruhr und den Großstädten Bremen und Hamburg im Norden der Bundesrepublik, zugleich eine der wichtigsten Bahnstrecken Nordwestdeutschlands.

Bei Appelhülsen rollt 101 118 mit dem IC 2201 durch die norddeutsche Tiefebene.

EMSLANDSTRECKE

Streckenname	Emslandstrecke
Relation	Norddeich Mole–Rheine (Niedersachsen, Nordrhein-Westfalen)
Länge	176 km
Funktion	Personen- und Güterverkehr
Daten zum Bau	Baubeginn: 1854 | Bauzeit (inkl. Planung, bis zur Fertigstellung): 23 Jahre | Eröffnung: 24.11.1854 | Durchgängig befahrbar ab: 15.6.1883
Spurweite	Vollbahn (1435 mm)
Bauwerke	Klappbrücke über Emder Fahrwasser, Brücke über Flüsse wie Leda, Küstenkanal, Nordradde, Hase, Ems
Bahnhöfe	Norddeich Mole, Emden, Rheine
Anschlusspunkte	Leer: nach Oldenburg | Meppen: Meppen–Haselünner Eisenbahn nach Essen (Oldenburg) | Rheine: Duisburg–Quakenbrück, nach Osnabrück und Löhne, Rollbahn Wanne-Eickel–Hamburg
Besonderheiten	Zweigleisige, elektrifizierte Hauptstrecke, Im Wesentlichen Verlauf entlang der Ems

Das Königreich Hannover erschließt in den 1840er- und 1850er-Jahren eisenbahntechnisch den Westteil seines Territoriums. Nachdem sich in Minden die Strecken der Köln-Mindener Eisenbahn-Gesellschaft (CME) und der Königlich Hannöverschen Staatseisenbahnen am 15.10.1847 getroffen haben, schließen beide Bahngesellschaften 1853 einen Vertrag ab. Die Hannöversche Staatseisenbahn baut von Minden aus über Löhne die Hannoversche Weststrecke weiter. Diese verläuft am Südhang des Wiehengebirges entlang über Bünde und Melle nach Osnabrück. Da das folgende Teilstück Osnabrück–Ibbenbüren–Rheine auf westfälischem Gebiet liegt, baut Preußen diesen Abschnitt und verpachtet ihn danach an die Königlich Hannöverschen Staatseisenbahnen. Ab Rheine folgt die Strecke der Ems immer in nördlicher Richtung und führt über Salzbergen und Papenburg nach Emden.

Der Baubeginn erfolgt 1854. Als erster Abschnitt wird die Binnenstrecke Emden–Papenburg am 24.11.1854 eröffnet, zügig geht der Bau voran. Endbahnhof dieses Binnenstücks ist ab 1856 der Emder Südbahnhof (dieser wird 1971 durch den neuen Emder Hauptbahnhof ersetzt). Am 23.6.1856 wird die Emslandstrecke zwischen Rheine und Emden eröffnet.

Die Strecke zieht sofort viel Verkehr an, sodass sie schon 1860 zweigleisig ausgebaut werden muss. Rheine, wo die Emslandstrecke auf die Bahn Münster–Hamm (eröffnet 7.5.1855) stößt, entwickelt sich zu einem großen Eisenbahnknoten, die Werkstätten der Emslandbahn entstehen ab 1855 in Lingen/Ems.

Mit der Annexion Hannovers durch Preußen 1866, werden die bislang von der Hannöverschen Staatsbahn betriebene Strecke der Königlich-Westfälischen Eisenbahn (KWE) übereignet, 1879 übernimmt die Preußische Staatsbahn (KPEV) die Emslandstrecke. Am 15.6.1883 wird die Strecke über Norden bis Norddeich Mole (durch Einbeziehung der sogenannten Ostfriesische Küstenbahn Emden–Sande) verlängert. Damit hat die Bahn ihr Ziel erreicht.

Die Emslandstrecke ist die letzte Strecke der DB mit planmäßigem Dampflokeinsatz. Anfang der 1970 Jahre ist sie vor allem bekannt für die dampfbespannten Güterzüge, besonders die 2000 t oder gar 4000 t schweren Erzzüge. Der Dampfbetrieb endet am 26.10.1977 (vor dem Bahnhof Salzbergen steht seit 1978 die letzte außerdienstgestellte Dampflok der DB, 043 195). Der Abschnitt Rheine–Emden wird zwischen 1975 und 1980 elektrifiziert, das Reststück folgt kurz darauf.

Da die gesamte Strecke keine höheren Geschwindigkeiten als 140 km/h zulässt, ist nach der 2005 durch Einsatz moderner Fahrzeuge erfolgten Beschleunigung keine weitere Reisezeitverkürzung mehr möglich.

Nicht weit von Salzbergen ist 146 557 mit dem IC 2203 auf dem Weg nach Köln Hbf.

DEUTSCHER EISENBAHN VEREIN

Ein typischer Kleinbahnzug der 1950er-Jahre auf dem Weg nach Heiligenberg.

Streckenname	Museumsbahn des DEV
Alternative Bezeich.	Kleinbahn Hoya–Syke–Asendorf
Relation	Bruchhausen-Vilsen–Asendorf (Niedersachsen)
Länge	7,8 km
Funktion	Museumsbahnverkehr
Daten zum Bau	Baubeginn: 1899 | Bauzeit (inkl. Planung, bis zur Fertigstellung): 1 Jahr | Eröffnung: 1900 | Durchgängig befahrbar ab: 1900
Spurweite	Schmalspurbahn (1000 mm)
Bahnhöfe	Bruchhausen-Vilsen, Asendorf
Anschlusspunkte	Bruchhausen-Vilsen: Verkehrsbetriebe Grafschaft Hoya (VGH) Eystrup–Syke Ost
Besonderheiten	Erste deutsche Museumsbahn

Die Hoyaer Eisenbahn-Gesellschaft (HEG) verbindet 1881 die Stadt Hoya durch eine Vollbahnlinie mit dem Staatsbahnhof in Eystrup (Landkreis Diepholz) und schließt damit die Region an das damals bestehende Bahnnetz an.

Seit 1892 werden verstärkt kostengünstig zu erstellende Kleinbahnen (als Voll- wie Schmalspurbahn) zur Erschließung dünn besiedelter Regionen gebaut. Als eine solche Gesellschaft geht im Jahr 1900 die Kleinbahn Hoya-Syke-Asendorf (HSA) in Betrieb. Es handelt sich dabei um eine Schmalspurbahn (1000 mm), die die Region Hoya/Eystrup durch die Strecken Hoya–Bruchhausen-Vilsen–Syke und Hoya-Bücken sowie durch die Stichstrecke Bruchhausen-Vilsen–Asendorf erschließt.

In Hoya wird 1940 eine – noch heute vorhandene – Rollbockanlage gebaut, um Vollbahn-Wagen über die Schmalspurstrecken transportieren zu können. Die Strecke Bruchhausen-Vilsen–Asendorf besitzt zu diesem Zeitpunkt hohe Bedeutung im Güterverkehr der Region, der Personenverkehr wird aber 1959 eingestellt. Mit der Fusion der HEG und der Kleinbahn HSA zu den heutigen Verkehrsbetrieben Grafschaft Hoya GmbH (VGH) im Jahr 1963 erfolgt bis 1966 die Umspurung des schmalspurigen Streckenabschnitts Hoya–Syke auf Vollspur. Die kleine Stichbahn von Bruchhausen-Vilsen nach Asendorf behält jedoch die Meterspur.

Ihr Schicksal ist eigentlich besiegelt: Sie soll 1966 stillgelegt und demontiert werden. Aber auf Initiative des »Deutschen Eisenbahn Vereins« (DEV), der im November 1964 gegründet worden ist, kann sie gerettet werden. Damit beginnt – von ähnlichen, aber kurzlebigen Versuchen einmal abgesehen – der Aufbau der ersten Museums-Eisenbahn Deutschlands als lebendiges Freilichtmuseum. Am 2. Juli 1966 nimmt der DEV zunächst zwischen Bruchhausen-Vilsen und Heiligenberg, später bis Asendorf den Museumsbetrieb auf.

Noch bis 1971 fahren auf der Strecke neben den Museumsbahnen des DEV auch noch reguläre Güterzüge der VGH. Ab diesem Jahr nutzt der DEV die Stichbahn von Bruchhausen-Vilsen nach Asendorf allein. Im Jahr 1973 schließlich verkaufen die VGH die Bahn an Anliegergemeinden und den Kreis Grafschaft Hoya. Diese wiederum verpachten die Strecke an den DEV. Die Betriebsführung bleibt zunächst noch bei den VGH, erst seit 1983 führt der DEV den Betrieb selbst durch.

Im Lauf von sechs Jahrzehnten baute DEV eine große Fahrzeugsammlung mit mehr als 90 meterspurigen Kleinbahnfahrzeugen der Baujahre 1886–1964 auf (z. B. Kastendampflok Plettenberg, Henschel, Kassel, 1927; T41 Wismarer Schienenbus, 1932; V29, Jung, Jungenthal, 1952). Viele davon sind betriebsfähig. Das Museum ist ganzheitlich zu begreifen, auch die erhaltenen Gebäude an der Strecke wie der Oberbau gehören dazu, ebenso die Werkstätten mit ihren alten Werkzeugen.

VON DER STADT-
ZUR WALDBAHN

KML
Wipperliese
MANSFELDER LAND
KML
DB

13

STADTBAHN BERLIN

An der Berliner Jannowitz Brücke führt die Stadtbahn mit ihrer markanten Bogenbauweise direkt an der Spree entlang.

Nach der Reichsgründung 1871 sollen aus verkehrstechnischen, aber auch militärstrategischen Überlegungen die insgesamt acht Hauptbahnlinien mit ihren Kopfbahnhöfen in der deutschen Hauptstadt Berlin durch eine neue Stadtbahnlinie verbunden werden. Die 1872 eigens gegründete Berliner Stadteisenbahngesellschaft (wegen finanzieller Probleme 1878 verstaatlicht) erhält am 15.7.1878 von der Königlichen Eisenbahndirektion den Bauauftrag.

Errichtet wird Europas erste Viaduktbahn (sie machen den Großteil der Bahn aus) mit je zwei Gleisen für Stadtbahn- und Fernverkehr. Die Stadtbahnlinie geht am 7.2.1882 zwischen Berlin Schlesischer Bahnhof (eröffnet am 23.10.1842 als Frankfurter Bahnhof, heute Ostbahnhof), Hauptbahnhof (am 07.02.1882 eröffnet als Berlin Lehrter Bahnhof) und Charlottenburg (07.02.1882 eröffnet) in Betrieb. Am 15.5.1882 folgt die Betriebsaufnahme auf den Ferngleisen.

Mit der Eröffnung des Markthallenanschlusses am Bahnhof Alexanderplatz 1886 beginnt auch der Güterverkehr auf der Stadtbahn. Im Jahrzehnt 1922–1932 erfolgt die erste Stadtbahnsanierung, bei der die Viadukte und Brücken aufwendig instandgesetzt werden. Parallel zu den Sanierungsarbeiten erfolgt die Umstellung des S-Bahn-Verkehrs auf elektrischen Betrieb mittels Stromschiene (750 V Gleichstrom) am 11.6.1928. Nachdem der Kampf um Berlin im April 1945 für die Einstellung des Betriebs sorgte, wird der S-Bahn-Verkehr am 25.8.1945 zumindest schrittweise wiederaufgenommen, im Dezember auch der Fernverkehr.

Während der sowjetischen Blockade (24.6.1948–12.5.1949) aber muss der S-Bahn-Verkehr nach West-Berlin eingestellt werden. Der Bau der Berliner Mauer (13.8.1961) erzwingt die Unterbrechung des S-Bahn-Verkehrs ab Bhf. Friedrichsstraße. Im Ostteil Berlins wird der Markthallenanschluss am

Auf der Berliner Stadtbahn verkehren moderne Doppelstockzüge, die Regional-Bahn-Verbindungen ins Umland herstellen.

Blick vom Hotel Park Inn auf die Stadtbahn mit dem Bahnhof Hackescher Markt.

Bhf. Alexanderplatz 1966 eingestellt. Erst der Mauerfall 1989 bedeutet eine neue Blüte für die Stadtbahn. Am 3.7.1993 sind die Elektrifizierungsarbeiten der Ferngleise von Berlin-Zoologischer Garten bis Berlin-Charlottenburg abgeschlossen. Am 25.9.1994 beginnt die zweite Stadtbahnsanierung. Sie bedingt die Einstellung des Fernverkehrs zwischen Berlin-Ostbahnhof und Berlin-Zoologischer Garten. Bei den Bauarbeiten erhält die Stadtbahn nun auch die sogenannte Feste Fahrbahn. Am 24.5.1998 werden Fern- und Regionalverkehr auf dem mittlerweile elektrifizierten Abschnitt wieder aufgenommen. Erstmals rollen ICE-Züge über die Stadtbahn, die nun als Hauptdurchgangsstrecke für Fernzüge mit Halt am Zoologischen Garten und Ostbahnhof fungiert.

Die Eröffnung des neuen Hauptbahnhofs (28.5.2006) entlastet die Stadtbahnstrecke. Der Verkehr hat sich bei etwa 600 S-Bahn- und 300 Regional- und Fernzügen eingependelt.

Streckenname	**Stadtbahn Berlin**
Relation	Stadtverkehr Berlin, Ostbahnhof–Charlottenburg
Länge	12,2 km
Funktion	Personennahverkehr (bis 1966 auch Güterverkehr)
Daten zum Bau	Baubeginn: 1875 | Bauzeit (inkl. Planung, bis zur Fertigstellung): 7 Jahre | Eröffnung: 7.2.1882 | Durchgängig befahrbar ab: 7.2.1882
Spurweite	Vollbahn (1435 mm)
Bauwerke	Bahn verläuft weithin auf Stadtbahnviadukt
Bahnhöfe	Ostbahnhof, Alexanderplatz, Hauptbahnhof, Charlottenburg
Anschlusspunkte	Ostbahnhof: Anschluss an Fernverkehr, Nahverkehr | Hauptbahnhof: Anschluss an Fernverkehr, Nahverkehr | Charlottenburg: Nahverkehr, Regionalverkehr (Nauen–Senftenberg, Dessau–Wünstorf/Zossen)
Besonderheiten	Viergleisige Hauptbahn; größtenteils auf Viadukten, die ein unverwechselbares Markenzeichen darstellen; S-Bahn fährt mit 750-V-Gleichstrom; Fernbahn 15 kV 2/3 Hz

BUCKOWER KLEINBAHN

Der Triebwagen 279 003 verlässt den Bahnhof Buckow.

Streckenname	Buckower Kleinbahn
Relation	Müncheberg–Buckow (Brandenburg)
Länge	4,95 km
Funktion	Personen- und Güterverkehr, heute Museumsbetrieb
Daten zum Bau	Baubeginn: Anfang 1896 | Bauzeit (inkl. Planung, bis zur Fertigstellung): 1,5 Jahre | Eröffnung: 26.7.1897 | Durchgängig befahrbar ab: 26.7.1897
Spurweite	Ursprünglich Schmalspurbahn (750 mm), dann umgebaut auf Vollspur (1435 mm)
Bahnhöfe	Müncheberg, Waldsieversdorf (erst 1906 eröffnet), Buckow
Anschlusspunkte	Müncheberg: ehemalige Ostbahn Berlin–Küstrin
Besonderheiten	Ursprünglich für Dampfbetrieb erbaut, dann Umbau auf zunächst 750 V, dann 600 V; Umrüstung auf Vollspurbetrieb, größte Steigung: 1:50

Schon in den 1850er-Jahren ist geplant das Städtchen Buckow, in der Märkischen Schweiz im Osten Brandenburgs gelegen, durch die Teilstrecke Berlin–Küstrin der Königlichen Ostbahn an das Eisenbahnnetz anzuschließen. Aber aus militärstrategischen Gründen wird letztlich doch eine andere Linienführung gewählt – Buckow bleibt ohne Bahnanschluss. Aber im Lauf der 1880er-Jahre entwickelt sich die landschaftlich reizvoll gelegene Stadt zum Ausflugsort – vor allem für die Berliner. Der Gästetransport per Kutsche ist längst an seine Leistungsgrenze gestoßen, als das preußische Kleinbahngesetz vom 28.7.1892 die bahntechnische Erschließung auch landwirtschaftlich geprägter Regionen ermöglicht. Buckow entscheidet sich für eine kostengünstige Kleinbahn; Anfang 1896 beginnen die Bauarbeiten.

Mit einer Streckenlänge von 4,95 km (kleinster Krümmungshalbmesser 150 m) und nur zwei Betriebsstellen (Waldsieversdorf kommt erst 1906 hinzu) gehört sie zu den kleinsten Bahnen im Deutschen Reich. Sie erfreut sich regen Zuspruchs der Berliner Ausflügler, sodass das Bähnchen öfter völlig überfüllt verkehrt. Der Güterverkehr spielt hingegen stets eine untergeordnete Rolle.

Bereits in der Zeit vor dem Ersten Weltkrieg gilt die Kapazität der Kleinbahn als erschöpft, nur durch den normalspurigen Ausbau ist die Verkehrsleistung noch zu steigern. Allerdings unterbinden Nachkriegszeit und darauffolgende Inflation den Streckenausbau. Am 1.6.1929 wird die Buckower Kleinbahn AG gegründet.

Sie führt den Umbau auf Normalspur und elektrischen Betrieb (750 Volt Gleichstrom) aus. Am 15.5.1930 wird der Betrieb aufgenommen. Die DR der DDR übernimmt die Bahn am 1.1.1950, zeitgleich wird der Bahnbetrieb der Berliner-S-Bahn unterstellt. Während der umfangreiche Personenverkehr die Bahn gut auslastet, wird der Güterverkehr am 30.1.1965 eingestellt.

Im Jahr 1980 wird die Bahn auf 600-Volt-Gleichstrombetrieb umgebaut, das Unterwerk teilmodernisiert. Zwischen 1980 und 1982 kommen Neubautrieb- und Steuerwagen (als Ersatz für die alten Hawa-Fahrzeuge) auf die Buckower Kleinbahn. Am 22.5.1993 wird der elektrische Betrieb eingestellt. Der Personenverkehr mit dieselgetriebenen Schienenbussen der Baureihe 771/772 wird am 27.09.1998 aufgegeben, die Gesamtstrecke zum 31.12.1999 stillgelegt.

Bereits am 28.1.1992 gründet sich jedoch der Eisenbahnverein »Buckower Kleinbahn« mit dem Ziel eine Museumsbahn zu betreiben. Die Neueröffnung der Strecke erfolgt am 14.9.2002, seitdem verkehren in den Frühjahr- und Sommermonaten historische Zuggarnituren.

SCHORFHEIDEBAHN

Das gewerbereiche Eberswalde, erlangt am 1.8.1842 Bahnanschluss an die Strecke Berlin–Stettin, der am 15.11.1842 über Britz hinaus (bis Angermünde und am 15.8.1843 bis Stettin) geführt wird. Doch der weitere Eisenbahnausbau und die Verbindung der Region mit der Uckermark und der ebenfalls gewerbereichen Stadt Fürstenberg/Havel (Mecklenburg-Strelitz) lässt auf sich warten. Um 1873 versuchen namhafte Bürger beider Städte den Bahnbau zu erwirken, Fürstenberg entwickelt sich zudem zum Luftkurort. Erst die 1870 neu gegründete Berliner Nord-Eisenbahn-Gesellschaft beginnt mit dem Bau der Preußischen Nordbahn Berlin–Stralsund. Mit dem Abschnitt Berlin–Neubrandenburg erhält Fürstenberg/Havel am 10.7.1877 Bahnanschluss (in Löwenberg an der Nordbahn zweigt die am 1.5.1888 eröffnete und am 24.3.1899 vollendete Nebenstrecke Löwenberg–Templin–Prenzlau ab).

Erst im Jahr 1896 nach erneuten Eingaben Eberswaldes wird die Querspange der Preußischen Nordbahn und der Strecke Berlin–Stettin genehmigt. Im selben Jahr beginnen die Bauarbeiten an der Verbindung Britz–Fürstenberg/Havel. Als erster Teil kann Britz–Joachimsthal am 1.7.1898 eröffnet werden. Die Verlängerung bis Templin (dort Anschluss an die zukünftige Strecke Löwenberg–Prenzlau) geht am 15.12.1898 in Betrieb. Dadurch entwickelt sich Templin zu einem regionalen Eisenbahnknoten. Das Reststück bis Fürstenberg/Havel wird am 16.8.1899 eingeweiht. Die Bahnstrecke sieht erheblichen Güterverkehr aus Eberswalde, aber auch von und nach Berlin. Der zunehmende Ausflugs- und Personenverkehr aus/nach Fürstenberg macht die Strecke rentabel. 1951 lässt die DR erstmals einen Personenzug der Relation Frankfurt/Oder–Schwerin (1992 eingestellt) durch die Schorfheide verkehren. Die Bahn kann sich auch in der beginnenden Individualmotorisierung der 1960er-Jahre behaupten.

Der Zusammenbruch der DDR und der daraus resultierende Rückgang des Verkehrs erzwingt die Einstellung des Güterverkehrs auf dem Abschnitt Templin–Fürstenberg/Havel zum 1.12.1994. Am 19.5.1996 stellt die DB AG den Eisenbahnbetrieb (Gesamtverkehr) zwischen Fürstenberg und Templin mit Wirkung zum 01.06.1996 ein. Dieser Abschnitt wird seit 15.7.1996 im Freizeitverkehr mit Draisinen befahren. Zum Ende der Saison 2021 wird der Draisinenbetrieb zwischen Templin und Fürstenberg eingestellt, da die Strecke verkauft ist. Der neue Eigentümer der Strecke begann damit, die Gleisanlagen abzubauen.

Derzeit besteht nur Personenverkehr zwischen Eberswalde und Joachimsthal. Zwischen Dezember 2018 und Dezember 2022 gab es einen Probeverkehr auf dem Abschnitt Joachimsthal–Templin, der aber eingestellt und durch Busse ersetzt wurde.

Streckenname	Eberswalde–Templin
Alternative Bezeich.	Schorfheidebahn
Relation	Eberswalde–Templin (Brandenburg), Teil der 78 km langen ehemaligen Bahnstrecke Eberswalde–Fürstenberg
Länge	47,5 km
Funktion	Einst Personen- und Güterverkehr, heute nur noch Nahverkehr zwischen Eberswalde und Joachimsthal
Daten zum Bau	Baubeginn: 1896 | Bauzeit (inkl. Planung, bis zur Fertigstellung): 23 Jahre | Eröffnung: 1.7.1898 | Durchgängig befahrbar ab: 16.8.1899
Spurweite	Vollbahn (1435 mm)
Bauwerke	Finowkanalbrücke, Oder-Havel-Kanal-Unterquerung
Bahnhöfe	Eberswalde, Britz
Anschlusspunkte	Eberswalde: nach Frankfurt/Oder | Britz: Berlin–Szczecin (Polen)
Besonderheiten	Kleinster Bogenhalbmesser: 300 m, Größte Steigung: 12,5 Promille

Ein Triebwagen hält im Kaiserbahnhof Juchte.

RÜBELANDBAHN

Die Holz-, Erz- und Kalkindustrie des Harzes benötigt Ende des 19. Jh. bessere Transportmöglichkeiten. Der erste Gleisabschnitt der Rübelandbahn entstand 1875, um das damals errichtete Hochofenwerk in Blankenburg (spätere Harzer Werke) an das Eisenbahnnetz anzuschließen. 1880 beginnt die eigens gegründete Halberstadt-Blankenburger-Eisenbahn (HBE) den Bau einer Bahnverbindung Blankenburg–Rübeland–Elbingerode–Tanne auf. Die anspruchsvoll trassierte Strecke – Höhenunterschied 279 m – macht abschnittsweise eine Zahnstange erforderlich. Erstmalig findet hier das Zahnstangensystem Abt Anwendung, weltweit erstmals wird ein Adhäsion-Zahnrad-Mischbetrieb umgesetzt.

Am 1.11.1885 geht der erste Abschnitt Blankenburg–Rübeland in Betrieb, Tanne wird ein Jahr später erreicht. Da die Zahnstangenabschnitte die Leistungsfähigkeit der Strecke beschränken, werden bald 1920 kommen die Dampflokomotiven der »Tierklasse« auf diese Strecke, zudem werden auf einigen Abschnitten die Neigungsverhältnisse verbessert, sodass die Zahnstange überflüssig wird.

Die DR der DDR übernimmt zum 1.1.1950 die Betriebsführung der Rübelandbahn. Durch Steigerung des Kalkabbaus um 1960 steigt die Anforderung an die Kapazität von neuem. Bis 1965 erfolgt die Elektrifizierung der Strecke Blankenburg–Königshütte, die Betriebsaufnahme erfolgt am 1.8.1966. Sie ist die einzige mit Industriestrom 25 kV und 50 Hz betriebe Strecke der DR und gilt als eine der wichtigsten Zulieferstrecken für die damalige Chemieindustrie. E-Loks der BR 171 werden 1965 speziell für diese Strecke gebaut (mit der Elektrifizierung der Strecke wird der Abschnitt bis Tanne aufgegeben; Reste der Trasse und das alte Empfangsgebäude am Ortseingang sind noch zu sehen).

Der ohnehin sehr geringe Personenverkehr auf dem Streckenabschnitt Elbingerode–Königshütte wird am 29.5.1999 eingestellt, die endgültige Stilllegung dieses Streckenabschnitts durch das EBA erfolgt am 30.08.2000.

Am 12.7.2005 zur Übernahme ausgeschrieben, fährt am 11.12.2005 der vorerst letzte planmäßige Personenzug von Blankenburg nach Elbingerode. Zum 1.5.2006 pachten die Fels Werke GmbH die Strecke. Der Anschluss Kalkwerk Hornberg wird weiter bedient, den gesamten Güterverkehr erledigt seit 2006 die HLVE (Hävelländische Eisenbahn, mit Blue Tiger und BR 285).

2007 erfolgt die Erneuerung der Oberleitung, seit April 2009 findet wieder elektrischer Planbetrieb statt. Die Dampflok 95 027 wird seit dem 10. Juli 2010 im Rahmen von Touristikfahrten auf ihrer alten Heimatstrecke eingesetzt.

Streckenname	Rübelandbahn
Alternative Bezeich.	Harzbahn (bis zur Verstaatlichung)
Relation	Seit 1968: Blankenburg–Elbingerode (Sachsen-Anhalt, ursprünglich bis Tanne)
Länge	Einstmals 30,3 km, heute 20 km
Funktion	Vor allem Güter-, aber auch Personenverkehr
Daten zum Bau	Baubeginn: 1880 | Bauzeit (inkl. Planung, bis zur Fertigstellung): 23 Jahre | Eröffnung: 1.11.1885 | Durchgängig befahrbar ab: 1889
Spurweite	Vollbahn (1435 mm)
Bauwerke	Krocksteinviadukt (99 m), Krumme-Grube-Tunnel (zwischen Hüttenorde und Rübeland, 307 m), Nebelholz-Tunnel (vor Haltepunkt Neuwerk, 90 m)
Bahnhöfe	Blankenburg, Rübeland, Elbingerode
Anschlusspunkte	Blankenburg: nach Quedlinburg, nach Halberstadt
Besonderheiten	Elektrifiziert 1965 (Einphasenwechselstrom 25 kV 50 Hz), größte Steigung: 60 Promille, größte Höhe: Kleiner Hornberg (505 m)

Der Güterverkehr auf der Rübelandbahn ist bis heute bedeutend.

17

HARZQUERBAHN

Die 99 236 dampft mit ihrem Personenzug von Steinerne Renne in Richtung Drei Annen Hohne (Oktober 2024).

Streckenname	Harzquerbahn
Relation	Wernigerode–Nordhausen (Sachsen-Anhalt)
Länge	60,5 km
Funktion	Personen- und Güterverkehr
Daten zum Bau	Baubeginn: Juli 1896 | Bauzeit (inkl. Planung, bis zur Fertigstellung): 3 Jahre | Eröffnung: 12.7.1897 | Durchgängig befahrbar ab: 24.3.1899
Spurweite	Schmalspurbahn (1000 mm)
Bauwerke	Brücken über Flüsse wie Warme Bode, Kalte Bode, Thumkuhlenkopftunnel (58 m)
Bahnhöfe	Nordhausen, Wernigerode
Anschlusspunkte	Nordhausen: Halle-Kasseler-Eisenbahn, zur Stadtstraßenbahn | Eisfelder Talmühle: Selketalbahn | Drei Annen Hohne: Brockenbahn | Wernigerode: Heudeber-Danstedt–Bad Harzburg/Vienenburg
Besonderheiten	Kleinster Radius: 60 m, Größte Steigung: 33 Promille, Höchster Punkt: Sandbrink (555 m), Überwundener Höhenunterschied: 371 m

Den Harz erreicht die Eisenbahn mit Eröffnung der Strecke Wolfenbüttel–Bad Harzburg am 22.8.1840, die die Magdeburg-Halberstädter Eisenbahn-Gesellschaft (MHE) betreibt. Die MHE baut in den Folgejahren ihr Streckennetz kontinuierlich aus. Am 1.8.1868 stellt sie die Ost-West-Verbindung Halberstadt–Vienenburg fertig (am 11.5.1872 wird die Zweiglinie Heudeber-Danstedt–Bad Harzburg eröffnet, an der Wernigerode liegt). Währenddessen baut die Cöthen-Halle-Leipziger-Eisenbahn-Gesellschaft die am 13.3.1873 eröffnete Strecke Halle/Saale–Nordhausen–Kassel, die zum Teil im Südharz verläuft. Damit ist der Hauptbahnbau im Harz abgeschlossen, aber eine Verbindung ins Gebirge fehlt.

Seit 1866 treten Harzer Interessengruppen für eine Bahn ein um die Transportkosten der regionalen Bergwerke, Hütten, Steinbrüche und Sägewerke zu verringern – zunächst vergeblich. Erst als sich das 1896 gegründete Nordhausener Eisenbahnkomitees für den Bau einer Schmalspurbahn stark macht, erhält es am 27.5.1896 die Bau- und Betriebsgenehmigung, der am 24.3.1896 konzessionierten Bahn Nordhausen–Wernigerode (und der Schmalspurbahn auf den Brocken). Sie bildet die Querspange zwischen den regelspurigen Hauptstrecken. Für ihren Bau und späteren Betrieb konstituiert sich am 25.6.1896 die Nordhausen-Wernigeroder Eisenbahn AG (NWE), als Stammkapital werden 5,5 Millionen Mark angegeben. Im März 1896 beginnen die Vorarbeiten, der eigentliche Startschuss fällt im Juli 1896. Am 12.7.1897 geht der Abschnitt Nordhausen–Ilfeld in Betrieb, die Gesamtstrecke Nordhausen–Wernigerode ist ab 24.3.1899 befahrbar (auf den Brocken geht es seit 4.10.1898).

Die Bahnstrecke ist, vor allem durch den Verkehr zum Brocken, erfolgreich. Mit dem Bau der Trasse Eisfelder Talmühle–Stiege (15.7.1905) verbindet die Streckennetze von NWE und Gernroder-Harzgeroder-Eisenbahn GHE (Selketalbahn).

Nordhausen erhält 1913 ein Empfangsgebäude. Der Bau des Endbahnhofs der Schmalspurbahn in Wernigerode erfolgt bis 15.12.1939. Seit dem 15.8.1948 führt die DR den Betrieb der Harzquerbahn. Die zwischen 1954 und 1956 angelieferten Dampfloks (LKM, Babelsberg) machen eine Oberbauverstärkung erforderlich. 1963 wird der Rollwagenverkehr aufgenommen (derzeit findet nur noch zwischen Nordhausen und Eisfelder Talmühle Güterverkehr statt). Zum 1.2.1993 übernehmen die Harzer Schmalspurbahnen (HSB) den gesamten Verkehr auf der Harzquerbahn.

18

SELKETALBAHN

99 7235 hat mit einem Personenzug den Hasselfelde verlassen. Im Hintergrund ist der Brocken zu sehen.

Streckenname	Selketalbahn
Alternative Bezeich.	Anhaltinische Harzbahn
Relation	Quedlinburg–Gernrode–Harzgerode, Alexisbad–Hasselfelde, Stiege–Eisfelder Talmühle (Sachsen-Anhalt)
Länge	61,2 km
Funktion	Einst Personen- und Güterverkehr, heute nur noch Personenverkehr
Daten zum Bau	Baubeginn: März 1887 | Bauzeit (inkl. Planung, bis zur Fertigstellung): 23 Jahre | Eröffnung: 7.8.1887 | Durchgängig befahrbar ab: 15.7.1905
Spurweite	Schmalspurbahn (1000 mm)
Bauwerke	Zahlreiche kleiner Brücken über Flüsse wie Selke oder Einschnitte und Talungen
Bahnhöfe	Quedlinburg, Harzgerode
Anschlusspunkte	Quedlinburg: Magdeburg–Thale
Besonderheiten	Eingleisig, Anschluss nach Quedlinburg erst 2006, Wendeschleife im Bahnhof Stiege, Größte Steigung: 40 Promille (Mägdesprung–Sternhaus-Ramberg)

Den Rand des Harzes erschließen seit Mitte des 19. Jh. normalspurige Eisenbahnlinien. Doch der Anschluss von Erzgruben, Hütten- und Sägewerken sowie anderen Betrieben im Harz scheitert an den schwierigen Geländeverhältnissen, den damit verbundenen Kosten und nicht zuletzt an den politischen Verhältnissen, residieren in der Region damals doch gleich mehrere Herzöge.

Mit Gründung der Gernrode-Harzgeroder Eisenbahn-Gesellschaft (GHE) am 10.05.1886 aber ändert sich dies. Gernrode besitzt seit 1885 einen normalspurigen Eisenbahnanschluss (Frose–Ballenstedt–Quedlinburg). Am 27.9.1886 beginnen die Bauarbeiten an der Bahnlinie Gernrode–Harzgerode–Silberhütte, die in Meterspur ausgeführt wird. Am 14.3.1887 erhält die GHE eine Konzession über die Bahnlinie. Der erste Streckenabschnitt (Gernrode–Mägdesprung) wird am 7.8.1887 als erste Schmalspurbahn im Harz eröffnet. Die schrittweise die Erweiterung geht über die Strecke Alexisbad–Harzgerode (1.7.1888) und von Alexisbad über Güntersberge (1.6.1890) schließlich zum 30.4.1892 bis Hasselfelde. Am 15.7.1905 geht die Strecke Stiege–Eisfelder Talmühle in Betrieb als Verbindung zur Harzquerbahn.

Der Erste Weltkrieg beendet die solide Entwicklung der Bahn, die GHE rationalisiert den Betrieb. Am 30.6.1946 erfolgt die Verstaatlichung der verbliebenen Gebäude und Anlagen der GHE. Eine teilweise Demontage der Gleisanlagen durch die sowjetische Besatzungsmacht sorgte für eine zeitweilige Zweiteilung der Bahnlinie. Seit 1.4.1949 unterstehen die Strecken der DR. Am 1972 legt das Ministerium für Verkehrswesen der DDR fest, ausgewählte Schmalspurbahnen wie die Selketalbahn für den Tourismus zu erhalten. 1984 entsteht in Stiege eine Wendeschleife, um das Umsetzen der Güterzüge aus Richtung Nordhausen zu ersparen und beide Streckenteile werden wieder miteinander verbunden.

Über eine kommunale Gründungsgesellschaft entsteht am 19.11.1991 die Harzer Schmalspurbahnen GmbH (HSB). Sie übernimmt am 1.2.1993 Strecke, Infrastruktur und Fahrzeuge. Mit Einstellung des Verkehrs auf der Regelspurstrecke Quedlinburg–Frose am 31.1.2004 fehlt der Selketalbahn eine direkte Anbindung ans Regelspurnetz. Im April 2005 beginnen daher die Arbeiten zur Verlängerung der Selketalbahn nach Quedlinburg auf der alten Regelspurtrasse. Am 26.6.2006 nimmt die HSB den Fahrplanverkehr auf der Verlängerung der Selketalbahn auf. Wegen Oberbauschäden wird am 25. April 2025 wurde die Bahnlinie von Alexisbad nach Harzgerode gesperrt.

BROCKENBAHN

Verschiedene Harzgemeinden wie Nordhausen sowie die Fürsten zu Stolberg-Wernigerode plädieren erstmals 1869 im Interesse der wirtschaftlichen Entwicklung (wachsende Industrie, Fremdenverkehr) für einen Bahnanschluss ihrer Region an die Hauptbahn Halberstadt–Vienenburg (Inbetriebnahme 1.3.1869). Doch die Pläne verschwinden wieder in der Schublade. Am 24.3.1896 erhält schließlich das Nordhäuser Bahnbaukomitee von der Regierung des Herzogtums Braunschweig die Konzession zu Bau und Betrieb einer meterspurigen Bahn »von Nordhausen über Ilfeld nach Wernigerode mit einer Abzweigung zum Brocken«, wie es heißt. Preußen als zweite tangierte Territorialmacht erteilt seine Erlaubnis am 27.5.1896. Am 25.6.1896 wird die Nordhausen-Wernigeroder Eisenbahn AG (NWE) gegründet.

Im Juli 1896 beginnen die nicht unproblematischen Bauarbeiten Nordhausen–Wernigerode, 1897 erfolgt der Startschuss für die eigentliche Brockenbahn von Drei Annen Hohen auf den Brocken. Soldaten eines Berliner Eisenbahnregiments werden beim Bau ebenso eingesetzt wie italienische Arbeiter. Am 20.6.1898 wird der erste Abschnitt Drei Annen Hohne–Schierke eröffnet. Schon am 4.10.1898 ist der Brocken erreicht.

Die regulär zwischen April und Oktober betriebene Brockenbahn wird ein großer Erfolg: Der Ausflugsverkehr auf den Berg erreicht enorme Ausmaße (um die Jahrhundertwende an die 50.000 Fahrgäste). Die Mitte der 1920er-Jahre diskutierte Elektrifizierung der Bahn lässt sich aber aufgrund der hohen Kosten nicht realisieren – die Brockenbahn bleibt Domäne der Dampfloks; 1935 kommt allerdings der erste Triebwagen auf die Bahn.

Die beiden Weltkriege und die folgenden Nachkriegszeiten bremsen die Entwicklung. Am 15.8.1948 wird die NWE enteignet, am 1.4.1949 übernimmt die DR der späteren DDR die Betriebsführung, ab 14.5.1949 fahren wieder Züge auf der von Kriegseinwirkungen befreiten Strecke.

1952 beginnen Einschränkungen für den Besuch der Touristenbahn, da sie in unmittelbarer Nähe zur Grenze liegt: Ein besonderer Passierschein ist für die Nutzung erforderlich. Der größte Einschnitt erfolgt aber am 13.8.1961: Aufgrund von »Grenzsicherungsmaßnahmen« endet Reisezugbetrieb zum Brocken. Immerhin beschließt das DDR-Verkehrsministerium die Brockenbahn als technisches Denkmal zu erhalten.

Nach der Wende 1989 interessieren diese Pläne niemanden mehr. In dieser Situation konstituiert sich die Interessengemeinschaft Harzer Schmalspurbahnen (Mai 1992), die die Länder Sachsen-Anhalt und Thüringen sowie interessierte Gemeinden überzeugen kann, die Brockenbahn zu erhalten. Am 1.2.1993 werden die HSB gegründet (Mitglieder dieser GmbH sind die Landkreise Wernigerode, Quedlinburg und Nordhausen, zahlreiche Gemeinden und die Kurbetriebsgesellschaft Braunlage), die bis heute den Betrieb der Brockenbahn führen.

Heute verkehren nur noch Personenzüge (der Güterverkehr wurde 1987 eingestellt). Der Schienenstrang der Brockenbahn liegt komplett auf dem Gebiet des Nationalparks Hochharz. Die Gipfelfahrt dauert etwa 50 Minuten.

Streckenname	Brockenbahn
Relation	Drei Annen Hohne–Brocken (Sachsen-Anhalt)
Länge	19 km
Funktion	Personen- und Güterverkehr, heute nur noch Personenverkehr (ausschließlich mit Dampfloks)
Daten zum Bau	Baubeginn: 1897 |Bauzeit (inkl. Planung, bis zur Fertigstellung): 1 Jahr | Eröffnung: 20.6.1898 | Durchgängig befahrbar ab: 4.10.1898
Spurweite	Schmalspurbahn (1000 mm)
Bahnhöfe	Drei Annen Hohne, Brocken
Anschlusspunkte	Drei Annen Hohne: Harzquerbahn Wernigerode–Nordhausen
Besonderheiten	Höchstgelegener Schmalspurbahn-Bahnhof in Deutschland; anderthalbfache Spirale um Brocken, Größte Steigung: 33 Promille, Größte Höhe: Brocken (1125 m), Überwundener Höhenunterschied: 582 m

99 7232 erreicht gleich den Bahnhof Brocken (2017).

20

WIPPERTALBAHN

Auf der »Wipperliese« waren zeitweilig »Esslinger Triebwagen« im Einsatz, von denen ein Exemplar das Viadukt in Mansfeld überquert.

Streckenname	Wippertalbahn
Alternative Bezeich.	Wipperliese
Relation	Klostermansfeld-Wippra (Sachsen-Anhalt)
Länge	20 km
Funktion	Personen- und Güterverkehr
Daten zum Bau	Baubeginn: 1920 | Bauzeit (inkl. Planung, bis zur Fertigstellung): 1 Jahr | Eröffnung: 1.11.1920 | Durchgängig befahrbar ab: 1.11.1920
Spurweite	Vollbahn (1435 mm)
Bauwerke	Mansfelder Viadukt, Rammelburg-Tunnel (287 m)
Bahnhöfe	Klostermansfeld, Mansfeld, Wippra
Anschlusspunkte	Klostermansfeld: Museumsbahn Mansfelder Bergwerksbahn (MBB), Berlin-Blankenheimer Eisenbahn
Besonderheiten	Eine der letzten Nebenstreckenneubauten vor Gründung der DRG

Die Gemeinden des Wippertals bitten 1879 um den Bau einer Eisenbahn, doch die Königlich Preußische Eisenbahnverwaltung (KPEV) erblickt keinen Nutzen darin und verweigert eine Genehmigung. Erst 1920 wird unter Regie der Reichseisenbahnen eine Bahnstrecke von Klostermansfeld nach Wippra erbaut und 1.11.1920 eröffnet. Sie ist damit eine der letzten Nebenstreckenneubauten vor Gründung der Deutschen Reichsbahn-Gesellschaft (DRG) 1924.

Hauptaufgabe der »Wiperliese« ist der Transport von Sommerfrischlern, Pendlern und Schülern, davon lebt sie; der Güterverkehr spielt auf der Bahn eine untergeordnete Rolle. Das ändert sich auch in der DDR nicht, zumal damals dem Individualverkehr nicht wie im Westen Vorrang vor dem Bahnverkehr eingeräumt wird.

Nach 1990 sinken die Fahrgastzahlen dramatisch und am Unterhalt der Gleisanlagen wird gespart. Die einstige Hüttenindustrie wird abgewickelt, die Menschen fahren lieber mit dem Auto, Urlauber suchen anderswo ihre Erholung, die Stilllegung der Bahn scheint beschlossene Sache.

Da lässt das Land Sachsen-Anhalt 1995 ein Konzept zur Aufrechterhaltung des Nebenbahnbetriebs im Land erarbeiten, das als Flächenbahnkonzept bekannt wird. Auf eine kurzen Nenner gebracht: Die Region ist für Urlaubsgäste bestens geeignet, der Tourismus verspricht neue Arbeitsplätze und mit der Bahn sollen die Touristen ins Wippertal geholt werden.

Aus der früheren Werkbahn des Mansfeld Kombinates entstehen die Mansfelder Transport GmbH (MTG), die Mansfelder Lokomotiv- und Wagenwerkstatt (MaLoWa) und schließlich die Kreisbahn Mansfelder Land (KML). Die KML führt seit 1996 Güterverkehr (in erster Linie Holztransport) mit ehemaligen DR-V 60 durch.

Die MaLoWa arbeiten den ersten Esslinger Triebwagen (Baujahre 1951–1957) auf, mit dem die KML seit 28.9.1997 den Nahverkehr auf der Strecke bestreitet. Zugleich wird das Zugangebot ausgeweitet und durch Busse ergänzt um Anschluss nach anderen Regionen zu sichern. Auch aufgelassene Haltepunkte werden wieder belebt, sodass tatsächlich wieder mehr Fahrgäste den Zug benutzen. Die Wippertalbahn entwickelt sich zeitweilig tatsächlich zu dem Nahverkehrsanbieter der Region schlechthin.

Am 31. Dezember 2001 wurde der Güterverkehr auf der Strecke eingestellt.

Wegen stark gesunkener Fahrgastzahlen wird seit 2015 auf der Strecke zwischen Ostern und Oktober nur noch ein Touristikverkehr an Wochenenden und Feiertagen angeboten.

WALDEISENBAHN MUSKAU

Die Region zwischen Muskau und Weißwasser in Sachsen ist Ende des 19. Jahrhunderts reich an Wald und Industrie. Die Suche nach einer rationellen An- und Abtransportmöglichkeit all der Güter bringt Graf Hermann von Armin, der Eigentümer der damaligen Herrschaft Muskau, 1895 auf die Idee eine Pferdebahn anzulegen. Die Gräflich von Arnimsche Kleinbahn hat eine Spurweite von 600 mm.

Nur ein Jahr später erwirbt der Graf zwei Dampfloks und lässt das Gleisnetz bis 1900 auf mehr als 50 km ausbauen. Weitere Ausbaupläne macht der Erste Weltkrieg zunichte. Erst 1919 gelangen weitere Maschinen aus deutschen Heeresbeständen zum Fuhrpark. Die als »Brigadeloks« bezeichneten ehemaligen Heeresfeldbahnloks bilden bis zur Einstellung das Rückgrat des Bahnverkehrs. Die Heereswaggons werden sogar in den eigenen Werkstätten umgebaut. Im Jahr 1939 besitzt die WEM elf Dampfloks, mehrere Dieselloks und rund 500 Wagen.

Während des Zweiten Weltkriegs erleiden Fahrzeuge wie Teile der Strecke Schäden und müssen repariert werden, nach Kriegsende muss vieles aufgrund der Reparationsleistungen an die Sowjetunion improvisiert werden. 1951 gehen Fahrzeuge und Betrieb an die DR. Hauptaufgabe der Bahn ist die Lieferung von Brennstoffen, Ton an die Ziegeleien und sogar Moor fürs Moorbad. Doch in den 1970er-Jahren gilt die Waldeisenbahn als unwirtschaftlich. Sie wird deshalb etappenweise stillgelegt. Nur die Ziegelei in Weißwasser wird noch auf einem 12 km langen Reststück bedient. Die restlichen Gleise werden abgebaut und zahlreiche Wagen zerlegt.

1984 entsteht ein Eisenbahnverein mit Sitz in der Ziegelei Weißwasser, der die Erinnerung an die WEM wachhält. Die Mitglieder stellen einige der Wagen wieder her und organisieren Sonderfahrten. 1988 baute der Verein den heutigen Bahnhof Weißwasser Teichstraße. Nach dem Ende der DDR übernimmt der 1990 gegründete Verein Waldeisenbahn Muskau die alte Tongrube. Seit 1991 wird die WEM mit Unterstützung des Landes Sachsen als touristische Attraktion wiederaufgebaut. 1993 entsteht zudem die Gesellschaft zum Betrieb der Waldeisenbahn Muskau. Seit 1995 wird die alte Strecke zwischen Weißwasser und Bad Muskau wieder befahren. Zwischen 1996 und 2002 errichtet der Verein den Museumsbahnhof bei Weißwasser.

Der vorrückende Tagebau Nochten sorgt dafür, dass letztmals am 8. September 2013 ein Zug auf der Strecke der Tonbahn von Weißwasser zur Wagenübergabestelle Mühlrose fährt. Eine Ersatzstrecke entlang der Tagebaukante zum Kommunikations- und Naturschutzzentrum Weißwasser entsteht (13. April 2017 eröffnet).

An ausgewählten Tagen sind die Fahrzeuge in Aktion zu erleben. Eine Ausstellung historischer Feldbahnfahrzeuge rundet das Technische Denkmal ab. Als Besonderheit setzt die WEM originalgetreue Güterzüge für Eisenbahnfreunde ein.

Streckenname	Waldeisenbahn Muskau (WEM)
Relation	Einst Papierfabrik Muskau–Tongrube Mühlrose, heute Muskau–Tongrube Mühlrose (Sachsen)
Länge	11 km
Funktion	Einst Personen- und Güterverkehr, heute Touristenbahn
Daten zum Bau	Baubeginn: 1895 | Bauzeit (inkl. Planung, bis zur Fertigstellung): wenige Monate | Eröffnung: 1895 |Durchgängig befahrbar ab: 1895
Spurweite	Schmalspurbahn (600 mm)
Bahnhöfe	Muskau, Museumbahnhof, Kromlau
Besonderheiten	Fahrt von Halbendorfer Wechsel–Tongrube Mühlrose nicht öffentlich, Bahn basiert auf Feldbahntechnik

99 3318 während der Einweihung der Tonbahn (14. bis 17. April 2017).

ZWISCHEN SAUERLAND UND EIFEL

22

HÖNNETALBAHN

Nachdem am 7.8.1872 im Sauerland die Linie Fröndenberg–Menden eröffnet worden ist, treten nicht wenige Bürger für die Verlängerung der Strecke ins Hönnetal mit seinen zahlreichen kleinen Industriebetrieben ein (in Menden zweigt eine am 1.9.1882 eröffnete Bahn nach Hemer ab, diese ist Teil der 1872 eröffneten und in den folgenden Jahren vervollkommneten Verbindung Letmathe–Fröndenberg; Menden–Hemer wird zum 14.4.2007 eine Anschlussbahn mit Übergabe in Menden).

So nimmt es nicht Wunder, dass 1878 die erste, unter preußischer Staatsbahn-Regie erstellte Stichstrecke (in Form eines Anschlussgleises) über Menden hinaus zu einem Eisenwerk bei Lendringsen führt. Die 1896 gegründeten Hönnetaler Kalkwerke erwerben dieses Anschlussgleis und verlegen es auf die andere Flussseite, wo es noch heute liegt. Diese Kalkwerke fürchten die Konkurrenz des oberen Hönnetals und wissen den Weiterbau der Strecke zu verhindern. Die Hönnetaler Interessenvereine erwägen daraufhin alternative Linienführungen, etwa Hemer–Sundwig (die als Güterzug-Stichstrecke auch gebaut wird) oder gar den Bau einer Privatbahn.

Die verschiedenen Hönnetaler Unternehmer können die Staatsbahn schließlich doch noch überzeugen und 1909 beginnen die Bauarbeiten zum Weiterbau der Strecke über Balve bis Neuenrade. Dabei entsteht eine der jüngsten Nebenbahnlinien des Sauerlandes, zugleich eine – nach heutigem Ermessen – Bahn mit »romantischem« Verlauf entlang der Hönne. Die Bahngebäude entsprechen vereinheitlichten Bauplänen der preußischen Staatsbahn.

Die Hönnetalbahn besteht in den 1950er- und 1960er-Jahren zu gleichen Teilen aus Personen- (v. a. Schüler und Pendler) sowie Güterverkehr (hierbei v. a. Kalk und Holz für die Industrie des Ruhrgebietes sowie Stückgut). Um den Betrieb zu rationalisieren, stellt die DB in den 1960er-Jahren auf Dieselloks um, bis 1979 sind (mit Ausnahme des Bhf. Lendrigsen) alle Bahnhöfe der Strecke unbesetzt. 1989 beginnt als Teil weiterer Rationalisierungen der Rückbau der Gleisanlagen. 2000 gilt die Hönnetalbahn als »personalfrei«.

Seit 1985 setzen sich die Eisenbahnfreunde Hönnetal mit Erfolg für den Erhalt der Bahn ein. Der Güterverkehr bleibt in beschränktem Ausmaß erhalten (Bedienung der Kalkwerke in Oberrödinghausen sowie Industrieanschlüsse in Menden; hinzu kommen Kies-, Sand- und Kalkzüge). Als Teil des »Sauerlandnetzes« betreibt die DB Regio NRW die Hönnetalbahn seit 2001 mit modernen Triebwagen. Bei einer Fahrt mit 640 oder 648 kann man den wohl wildromantische Teil der Hönnetalbahn erleben: den Abschnitt zwischen Oberrödinghausen und Sanssouci. Dort liegen auch der Uhu- und Binoler-Tunnel sowie zwei große Viadukte über die Hönne.

Streckenname	Hönnetalbahn
Relation	Menden–Neuenrade (Nordrhein-Westfalen)
Länge	22 km
Funktion	Personen- und Güterverkehr
Daten zum Bau	Baubeginn: 1909 | Bauzeit (inkl. Planung, bis zur Fertigstellung): 3 Jahre | Eröffnung: 1.4.1912 | durchgängig befahrbar ab: 1.4.1912
Spurweite	Vollbahn (1435 mm)
Bauwerke	Uhu-Tunnel (117 m), Binolener-Tunnel (277 m), zahlreiche Hönne-Brücken
Bahnhöfe	Menden, Balve. Neuenrade
Anschlusspunkte	Menden: nach Fröndenberg, nach Hemer (Anschlussbahn)
Besonderheiten	eingleisig geplant, nicht elektrifiziert; eine der jüngsten Nebenbahnlinien des Sauerlandes

Ein Triebwagen der Baureihe 628 fährt in den Bahnhof Binolen ein (10. Mai 2011).

23

RUHR-SIEG-STRECKE

110 145 mit D 815 zwischen Welschen-Ennest und Littfeld (10. Mai 1981).

Streckenname	Ruhr-Sieg-Strecke
Relation	Hagen–Siegen (Nordrhein-Westfalen)
Länge	106 km
Funktion	Personen- und Güterverkehr
Daten zum Bau	Baubeginn: 1858 | Bauzeit (inkl. Planung, bis zur Fertigstellung): 3 Jahre | Eröffnung: 21.3.1859 | Durchgängig befahrbar ab: 5.8.1861
Spurweite	Vollbahn (1435 mm)
Bauwerke	Zahlreiche Brücken über Flüsse wie Volme, Lenne, Hundem und Sieg, Nachrodter Tunnel (629 m), Buchholzer Tunnel (936 m), Husberger Tunnel (793 m), Werdohler Tunnel (315 m), Baukloher Tunnel (306 m), Rahrbacher Tunnel (698 m)
Bahnhöfe	Hagen, Letmathe, Finnentrop, Siegen
Anschlusspunkte	Hagen: Elberfeld–Dortmund | Letmathe: nach Fröndenberg Finnentrop: Biggetalbahn nach Olpe | Siegen: Siegstrecke nach Köln, Dillstrecke nach Gießen
Besonderheiten	Zweigleisige, elektrifizierte Hauptstrecke; kein Fernverkehr mehr; einst Nachschubbetrieb zwischen Altenhundem und Welschen Ennest (höchster Punkt der Strecke mit 411 m) Überwundener Höhenunterschied: 305 m

Um Kohle aus dem Ruhrgebiet rascher zur Verhüttung ins Siegerland bringen zu können, bitten Siegerländer Unternehmer 1835 um den Bau einer Pferdebahn. Noch ehe die Bahn genehmigt wird, beantragen Hagener Unternehmer für denselben Zweck den Bau einer Eisenbahnstrecke.

Wie in anderen Regionen jener eisenbahnbegeisterten Epoche auch, streiten sich Staat, Bahngesellschaft, Unternehmer und Gemeinde über den genauen Linienverlauf der künftigen Strecke, die Ruhr und Sieg verbinden soll. Schließlich setzen sich die von Unternehmern geführten Eisenbahnkomitees in Hagen und Siegen – den Ausgangs- und Zielpunkt der Bahn – mit ihrem Vorschlag, die Strecke durch die Täler der Flüsse Lenne und Hundem zu führen.

1856 erhält die Bergisch-Märkische Eisenbahn-Gesellschaft (BME) die Konzession, der Bau der Strecke beginnt 1858. Als erster Abschnitt geht Hagen–Letmathe am 21.3.1859 in Betrieb. Nachdem der Teil Letmathe–Altena am 17.7.1860 eröffnet worden ist, erreicht die Bahn Siegen am 5.7.1861, einen Tag später beginnt der reguläre Betrieb. Bis 1870 ist die ursprünglich eingleisige Strecke zweigleisig ausgebaut.

Aus der umfangreichen Infrastruktur der Strecke ragen Bahnhöfe wie Plettenberg oder Kreuztal heraus, sie sind heute Baudenkmale. Aufgrund der teilweise anspruchsvollen Trassierung mit entsprechendem Vorratsverbrauch der Loks entstehen zahlreiche Betriebswerke.

Bekannt wird die Strecke auch wegen des lange Zeit nur durch Nachschub zu bewältigenden Abschnitts zwischen Altenhumdem und dem höchsten Punkt der Strecke, Welschen Ennest. Nur in begründeten Ausnahmefällen ist das Nachschieben mit zwei Lokomotiven erlaubt. Auf der Rampe der Ruhr-Sieg-Strecke wird auf besondere Anordnung hin bisweilen mit zwei Loks der Baureihe 44 nachgeschoben.

Seit 15.12.2002 gab für mehr als 15 Jahre keinen Fernverkehr auf der Ruhr-Sieg-Strecke. Bis heute nutzt der Güterverkehr die Strecke. Am 18. März 2015 gab die Deutsche Bahn (DB) bekannt, dass sie ihr Fernverkehrsangebot um 25 % ausweiten wolle. Davon sollten auch die Dillstrecke und die Ruhr-Sieg-Strecke profitieren, und zwar durch eine IC2-Linie im Zweistundentakt von Frankfurt nach Dortmund bzw. Münster. Ursprünglich sollte diese Linie mit der Nummer 34 bereits ab dem Fahrplanwechsel im Dezember 2019 eingerichtet werden. Im Gegensatz zum früheren InterRegio fahren die Züge über die jeweiligen Verbindungskurven an Gießen und Hagen vorbei, dafür über Siegen Hbf, und halten für den Anschluss in Richtung Hagen in Iserlohn-Letmathe. Aus Kapazitätsgründen musste für die zusätzlichen Fernverkehrszüge das Angebot im Nahverkehr angepasst werden.

Weiterhin gilt die Ruhr-Sieg-Strecke im Bundesverkehrswegeplan als Ausbaustrecke.

AGGERTALBAHN

Obwohl es schon 1861 erste Überlegungen einer Bahnstrecke Köln–Kassel über das Aggertal ins Oberbergische gibt, verhindern Uneinigkeit über die Linienführung und skeptische Wirtschaftlichkeitseinschätzungen zunächst den Bau dieser Bahn. Schließlich wird die Aggertalbahn als Verbindung von Köln ins Oberbergische doch noch gebaut, allerdings wegen der Kosten nur als Nebenbahn.

Am 30.4.1882 erhält die Bergisch-Märkische Eisenbahngesellschaft die Genehmigung zum Bau der Aggertalbahn Siegburg–Olpe, deren erster Abschnitt Siegburg–Overath–Ründeroth am 15.10.1884 in Betrieb geht. Aber erst am 1.9.1903 wird das letzte Streckenstück von Bergneustadt bis Olpe eröffnet. Am 1.8.1910 wird die Verbindung Overath–Köln eröffnet, die die Aggertalbahn bis Köln verlängert. Damit verliert die Teilstrecke Siegburg–Overath ihre bislang überregionale Bedeutung. Es gibt nun keine Durchgangszüge mehr nach dem Oberbergischen.

Nachdem mit dem Fahrplanwechsel zum 15.5.1949 der Abschnitt Siegburg und Overath nur noch lokalen Verkehr sieht, wird im Juli 1950 bekannt, dass der Streckenteil für den Personenverkehr stillgelegt werden soll. Am 23.5.1954 wird der planmäßige Personenverkehr aus Rentabilitätsgründen zwischen Siegburg und Overath vorläufig eingestellt, am 26.11.1959 endgültig. Am 1.5.1962 folgt die Stilllegung im Gesamtverkehr zwischen Lohmar und Overath (Abrissarbeiten an den Gleisen im Herbst). Der Eisenbahnclub Rhein-Sieg macht sich im Juli 1988 für den Erhalt der Strecke stark. Noch 1989 lehnen sowohl der Kreistag als auch der Kölner Regierungspräsident die Stilllegung ab. Der Kreistag beantragt, die Verlängerung der Linie 66 über Siegburg hinaus nach Lohmar in den Nahverkehrsplan des Landes aufzunehmen. Güterverkehr gibt es auf der Rest-Aggertalbahn noch bis 1994. 1997 wird die Gesamtstrecke Siegburg–Olpe mit Ausnahme des Abschnitts Overath–Dierunghausen stillgelegt, die Trasse ist in Siegburg größtenteils asphaltiert. Die noch verbliebenen Gleise durch die Innenstadt werden noch von Güterzügen zum Siegwerk benutzt.

Betrieb gibt es heute nur noch auf dem Abschnitt Köln–Overath–Dieringhausen (von dort weiter nach Meinerzhagen).

Streckenname	Aggertalbahn
Relation	Einst Köln–Olpe, heute nur noch Köln–Overath–Dieringhausen in Betrieb (Nordrhein-Westfalen)
Länge	Einst 77,8 km, heute noch 49,3 km betrieben
Funktion	Einst Personen- und Güterverkehr, heute nur noch Nahverkehr
Daten zum Bau	Baubeginn: 30.4.1882 3 | Bauzeit (inkl. Planung, bis zur Fertigstellung): 21 Jahre3 | Eröffnung: 15.10.1884 3 | Durchgängig befahrbar ab: 1.9.1903
Spurweite	Vollbahn (1435 mm)
Bauwerke	Zahlreiche Agger-Brücken
Bahnhöfe	R Köln, Dieringhausen
Anschlusspunkte	Köln: Siegstrecke nach Siegen | Dieringhausen: Volmetalbahn nach Meinerzhagen

Ein Triebwagen vom Typ Desiro (Baureihe 642) hält im Bahnhof Ründeroth.

25

BROHLTALBAHN

Regelmäßig verkehren Dampfzüge durchs Brohltal. Die Malletlok 11sm ist die letzte originale Dampflok der Brohltalbahn und wurde 2008 bis 2015 aufwendig saniert.

Streckenname	Brohltalbahn
Relation	Brohl–Engeln (Rheinland-Pfalz)
Länge	Einst 23,8 km, heute noch 17,7 km
Funktion	Einst Personen- und Güterverkehr, heute noch Museumsbahnverkehr Brohl–Engeln und Güterverkehr Brohl–Brenk
Daten zum Bau	Baubeginn: Frühjahr 1896 | Bauzeit (inkl. Planung, bis zur Fertigstellung): 23 Jahre | Eröffnung: 14.1.1901 | Durchgängig befahrbar ab: 2.1.1902
Spurweite	Schmalspurbahn (1000 mm)
Bauwerke	Tönissteiner Viadukt (120 m), Tönissteiner Tunnel (95 m), Oberzissener Viadukt (40 m)
Bahnhöfe	Brohl, Engeln
Anschlusspunkte	Brohl: Linke Rheinstrecke (Köln–Mainz)
Besonderheiten	Inselbahnbetrieb, eingleisig, nicht elektrifiziert; Zahnstangenabschnitt zwischen Oberzissen–Engeln; Engeln–Kempenich heute stillgelegt, größte Steigung: 50 Promille (zwischen Oberzissen und Engeln)

Brohl am Rhein ist seit August 1858 durch die Rheinische Eisenbahn (Linke Rheinstrecke) an das Bahnnetz angeschlossen. 1879 bitten die Gemeinden der Region Brohl, unterstützt durch Unternehmer (Mineralbrunnen, Tourismus), den Bahnbau durch das Brohltal, was zur wirtschaftlichen Erschließung der Gegend beitragen soll. Die am 22.1.1896 durch die Westdeutsche Eisenbahngesellschaft (WEG) gegründete Brohltal-Eisenbahn-Gesellschaft beginnt im Frühjahr 1896 mit dem Bau einer Schmalspurbahn-Strecke (Spurweite 1000 mm) von Brohl nach Kempenich in der Eifel. Am 14. Januar 1901 kann der Abschnitt Brohl–Engeln (mit dem Zahnstangenabschnitt System Abt zwischen Oberzissen und Engeln) und das Verbindungsstück bis zum Rheinhafen Brohl (1932 zu einem Dreischienengleis in Vollbahn-Spurweite ausgebaut) in Betrieb gehen, am 1. Mai 1901 folgt Engeln–Weibern und am 2.1.1902 wird Kempenich erreicht. Vor allem als Güterbahn wird die Brohltalbahn rasch erfolgreich. Von Anfang an werden Normalspur-Güterwagen mit Rollböcken bewegt, ab 1928 wird dieser Betrieb mit Rollwagen durchgeführt.

1921 wechselt die Brohltalbahn von der WEG in den Besitz eines Aktionärskonsortiums aus Regionalkreisen und Industriebetrieben der Region. Im April 1923 muss der Verkehr aufgrund der französisch-belgischen Ruhrbesetzung und dem als »Ruhrkampf« bezeichneten deutschen Widerstandspolitik eingestellt werden. Erst im September 1923 beginnt, zunächst zaghaft, der Betrieb von Neuem. Im Juni 1925 wird der Triebwagenverkehr aufgenommen. Im Juli 1934 hat die Zahnstange in der Steilstrecke zwischen Oberzissen und Engeln ausgedient, schwere Adhäsions-Dampfloks bewältigen nun den Streckenabschnitt. 1953/54 erfolgt die Umwandlung der Aktiengesellschaft in eine GmbH, Hauptgesellschafter sind die Landkreise Ahrweiler und Mayen–Koblenz (letztgenannter scheidet 1991 aus). 1958 wird der sonn- und feiertägliche Personenverkehr eingestellt, der Abschnitt Kempenich–Oberzissen folgt im Herbst 1960; der gesamte Personenverkehr wird zum 1.10.1961 eingestellt.

Der Güterverkehr nimmt immer weiter ab. Daher wird der Abschnitt Engeln–Kempenich am 1.10.1974 stillgelegt und zwei Jahre später abgebaut. Der letzte normale Güterzug verkehrt im März 1988 zwischen Burgbrohl und Oberzissen. Heute führt die Brohltalbahn die Phonolith-Abfuhr von Brenk zum Brohler Rheinhafen durch.

Am 25.3.1977 hat der Vulkan-Express als Touristen- und Museumsbahn Premiere und nutzt die landschaftliche Schönheit der Bahnstrecke als touristische Attraktion. Die am 2.9.1987 gegründete Interessengemeinschaft Brohltal-Schmalspureisenbahn (IBS) übernimmt im Januar 1992 den Betrieb des Vulkan-Express und baut das Museum weiter aus.

EIFELSTRECKE

Die schwierigen topographischen Verhältnisse und die geringe Bevölkerungsdichte machen die eisenbahntechnische Erschließung der Eifel unattraktiv. Die schlechte Verkehrsanbindung verhindert die wirtschaftliche Erschließung und das Aufblühen der Region, wie es etwa an Rhein und Ruhr gelingt.

Um die Mitte des 19. Jh. versucht die im Aufstieg begriffene Eifeler Metallindustrie vergeblich den preußischen Staat zum Bau einer Strecke von Köln oder Düren bis ins Schleidener Tal/ Eifel zu bewegen. Allerdings übt Preußen nun Druck auf die Rheinische Eisenbahngesellschaft aus, eine solche Bahnstrecke zu erstellen.

Das Unternehmen ziert sich zunächst, hat dann aber die Idee die Eifel mit Köln und über Trier mit der oberen Mosel zu verbinden und von dort wäre es nicht mehr weit ins Saarland und nach Luxemburg. Nun steigt auch der Staat ein und legt 1862 die Linienführung der künftigen Eifelbahn fest: zunächst von Düren über Euskirchen nach Kall.

Nach der Eröffnung des Abschnitts Düren–Euskirchen am 6.10.1864 folgt am 1.11.1867 der Anschluss bis Kall. Am 15.11.1870 ist Gerolstein erreicht, am 15.6.1871 Trier West. Durch die Nähe zu Frankreich, das im neu gegründeten deutschen Kaiserreich als Hauptgegner in einem künftigen Krieg gilt, kommt der Eifelstrecke hohe strategische Bedeutung als »Aufmarschbahn« zu. Das ist der eigentliche Grund für die Anbindung der Eifelstrecke von Euskirchen aus bei Hürth-Kalscheuren (die Verbindung Köln-Eifeltor–Kalscheuren ist bereits am 15.2.1844 hergestellt worden) an die Linke Rheinstrecke Köln–Bonn am 1.10.1875.

Streckenname	Eifelstrecke
Relation	Köln–Trier (Nordrhein-Westfalen, Rheinland-Pfalz), genauer gesagt: Hürth–Kalscheuren–Trier–Ehrang
Länge	182 km
Funktion	Personen- und Güterverkehr
Daten zum Bau	Baubeginn: 1862 |Bauzeit (inkl. Planung, bis zur Fertigstellung): 13 Jahre | Eröffnung: 6.4.1864 |Durchgängig befahrbar ab: 1.10.1875
Spurweite	Vollbahn (1435 mm)
Bauwerke	Kaller Tunnel (472 m), Dechen-Tunnel (181 m), Kyllburger Tunnel (218 m), Wilsecker Tunnel (1268 m), Metternicher Tunnel (426 m), Kuckuckslay-Tunnel (450 m)
Bahnhöfe	Köln, Euskirchen, Trier
Anschlusspunkte	Köln: Schnellfahrstrecke nach Aachen, Linksniederrheinische Strecke nach Neuss | Hürth-Kalscheuren: Linke Rheinstrecke nach Bonn | Euskirchen: Voreifelbahn nach Bonn | Erfttalbahn nach Bad Münstereifel | Bördebahn nach Düren | Trier-Ehrang: Moselstrecke nach Koblenz | Trier: Saarstrecke nach Saarbrücken | Obermoselstrecke nach Perl und nach Thionville (Frankreich)
Besonderheiten	Einzige von Köln ausgehende Strecke, die ab Euskirchen Merkmale einer Gebirgsbahn aufweist; größtenteils eingleisig; nicht elektrifiziert, Größte Steigung: 18,5 Promille, größte Höhe: Schmidtheimer Berg (556 m, Steigung 17,2–18,5 Promille)

Die zahlreichen Steigungen (etwa am Schmidtheimer Berg bei Dahlem) machen die Anlage mehrerer Bahnbetriebswerke notwendig, so entstehen etwa die Bw Jünkerath oder Gerolstein. 1908 plant die Königlich Preußische Eisenbahnverwaltung Euskirchen–Trier als Versuchsstrecke zu elektrifizieren, was aber von der Militärverwaltung aus strategischen Gründen untersagt wird.

Ein Dieseltriebwagen des Typs LINT 54 fährt als RE 22 im Urfttal südlich von Nettersheim durch die Eifel.

Reparatur nach dem Hochwasser	
Wiederinbetriebnahme	Streckenabschnitt
7. September 2021	Hürth-Kalscheuren–Euskirchen
23. April 2022	Euskirchen–Mechernich
12. Juni 2022	Mechernich–Kall
16. Juni 2025	Kall–Gerolstein
17. April 2023	Gerolstein–Kyllburg
21. Juni 2022	Kyllburg–Bitburg-Erdorf
28. Mai 2022	Bitburg-Erdorf–Auw an der Kyll
5. Februar 2022	Auw an der Kyll–Trier-Ehrang

Die unterspülte Eifelbahnstrecke nach der Flut 2021 in Höhe der Burg Lissingen (Stadt Gerolstein).

Durch die Flut 2021 zerstörte Bahngleise der Eifelbahn am Haltepunkt Urft.

1936 richtet die DRG nach dem Beginn des zweigleisigen Ausbaus eine Eiltriebwagenverbindung Köln–Saarbrücken über die Eifelstrecke mit VT 137 ein. Ab Winter 1944 ruht der Betrieb kriegsbedingt bis 1946. Auf Anordnung der französischen Besatzungsbehörde (in deren Machtbereich ein Großteil der Strecke liegt) wird die Bahn jedoch partiell nur noch eingleisig wiederaufgebaut.

Das schwere Hochwasser am 14./15. Juli 2021 ließ die Flüsse Kyll und Urft über die Ufer treten, wobei Abschnitte der Eifelstrecke schwer beschädigt oder zerstört wurden (Überflutungen von Bahnanlagen, Hang- und Dammrutsche, Unterspülungen des Gleiskörpers; in den Stationen Gerolstein, Philippsheim und Kordel standen zudem Triebwagen im Hochwasser). Seitdem ruhte der Zugverkehr zwischen Hürth-Kalscheuren und Trier-Ehrang. Wenige Wochen nach dem Hochwasser rollte wieder der Verkehr auf dem Streckenabschnitt Hürth-Kalscheuren–Euskirchen mit reduzierter Höchstgeschwindigkeit. Weil Gleisanlagen entlang der Urft und Kyll stärker betroffen waren, wurden weitere Abschnitte erst mehr als sechs Monate nach dem Hochwasser im Februar 2022 wieder in Betrieb genommen. Außerdem waren im Bahnhof Gerolstein über 20 Fahrzeuge von DB Regio und Vulkan-Eifel-Bahn eingeschlossen. Sie wurden über die eigentlich stillgelegte Eifelquerbahn abgefahren.

Die Freigabe des Abschnitts Kall–Gerolstein am 16. Juni 2025 markierte den Abschluss der Reparaturarbeiten. Derzeit wird die gesamte Strecke in abschnitten elektrifiziert.

RURTALBAHN

Die umfangreiche Papierindustrie bei Lendersdorf und Kreuzau im Rurtal tritt für eine Bahnverbindung nach Düren ein. Die bergisch Märkische Eisenbahngesellschaft (BME) hat nämlich am 1.10.1873 die Strecke Jülich–Düren eröffnet (dieser 15,4 km lange Abschnitt wird als Nördliche Rurtalbahn bezeichnet) und von Jülich aus besteht Anschluss nach Köln und Aachen.

Schließlich erfolgt unter Ägide der Königlich Preußischen Eisenbahn-Verwaltung (KPEV) 1890 der Weiterbau der Strecke von Düren durch das Rurtal nach Heimbach (das ist die Südliche Rurtalbahn). Am 1.6.1892 ist Kreuzau erreicht, aber aufgrund der schwierigen topographischen Bedingungen und längerer Bauunterbrechungen ist die Strecke erst ab 1.9.1903 durchgängig bis Heimbach befahrbar.

Streckenname	Ruhrtalbahn
Alternative Bezeich.	Nördliche (Jülich–Düren) und Südliche (Düren–Heimbach) Rurtalbahn
Relation	Jülich–Düren–Heimbach (Nordrhein-Westfalen)
Länge	15,4 bzw. 30 km, insgesamt 45,4 km
Funktion	Personen- und Güterverkehr
Daten zum Bau	Bauzeit (inkl. Planung, bis zur Fertigstellung): 13 Jahre (mit längeren Unterbrechungen) | Eröffnung: 1.6.1892 | Durchgängig befahrbar ab: 1.9.1903
Spurweite	Vollbahn (1435 mm)
Bauwerke	Mehrere Rur-Brücken
Bahnhöfe	Jülich, Düren, Heimbach
Anschlusspunkte	Jülich: nach Dalheim | Düren: Schnell- und S-Bahn nach Köln, Schnellfahrstrecke nach Aachen, Bördebahn Zülpich/Euskirchen
Besonderheiten	Bahnhof Lendersdorf ist derzeitiger Endpunkt für den Güterverkehr der Rurtalbahn

Im Jahr 1933 wird die Strecke bei Obermaubach verlegt um Platz für den Obermaubacher Stausee zu schaffen. Nach teilweise schweren Zerstörungen im Zweiten Weltkrieg ist die Bahn erst ab 1.10.1950 wieder durchgängig befahrbar.

Erstmals werden 1977 Stilllegungsgerüchte laut, für 1982 ist die Auflassung der Rurtalbahn vorgesehen. Nach jahrelangem politischem Gerangel entscheidet sich der Kreis Düren 1989 die Strecke Düren–Heimbach von der DB zu übernehmen und in eigener Regie fortzuführen. Die Betriebsführung liegt bei der Dürener Kreisbahn (DKB).

Am 12.9.1992 kauft der Kreis die Strecke für den symbolischen Wert von einer Mark. Zum Fahrplanwechsel am 23.5.1993 übernimmt die DKB den Betrieb auf der Rurtalbahn im Abschnitt Düren–Heimbach. Um das Zugangebot attraktiver zu gestalten, werden alle vorhandenen Haltepunkte erneuert. Dabei erfolgt die standardisierte Ausrüstung mit Wartehäuschen und Infotafel. Auch die Gleisanlagen werden in den folgenden Jahren aufwendig saniert.

Der Güterverkehr obliegt der ehemaligen V 35 der Jülicher Kreisbahn und einer von der ehemaligen DB-Köf (333 020-6). Ab März 1995 übernehmen moderne RegioSprinter (Siemens/Duewag, Krefeld) den Personenverkehr. Zum 11.12.1999 wird zudem ein Halbstundentakt im Abschnitt Düren–Untermaubach eingeführt.

Zum 1.1.2003 erfolgt die Ausgliederung der Rurtalbahn GmbH als eigenständige Eisenbahngesellschaft aus der DKB. Die Strecke wird bis heute im schienengebundenen Personennahverkehr genutzt. Bis heute findet zwischen Jülich und Lendersdorf Güterverkehr statt, dabei werden Papierfabriken und chemische Betriebe angefahren.

Blick auf den Bahnhof Nideggen-Brück (Eifel) aus Richtung Norden vom Aussichtspunkt Christinenley.

Ein Regiosprinter der DKB hält im Bahnhof Lendersdorf.

< Am 4. August 1995 reiste man noch im Schienenbus durchs Rurtal: VT 202 und VT 204 in der Nähe von Hausen (b Düren).

AHRTALBAHN

Die dünn besiedelte und wirtschaftlich unterentwickelte Eifelregion benötigt eigentlich keinen Bahnanschluss. Es sind die militärstrategischen Interessen, die schließlich zum Bau der Ahrtalbahn als Aufmarsch- und Nachschublinie per Ministerialbeschluss vom 23.9.1879 führen.

Am 20.9.1880 wird der erste Streckenabschnitt Remagen–Ahrweiler noch unter der Regie der Rheinischen Eisenbahn eröffnet (in Ahrweiler bestand bis 1918 ein Bw, im Anschluss übernimmt das Bw Kreuzberg die Aufgaben). Die Königlich Preußische Eisenbahn-Verwaltung baut im April 1884 weiter und erreicht 1886 Altenahr, zwei Jahre später den vorgesehenen Endpunkt Adenau (Eröffnung am 15. Juli). Die Bahnhöfe der Strecke repräsentieren den preußischen Einheitstyp. Geplant ist zwar eine Verlängerung von Adenau bis nach Daun, doch diese wird nie gebaut.

Die anfangs als eingleisige Nebenstrecke (der Güterverkehr spielt eine untergeordnete Rolle) betriebene Ahrtalbahn wird um 1910 aus militärstrategischen Überlegungen (um die Leistungsfähigkeit der Militär- und Kohletransporte zu erhöhen) zweigleisig ausgebaut. In Remagen und Rech zweigte einst die 1904–1924 gebaute, aber unvollendet gebliebene Strategische Bahn (einzelne Streckenabschnitte sind noch heute erkennbar) in Richtung Ruhrgebiet ab.

In Dümpelfeld kommt im Jahr 1912 ein Anschluss nach Lissendorf (und Jünkerath) und Blankenheim (dort jeweils Anbindung an Eifelstrecke) hinzu. Über die Ludendorff-Brücke (eröffnet 1.5.1918, Inbetriebnahme 1.9.1919, bekannt als »Brücke von Remagen«) wird bis 1945 (Einsturz am 17. März infolge Kriegseinwirkung) die Verbindung zur Rechten Rheinstrecke hergestellt.

Als strategische Bahn ist die Ahrtalbahn Ziel alliierter Luftangriffe. Erst 1951 kann sie nach umfangreichen Instandsetzungsarbeiten wiedereröffnet werden. Allerdings beginnt bald danach die abschnittsweise Stilllegung, denn es besteht nach wie

Am ersten Tag des elektrischen Betriebs wartet ein Triebwagen vom Typ Mireo im Bahnhof Altenahr auf die Abfahrt.

Streckenname	Ahrtalbahn
Alternative Bezeich.	Zweigstrecke der Linken Rheinstrecke
Relation	Remagen–Ahrbrück (Rheinland-Pfalz)
Länge	29 km
Funktion	Einst vor allem strategische Bahn, heute schienengebundener Personennahverkehr, Ausflugsverkehr
Daten zum Bau	Baubeginn: 23.9.1879 | Bauzeit (inkl. Planung bis zur Fertigstellung): 9 Jahre | Eröffnung: 20.9.1880 (Remagen–Ahrweiler) | Durchgängig befahrbar ab: 15.7.1888 (bis Adenau)
Spurweite	Vollbahn (1435 mm)
Bauwerke	Laacher Tunnel, Saffenburger Tunnel
Bahnhöfe	Remagen, Bad Neuahr-Ahrweiler, Ahrbrück
Anschlusspunkte	Remagen: Linke Rheinstrecke nach Koblenz
Besonderheiten	Im Abschnitt Remagen–Walporzheim zweigleisig; nicht elektrifiziert; ab Ahrbrück stillgelegt, führte einst nach Adenau; in Remagen und Rech zweigte einst der unvollendete Strategische Bahndamm ab; Einsatzgebiet der Steilstrecken-Dieselloks der BR 213; größte Steigung: 1:60, überwundener Höhenunterschied: 225 m

1996 gab es regelmäßige Dampfsonderfahrten der DB AG auf der Ahrtalbahn: 62 015 am 7. September 1996 bei Mayschoß.

vor nur ein geringer Verkehrsbedarf. 1973 erfolgt die Einstellung des Personenverkehrs im Abschnitt Dümpelfeld–Lissendorf, 1986 endet der Personenverkehr im Abschnitt Kreuzberg–Adenau. Seit 1996 wird er wieder bis Ahrbrück durchgeführt.

Die Stilllegungen im Güterverkehr setzen ebenfalls 1973 ein. Vor allem der Mineralbrunnen in Bad Neuenahr sorgt noch bis Mitte der 80er-Jahre für einigen Transportbedarf, bis 1996 ist die Gesamtstrecke für den Güterverkehr stillgelegt. Im November 2000 lösten Dieseltriebwagen die lokbespannten Wendezüge ab. Seit 2001 gab es umsteigefreie Verbindungen von der Ahrtalbahn nach Bonn. Einen dramatischen Einschnitt markiert die Flutkatastrophe vom 14./15. Juli 2021, bei der das Hochwasser sieben Brücken und 20 Kilometer Strecke zerstörte. Zwischen Remagen und Ahrweiler wurde der Betrieb bereits am 8. November 2021 eingleisig wieder aufgenommen.

Das zweite Gleis wurde zu einem späteren Zeitpunkt wieder in Betrieb genommen. Auf dem Abschnitt Ahrweiler–Walporzheim verkehren seit dem 12. Dezember 2021 wieder Züge. Dagegen wurde die Trasse zwischen Walporzheim und Ahrbrück komplett neu gebaut. Neun Brücken, fast alle Stützbauwerke und 14 km Oberbau sowie die übrige Infrastruktur wurden bis Sommer 2025 vollständig erneuert. Bahndämme, Brücken und Durchlässe sollen künftig dem Hochwasser standhalten. Zugleich wurde die Strecke elektrifiziert. Am 14. Dezember 2025 nahm man die Strecke bis Ahrbrück wieder in Betrieb. Die überwiegend in einer vom Weinanbau geprägten Mittelgebirgslandschaft verlaufende Strecke gehört zu den romantischsten Bahnlinien Deutschlands.

MOSELSTRECKE

Im Jahr 1855 fragen Trierer Unternehmer beim preußischen Ministerium für Handel, Gewerbe und öffentliche Arbeiten um den Bau einer Eisenbahnstrecke Koblenz–Trier nach und verweisen auf das große anfallende Gütertransportaufkommen, etwa Gips oder Schiefer. Zu diesem Zeitpunkt sind militärische Überlegungen, eine strategische Bahn von Berlin über Halle, Kassel, Gießen und Koblenz nach Trier zu führen, schon zehn Jahre alt.

Mit dem sogenannten Kanonenbahngesetz vom 11.6.1873 beschließt Preußen mit Geldern aus französischen Reparationsleistungen (aus dem Deutsch-Französischen Krieg 1870/71) den Bau einer strategischen Bahn von Berlin bis Trier. Die realisierte Teilstrecke Koblenz–Trier ist somit eine »Kanonenbahn«, wie die strategischen Bahnlinien im Volksmund genannt werden. 1874 beginnen die Bauarbeiten. Am 15.5.1879 wird die Moselstrecke eröffnet.

Die Bahn entwickelt sich rasch zu einer Hauptschlagader des Verkehrs zwischen den Nordseehäfen und dem Ruhrgebiet. 1916 lässt das Militär Pläne zum Bau einer Umgehung des Kaiser-Wilhelm-Tunnels umsetzen. Geplant ist, bei Neef wieder auf die alte Moselstrecke einzufädeln. Das Projekt kann aber aufgrund der Bestimmungen des Vertrags von Versailles (Inkrafttreten 1920) nicht fertig gestellt werden. Teile der Trasse sind noch heute zu erkennen, z. B. bei Bruttig-Fankel oder Treis-Karden. Typische Güterzüge sind die über die Moselstrecke rollenden Kohlenabtransporte aus den

Ein Triebwagen überquert die Brücke bei Bullay.

Blick auf die Doppelstockbrücke von der anderen Seite im Winter 2012.

Streckenname	Moselstrecke (nicht zu verwechseln mit der – stillgelegten – Moselbahn Trier–Bullay)
Relation	Koblenz-Trier (Rheinland-Pfalz)
Länge	112 km
Funktion	Personen- und Güterverkehr
Daten zum Bau	Baubeginn: 1874 | Bauzeit (inkl. Planung, bis zur Fertigstellung): 5 Jahre | Eröffnung: 15.5.1879 | Durchgängig befahrbar ab: 15.5.1879
Spurweite	Vollbahn (1435 mm)
Bauwerke	Mehrere Moselbrücken, Kaiser-Wilhelm-Tunnel (4205 m), Doppelstock-Brücke Alf-Bullay, (314 m), Prinzenkopftunnel (459 m), Pündericher Hangviadukt (786 m), Reilerhals-Tunnel (504 m), Kinderbeuerner Tunnel (519 m), Meulenwald-Tunnel (791 m)
Bahnhöfe	Koblenz, Ehrang, Trier
Anschlusspunkte	Koblenz: Linke Rheinstrecke Köln–Mainz | Ehrang: Eifelstrecke von Köln | Trier: Saarstrecke nach Saarbrücken, Obermoselstrecke nach Perl und weiter nach Thionville (Frankreich)
Besonderheiten	Zweigleisig, elektrifiziert; Moselstrecke die wichtigste internationale Anbindung von Luxemburg nach Deutschland, Kaiser-Wilhelm-Tunnel bis 1987 Deutschlands längster Eisenbahn-Tunnel

Saargruben, Nordfrankreich/Lothringen und Luxemburg. Die ab 1955 geplante Elektrifizierung mit dem französischen Industriestromsystem (25 kV, 50 Hz) wird nicht durchgeführt, dass das Saarland 1957 Teil der Bundesrepublik wird. Aus diesem Grund erfolgt die Elektrifizierung erst bis zum 7.12.1973.

Heute besitzt die Moselstrecke sehr hohe wirtschaftliche Bedeutung für die Region Koblen/Trier sowie die grenznahen Regionen Frankreichs und Luxemburg. Sie wird von Güterzügen (Erzzüge Nordseehäfen–Dillinger Hütte und anderen saarländischen Hüttenwerken, Cargozüge/Kombiverkehr) ebenso frequentiert wie von Regionalzügen (RB und RE). Im IC-Verkehr war über Jahre u.a. die Baureihe 181.2 anzutreffen, bereits seit Winter 2005 befährt der ICE Trier–Berlin die Strecke.

Zur Verbesserung der Sicherheit errichtete die Bahn ab 2010 östlich der alten Röhre des Kaiser-Wilhelm-Tunnels parallel eine zweite 4242 Meter lange Tunnelröhre, die im April 2014 eröffnet wurde. Anschließend sanierte die Bahn den alten Tunnel. Seit dem 2. Juli 2017 ist die Strecke wieder zweigleisig (je ein Gleis pro Tunnelröhre) befahrbar.

Der 1879 eingeweihte Petersbergtunnel wurde von 2017 bis 2019 modernisiert und aufgeweitet, der Bahnbetrieb mit Hilfe der Tunnel-im-Tunnel-Methode weitgehend mit einem Gleis aufrechterhalten. Im vorübergehend eingleisigen Tunnel nutzt man zeitweilig eine Deckenstromschiene.

Für Ausflügler bietet sich der Abschnitt Koblenz bis Pünderich (mit dem bekannten Pündericher Hangviadukt) an, der den besonderen Reiz dieser Strecke ausmacht: Die Bahn ist zwischen der Mosel und oft steilen, bis unmittelbar an die Bahn heranreichenden Berghängen eingezwängt und bahnt sich ihren Weg mitten durch ein Weinanbaugebiet.

EIFELQUERBAHN

Im Jahr 1856 entstehen Überlegungen mit einer Eisenbahn quer durch die Eifel die Regionen Koblenz und Trier zu verknüpfen. 1877 beginnen die Bauarbeiten zur Herstellung einer Bahn zwischen Andernach und Niedermendig, die am 1.4.1878 in Betrieb geht. 1879 stehen dann weiterführende Verbindungen zwischen Gerolstein und der Mosel und von Jünkerath über Kelberg nach Mayen zur Debatte.

Unterdessen erreicht die Eifelquerbahn am 29.5.1880 Mayen Ost. 1887 wird die Streckenführung Mayen–Gerolstein konkret geplant. Und obwohl die Grundstücksfragen noch gar nicht geklärt sind, beschließt der Landtag am 11.5.1888 den Weiterbau der Bahn bis Gerolstein. 1890 beginnen die Arbeiten, am 15.5.1895 ist die Eifelquerbahn vollendet.

Die Strecke hat vor allem im Güterverkehr Bedeutung: Langholz, sperrige Güter und Schiefer aus den Schiefergruben des Laubach-Müllebacher-Raums werden nun per Bahn transportiert.

Bis 1910 steigt die Anzahl der Reisenden wie die beförderte Gütermenge stark an und pendelt sich nach dem Ersten Weltkrieg auf einem Niveau ein, das den wirtschaftlichen Betrieb der Eifelquerbahn sicherstellt.

1929/30 wird der vereinfachte Nebenbahndienst eingerichtet (Stellwerke auf den einzelnen Bahnhöfen nicht mehr besetzt). Bis zum 29.8.1946 kann die kriegsbeschädigte Strecke wieder eröffnet werden.

Aus Rationalisierungsgründen stellte man 1961 erstmals Überlegungen an die Stückgutabfertigung zu zentralisieren. 1967/68 erwägt die DB die Eifelquerbahn im Personenverkehr einzustellen. Doch das bereits eingeleitete Stillegungsverfahren kann durch Proteste zunächst gestoppt werden.

Doch das Ende der Strecke ist dennoch besiegelt: Am 11.1.1991 wird der Reisezugverkehr Gerolstein–Mayen West eingestellt. Der Güterverkehr folgt: Bis 28.5.2000 wird er zwischen Mayen und Kaisersesch eingestellt.

Zum 1.6.2000 übernimmt trans regio (Koblenz) mit RegioShuttles die Bedienung des Abschnitts Andernach–

Streckenname	Eifelquerbahn
Alternative Bezeich.	Pellenz-Eifel-Bahn (Abschnitt Andernach–Kaisersesch)
Relation	Andernach–Gerolstein (Rheinland-Pfalz), Abschnitt Andernach–Kaisersesch Regelverkehr, Abschnitt Kaisersesch–Gerolstein Freizeitverkehr
Länge	94,2 km
Funktion	Personen- und Güterverkehr
Daten zum Bau	Baubeginn: Frühjahr 1877 | Bauzeit (inkl. Planung, bis zur Fertigstellung): 18 Jahre (mit Unterbrechungen) | Eröffnung: 1.4.1878 | Durchgängig befahrbar ab: 15.5.1895
Spurweite	Vollbahn (1435 mm)
Bauwerke	Monreal-Tunnel (185 m, bei Monreal), Geisbüsch-Tunnel (478 m, bei Monreal)
Bahnhöfe	Andernach, Gerolstein
Anschlusspunkte	Andernach: Linke Rheinstrecke Köln–Mainz | Gerolstein: Eifelstrecke Köln–Trier
Besonderheiten	Vollständige Reaktivierung vorgesehen

Für die Bereisung der kurvenreichen Eifelquerbahn steht eine klassische DB-Draisine zur Verfügung.

Ein dreiteiliger Schienenbus hält im Bahnhof Ulmen (9. September 2006).

Mayen, die Reaktivierung des Abschnitts Mayen West–Kaisersesch im Personenverkehr erfolgt am 6.8.2000.

Der Abschnitt Kaisersesch–Gerolstein wird seit 2.1.2001 zwischen Mai und Oktober im Touristen- und Ausflugsverkehr (mit historischen Fahrzeugen wie VT 98) befahren.

Nach Streckensanierung zwischen Ulmen und Kaisersesch ist die Eifelquerbahn zwischen Kaisersesch und Gerolstein seit 26.4.2008 wieder durchgängig befahrbar. Seit 14.12.2008 bedient DB Regio den Abschnitt Andernach–Kaisersesch und setzt dabei BR 629 ein.

Der schienengebundene Personennahverkehr Nord/Rheinland-Pfalz hat am 9.6.2009 die vollständige Reaktivierung der Eifelquerbahn im Personennahverkehrt beschlossen. Der Entscheid sollte bis 2014 umgesetzt werden. Doch die Kostenschätzung musste im Jahr 2011 nach oben auf 40 Millionen korrigiert werden. Damit war die Reaktivierung der Gesamtstrecke nach dem Kosten-Nutzen-Verhältnis nicht mehr sinnvoll.

Auf Basis der neuen Zahlen sprach sich der Dauner Kreistag im Dezember 2012 mehrheitlich gegen eine Reaktivierung der Strecke Gerolstein–Daun–Kaisersesch aus. Seit dem 1. Januar 2013 ist dieser Abschnitt gesperrt, weil regelmäßige Zugfahrten einen Neubau der Kyllbrücke bei Pelm erfordern.

Im Herbst 2016 sollte Eine im Auftrag der Natur- und Geopark Vulkaneifel GmbH erstellte Potenzialanalyse für den stillgelegten Abschnitt Kaisersesch–Gerolstein schätzte im Herbst 2016 den Sanierungsaufwand auf 24 Millionen Euro (davon allein sechs Millionen Euro für den erforderlichen Neubau der Pelmer Brücke). Im Januar 2019 schrieb die Vulkan-Eifel-Bahn (VEB) zwecks Abgabe die Strecke zwischen Kaisersesch und Gerolstein aus. Weil sich kein Interessent fand, legte man diesen Streckenabschnitt Mitte Februar 2021 still. Zeitgleich kündigte das Ministerium für Wirtschaft, Verkehr, Landwirtschaft und Weinbau Rheinland-Pfalz an, mit dem Eigentümer DB Netz AG einen Trassensicherungsvertrag abzuschließen, um gegebenenfalls eine Reaktivierung der Bahnlinie zu ermöglichen.

Mitte Juli 2021 beschädigte ein Hochwasser die Eifelbahn auf Höhe der Ortschaften Jünkerath und Kyllburg schwer und schnitt damit Gerolstein und umliegende Gemeinden komplett vom Schienenverkehr auf der Eifelbahn ab. Mehr als 20 Fahrzeuge von DB Regio und VEB waren im Bahnhof Gerolstein eingeschlossen. Um sie ins Bahnnetz überführen, ließ die Deutsche Bahn die Eifelquerbahn freischneiden und provisorisch wieder durchgängig befahrbar machen. Mitte Januar 2022 überführte die VEB als erstes in zwei Fahrten fünf historische Reisezugwagen des Rheingold sowie zwei weitere Fahrzeuge von Gerolstein nach Kaisersesch. Eine Woche später evakuierte das auf Überführungsfahrten spezialisierte Eisenbahnverkehrsunternehmen RailAdventure mit zwei Fahrten je zwei ungebremste, defekte Fahrzeuge der Baureihe 620 von DB-Regio auf der Eifelquerbahn nach Andernach. Seitdem ruht der Verkehr auf der landschaftlich reizvollen Strecke wieder.

UPLANDBAHN

Am Anfang der Uplandbahn steht eine Idee eisenbahnbegeisterter Politiker und Unternehmer: Die Main-Weser-Bahn Frankfurt/Main–Kassel (eröffnet 15.5.1852) soll mit der 1876 eröffneten Ruhrtalbahn (Düsseldorf–Hagen) und der Oberen Ruhrtalbahn Warburg–Hagen (6.1.1873) verbunden werden und so die Wirtschaft der tangierten Regionen und Tourismusgeschäft ankurbeln.

Der erste Teil dieser Querverbindung, Wabern–Bad Wildungen, geht nach zweijähriger Bauzeit am 15.7.1884 in Betrieb. Der zweite Abschnitt, die Ederseebahn Bad Wildungen–Korbach, hängt eng mit dem Bau der Edertalsperre (1908–1914) zusammen, da für die Arbeiten die Bahnstrecke nach Hemfurth notwendig ist. Der Weiterbau der Strecke nördlich Bad Wildungens ist durch die dortige anspruchsvolle Topographie unmöglich. Daher wird bei Wega ein Gleisdreieck errichtet und ab 1909 die Strecke etappenweise weitergebaut. Schließlich erreichen die Gleise am 1.6.1912 Korbach.

Im Upland stellen die Adorfer Eisengruben und weitläufigen Wälder wichtige Wirtschafszweige dar. Daher wird die Strecke von Korbach nach Brilon Wald verlängert. Im Frühjahr 1913 beginnen die Bauarbeiten, werden aber durch den Ausbruch des Ersten Weltkriegs zunächst unterbrochen, aber dann fortgesetzt. Schließlich geht die Uplandbahn am 1.4.1917 in Betrieb. Erst nach der Hyperinflation 1923 wird der Tourismus für die Bahnstrecke wichtiger. Um 1925 benutzen die ersten Sonderzüge mit Wintersportlern die Strecke nach Willingen.

Im November 1999 muss der Verkehr auf der Uplandbahn vorübergehend eingestellt werden, weil vor allem die Brücken dringend saniert werden müssen. Im Dezember 2003, nach umfassenden Arbeiten an den Kunstbauten sowie den Gleisanlagen, wird der Betrieb wieder aufgenommen. Korbach–Brilon Wald ist seit 16.12.2003 eine Pilotstrecke für moderne Zugsicherungstechnik.

Auf dem Abschnitt Bad Wildungen – Korbach wird der Güterverkehr zum 02.01.1992 eingestellt. Der Personenverkehr folgt am 27.5.1995. Zwar sollte die Strecke bis 2000 reaktiviert werden, aber der Bau eines Radwegs 2008–2010 auf Teilen der ehemaligen Trasse schuf Tatsachen.

Seit November 2009 wird die Strecke vom Zugleiter in Kassel Hbf ferngesteuert. 2015 wurde im Zuge der Modernisierung die Untere Edertalbahn Korbach–Frankenberg angeschlossen. Die Züge aus Marburg der Linie RB/RE 97 verkehren auch bis Brilon Stadt.

212 376 überquert mit einem Sonderzug den Willinger Viadukt.

Streckenname	Kurhessenbahn
Alternative Bezeich.	Uplandbahn (noch betriebener Abschnitt Korbach–Brilon Wald)
Relation	Einst Kassel–Brilon Wald (Hessen, Nordrhein-Westfalen), heute Wabern–Bad Wildungen bzw. Korbach–Brilon Wald
Länge	Einst 86,7 km, heute noch 48,2 km
Funktion	Personen- und Güterverkehr
Daten zum Bau	Baubeginn: 1882 | Bauzeit (inkl. Planung, bis zur Fertigstellung): 35 Jahre mit langjährigen Unterbrechungen |Eröffnung: 15.7.1884 | Durchgängig befahrbar ab: 2.4.1917
Spurweite	Vollbahn (1435 mm)
Bauwerke	Wegaer Tunnel (173 m), Viadukte in Rhena, Bömighausen, Usseln und Willingen
Bahnhöfe	Wabern, Korbach, Brilon Wald
Anschlusspunkte	Wabern: Main-Weserbahn Kassel–Frankfurt/Main | Korbach: Twistetalbahn nach Warburg, Untere Edertalbahn nach Marburg | Brilon Wald: Obere Ruhrtalbahn Hagen–Warburg
Besonderheiten	Eingleisige Nebenstrecke, nicht elektrifiziert; Bad Wildungen–Korbach stillgelegt; Gleisdreieck in Wega (nur noch nach Bad Wildungen befahrbar)

ZWISCHEN OBERLAUSITZ UND RENNSTEIG

Mit uns geht es zur Bergbahn
2

ZWICKAU–ANNABERG-BUCHHOLZ

Bereits 1854 entsteht eine staatliche Kohlenbahn zwischen Zwickau und Bockwa. Schnell wird ihr Weiterbau durch die Täler der Zwickauer Mulde und des Schwarzwassers nach Schwarzenberg beschlossen. Am 15.10.1855 startet der Weiterbau der Obererzgebirgischen Bahn Zwickau–Schwarzenberg, die am 15.5.1858 eröffnet wird.

Schon um 1850 gibt es erste Projekte zum Bau einer Strecke zwischen Schwarzenberg und Annaberg. Der sächsische Landtag widmet sich jedoch erst ab 1883 dem Projekt. Da die Strecke die Zschopautalbahn (Flöha–Annaberg–Vejprty, eröffnet 3.8.1872) und die Obererzgebirgischen Bahn mit der Verlängerung als Sekundär-Bahn bis Johanngeorgenstadt (20.9.1883) verbinden soll, scheidet eine Schmalspurbahn aus. Im April 1888 beginnen die Bauarbeiten. Im damaligen Mittweida (heute Markersbach) errichten die Ingenieure eine spektakuläre stählerne Gerüstpfeilerbrücke (Markersbacher Viadukt). Am 1.12.1889 geht der Abschnitt Schwarzenberg–Annaberg-Buchholz in Betrieb, auf der sich ein reger Güterverkehr entwickelt.

Um 1900 wird die Obererzgebirgische Bahn zweigleisig ausgebaut. Das zweite Gleis wird 1945/46 im Rahmen von Reparationsleistungen an die Sowjetunion abgebaut. Doch wegen des 1946 beginnenden Uranerzbergbaus der Wismut wird bis 1948 das zweite Gleis wiederhergestellt. Das ändert sich ab 1990: Zwischen Schwarzenberg und Annaberg-Buchholz wird der Regelbetrieb zum 27.9.1997 eingestellt. Ab 1999 saniert die DB AG die Obererzgebirgische Strecke, dabei verliert der Abschnitt Aue–Schwarzenberg sein zweites Gleis. Heute ist die Strecke bis Schwarzenberg Teil der RB-Verbindung Zwickau–Johanngeorgenstadt.

Seit dem Jahr 2018 dient die Strecke von Schwarzenberg bis Annaberg-Buchholz als sogenanntes »Living Lab« zur Erprobung und Entwicklung neuer Technologien im Eisenbahnverkehr. Sie soll bis 2034 als Teil einer Verbindung von Cranzahl über Aue nach Chemnitz elektrifiziert werden.

Streckenname	Zwickau–Aue–Schwarzenberg–Annaberg-Buchholz
Alternative Bezeich.	Obererzgebirgische Bahn (Zwickau–Schwarzenberg)
Relation	Zwickau–Annaberg-Buchholz (Sachsen)
Länge	38,1 km (Obererzgebirgische Bahn), 24,1 km (Schwarzenberg–Annaberg-Buchholz)
Funktion	Personen- und Güterverkehr, Güterverkehr heute nur noch abschnittsweise
Daten zum Bau	Baubeginn: 15.10.1855/April 1888 | Bauzeit (inkl. Planung, bis zur Fertigstellung): 23 Jahre | Eröffnung: 15.5.1858/1.12.1889 | Durchgängig befahrbar ab: 1.12.1889
Spurweite	Vollbahn (1435 mm)
Bauwerke	Mehrere Bachbrücken sowie Brücken über die Zwickauer Mulde, Schwarzwasser, Tunnel Schlema (347 m), mehrere Brücken über Bäche, Große Mittweida und Zschopau, Viadukt Mittweidatal (86 m), Markersbacher Viadukt (236,5 m), Zschopaubrücke (47 m)
Bahnhöfe	Zwickau, Aue, Schwarzenberg, Annaberg-Buchholz
Anschlusspunkte	Zwickau: Dresden–Werdau, nach Falkenstein | Aue: Chemnitz–Adorf | Schwarzenberg: nach Johanngeorgenstadt (und weiter nach Tschechien), nach Annaberg-Buchholz | Annaberg-Buchholz: Zschopautalbahn Flöha–Vejprty (Tschechien)
Besonderheiten	Abschnitt Zwickau bis Schlema zweigleisig; Größte Steigung: 12,5 Promille (Osterzgebirgische Bahn), 25 Promille (Schwarzenberg–Annaberg-Buchholz); Überwundener Höhenunterschied: 137 m (Osterzgebirgische Bahn), 221 m (Schwarzenberg–Annaberg-Buchholz)

Der bekannte Viadukt bei Markerbach wird oft mit Dampfsonderzügen befahren.

LEIPZIG–DRESDEN

Ein Regionalexpress überquert den Bahnübergang in Baßlitz (Priesterwitz).

Streckenname	-
Relation	Leipzig–Dresden (Sachsen)
Länge	116 km
Funktion	Personen- und Güterverkehr
Daten zum Bau	Baubeginn: Oktober 1835/offiziell 1.3.1836 | Bauzeit (inkl. Planung, bis zur Fertigstellung): 3 Jahre | Eröffnung: 24.4.1837 |Durchgängig befahrbar ab: 7.4.1839
Spurweite	Vollbahn (1435 mm)
Bauwerke	Muldebrücke (338 m), Elbebrücke (369 m), zahlreiche Brücken und Viadukte im Stadtbereich Dresden
Bahnhöfe	Leipzig, Riesa, Coswig, Dresden-Neustadt
Anschlusspunkte	Leipzig: nach Dessau, nach Magdeburg, nach Großkorbetha, nach Saalfeld, nach Hof, nach Chemnitz | Riesa: nach Chemnitz, nach Nossen | Coswig: Berlin–Dresden | Dresden-Neustadt: Elbtalbahn nach Děčín, nach Görlitz
Besonderheiten	Als erste deutsche Ferneisenbahn eröffnet, heute wichtige Fernverkehrsrsstrecke; Größte Steigung: 7 Promille

Noch vor dem Bau der ersten deutschen Bahnstrecke (jene 6 km zwischen Nürnberg und Fürth, die am 7.12.1835 eröffnet werden) veröffentlicht der Obermeister der Leipziger Innung Carl Gottlieb Tenner eine Idee: Er tritt dafür ein, Leipzig mit Strehla durch die in England bereits Triumphe feiernde Eisenbahn zu verbinden. Doch für seine Idee kann sich zunächst niemand erwärmen. Erst 1833, als der Nationalökonom Friedrich List in Leipzig seine Pläne für den Eisenbahnbau bekannt macht (und Leipzig darin die Rolle eines zentralen Knotenpunkts zukommt), erinnert man sich der Idee Tenners. Noch im gleichen Jahr tritt ein Eisenbahnkomitee zusammen, das am 20.11.1833 ein Bittgesuch beim sächsischen Landtag einreicht. Im Frühjahr 1835 gründen Leipziger Bürger die Leipzig-Dresdner Eisenbahn-Compagnie, eine private Aktiengesellschaft, die in kurzer Zeit das benötigte Kapital zum Bau einer Eisenbahn aufbringt. Am 6.5.1835 ergeht die staatliche Baugenehmigung. Im Oktober 1835 beginnen erste Vermessungsarbeiten, der Bau beginnt am 1.3.1836.

Als erster Abschnitt wird am 24.4.1837 Leipzig–Althen eröffnet. In mehreren Etappen entsteht die Bahn nach Dresden, der letzte Abschnitt Riesa–Oberau, geht am 7.4.1839 in Betrieb. Damit ist die erste deutsche Ferneisenbahn eröffnet. Geplant ist, dass die »Saxonia« (Maschinenbauanstalt Übigau), die erste in Deutschland gebaute Lokomotive, den Eröffnungszug zieht; doch aus patentrechtlichen Gründen muss der Zug von englischen Loks gezogen werden – die Saxonia rollt lediglich hinterher.

Die Strecke gewinnt schnell an Bedeutung, ab 1860 wird sie zweigleisig ausgebaut und bis 1884 nach englischem Vorbild im Linksverkehr befahren. Betrieb und Verwaltung der Leipzig-Dresdner Eisenbahn (LDE) gehen am 1.7.1876 an die Königlich Sächsische Staatseisenbahnen (KSächsStsEB, gegründet 1.7.1869). Mit Eröffnung des neuen Leipziger Hauptbahnhofs am 4.12.1915 erhält die Bahn ein zeitgemäßes Empfangsgebäude (Dresden-Neustadt ersetzte den Leipziger Bahnhof von 1839 im Jahr 1901).

Als Reparationsleistung wird das zweite Gleis 1945/46 demontiert. Von 1969 bis 1974 erhält die Strecke Fahrdraht und wird wieder zweigleisig ausgebaut. Nach 1990 soll Leipzig–Dresden im Rahmen des Bundesverkehrswegeplans ausgebaut werden. Seit 1993 ist die Strecke in großen Teilen auf 200 km/h ertüchtigt. Die Fahrzeit zwischen Leipzig und Dresden-Neustadt sollte im Fernverkehr von 91 Minuten vor Beginn der Baumaßnahmen auf 47 Minuten sinken. Im Jahresfahrplan 2017 beträgt die minimale planmäßige Reisezeit zwischen Leipzig Hbf und Dresden-Neustadt im Fernverkehr 57 Minuten. Der weitere Ausbau dauert an.

ELBTALBAHN

Bereits die Konzessionsurkunde der »Leipzig-Dresdner Eisenbahn-Compagnie« vom 6.5.1835 schreibt die Fortsetzung der Leipzig-Dresdner Eisenbahn (eröffnet am 7.4.1839) durch das Elbtal bis zur sächsisch-böhmischen Grenze fest. 1839 entstehen konkrete Pläne, die Strecke nach Süden in Richtung Wien fortzusetzen, doch Verhandlungen mit Österreich führen zu einer Verzögerung, sodass der Staatsvertrag erst am 30.7. bzw. 9.8.1842 unterzeichnet wird.

Die Leipzig-Dresdner Eisenbahngesellschaft hat, finanziell unterstützt vom sächsischen Staat, bereits im Mai 1840 mit Vorarbeiten begonnen; im Herbst 1843 beginnen die Bauarbeiten zur ersten sächsischen Staatsbahn (Leipzig–Dresden ist privat finanziert worden). Offizieller Spatenstich ist am 1.12.1845. Der Eröffnungszug Dresden–Pirna rollt am 31.7.1848, einen Tag später startet der reguläre Betrieb, vier Wochen später der Güterverkehr. Der Weiterbau erfolgt in Etappen, mit der Eröffnung des letzten Abschnitts Krippen–Bodenbach am 6.4.1851 geht die Elbtalbahn durchgängig in Betrieb. Die Strecke entwickelt sich rasch zu einer der bedeutendsten Eisenbahnstrecken Europas.

Mit Ende des Zweiten Weltkriegs endet die Elbtalbahn in Schöna, die Strecke bis Bodenbach (1945 gilt nur noch der tschechische Name »Děčín«) wird nun unter Ägide der ČSD betrieben. Gleichzeitig wird die Elbtalbahn als Reparationsleistung auf ein Gleis zurückgebaut. Ab Herbst 1946 rollen wieder Fernverkehrszüge über die Grenze. Die DR richtet 1949–1952 das zweite Streckengleis wieder her.

Ab 1957 fährt der DR-Schnelltriebwagen SVT 18.16 als FDt 50/51 Vindobona bis Wien. Erst am 29.1.1972 fährt der erste Personenzug seit 1945 zwischen Dresden und Děčín. Die Elbtalbahn wird zum 29.5.1976 elektrifiziert (der grenzüberschreitende Verkehr unter Fahrdraht nach Děčín beginnt erst im Winter 1992).

Der deutsch-tschechisch-österreichische Staatsvertrag vom 7.6.1995 besiegelt den Ausbau der Elbtalbahn als Teil der Magistrale Dresden–Prag–Österreich. Zunächst wird der Abschnitt Dresden–Pirna entsprechend ausgebaut, bis Schöna gehört die Elbtalbahn zum Dresdner S-Bahn-Netz.

Von 2022 bis 2025 wird der Abschnitt Pirna–Bundesgrenze weiter modernisiert. Im Rahmen dieser Arbeiten entstehen ein elektronisches Stellwerk im Bahnhof Bad Schandau Ost und weitere Bauwerke, der Oberbau und die Oberleitungsanlage werden erneuert.

Streckenname	Elbtalbahn
Alternative Bezeich.	Einst als Sächsisch-Böhmische Staatseisenbahn entstanden
Relation	Dresden–Schöna (–Děčín/Tschechien) (Sachsen)
Länge	65,8 km
Funktion	Personen- und Güterverkehr
Daten zum Bau	Baubeginn: Herbst 1843, offiziell 1.12.1845 | Bauzeit (inkl. Planung, bis zur Fertigstellung): 8 Jahre | Eröffnung: 31.7.1848 | Durchgängig befahrbar ab: 6.4.1851
Spurweite	Vollbahn (1435 mm)
Bauwerke	Eisenbahn-Marienbrücke (472 m), zahlreiche Brücken und Viadukte im Stadtbereich Dresden, Brücken über Lockwitz, Müglitz, Gottleuba, Bielabach, Viadukt Königstein (470 m)
Bahnhöfe	Dresden-Neustadt, Dresden, Heidenau, Schöna
Anschlusspunkte	Dresden-Neustadt: nach Görlitz, nach Leipzig, nach Berlin | Dresden: nach Berlin, nach Werdau | Heidenau: Müglitztalbahn nach Altenberg/Erzgebirge | Bad Schandau: Sebnitztalbahn (Sächsischer Semmering) nach Neustadt/Sachsen (und weiter nach Bautzen)
Besonderheiten	Eine der wichtigsten europäischen Magistralen (Teil des Transeuropäischen Netzes)

Ein Güterzug, gezogen von einer Lok der Baureihe 232, rollt über die Elbtalstrecke.

MÜGLITZTALBAHN

Eine Regionalbahn im Einschnitt bei Geising.

Streckenname	Müglitztalbahn
Relation	Heidenau–Kurort Altenberg/Erzgebirge (Sachsen)
Länge	38 km (Schmalspurbahn war 3 km länger)
Funktion	Einst schmalspuriger Personen- und Güterverkehr, heute nur noch normalspuriger Personenverkehr
Daten zum Bau	Baubeginn: Frühjahr 1888 | Bauzeit (inkl. Planung, bis zur Fertigstellung): 2 Jahre | Eröffnung: 17.11.1890 | Durchgängig befahrbar ab: 17.11.1890
Spurweite	Vollbahn (1435 mm)
Bauwerke	Zahlreiche Müglitz-Brücken, Tunnel Weesenstein (240 m), Tunnel Brückenmühle (292 m), Tunnel Gleisberg (539 m), Tunnel Geising (235 m)
Bahnhöfe	Heidenau, Kurort Altenberg/Erzgebirge
Anschlusspunkte	Heidenau: Elbtalbahn Dresden–Děčín
Besonderheiten	Insgesamt fünfmal umgebaut oder wiederhergestellt: 1888–1890, 1927, 1934–1938, 1998–2000 und 2002–2003; Kleinster Radius: 139 m; Größe Höhe: Kurort Altenberg/Erzgebirge (757 m) Überwundener Höhenunterschied: 634 m

Mitte des 19. Jahrhunderts erfasst der industrielle Aufschwung auch das Müglitztal. Industrielle und Kaufleute in Glashütte setzen sich für den Bahnbau ein. Am 7.12.1887 genehmigt der sächsische Landtag den Bau einer schmalspurigen Sekundär-Eisenbahn zwischen Heidenau und Altenberg/Erzgebirge. Sie soll das Elbtal mit dem Osterzgebirge verbinden.

Im Frühjahr 1888 beginnen die Bauarbeiten, am 17.11.1890 wird die als 750-mm-Schmalspurbahn ausgeführte Müglitztalbahn eröffnet. Anfang des 20. Jh. entdecken vor allem Dresdener das Müglitztal und das Osterzgebirge als Wander- und Ausflugsziel. Die Bahn verhilft der Region zum wirtschaftlichen Aufschwung. Der Güterverkehr steigt bis zum Ersten Weltkrieg stark an, sodass ein Ausbau mit einem zweiten Gleis projektiert wird. Aber der Krieg verzögert die Arbeiten bis 1919 (sie werden am 10.11.1923 beendet). Bei starken Regenfällen werden die Bahnanlagen durch Hochwasser nach 1897 erneut 1927 teilweise stark zerstört. In den 20er-Jahren beginnt in der Region der Wintersport, auf der Bahn verkehren Wintersportler-Züge. 1930 ist die Leistungsgrenze der Schmalspurbahn erreicht. Am 21.9.1934 stimmt der Verwaltungsrat der DRG dem Umbau der Müglitztalbahn in Normalspur zu. Bis Ende 1938 werden fünf Tunnel und 92 Brücken gebaut, Dämme aufgeschüttet und die Straße teilweise verlegt.

Im Zweiten Weltkrieg wird die Strecke beschädigt, der Bahnhof Altenberg zerstört. Um 1950 normalisiert sich der Betrieb wieder. Mitte der 60er-Jahre gibt es erste Überlegungen zur Streckenstilllegung. Die Müglitztalbahn lebt in der Folgezeit vor allem vom Ausflugsverkehr. Zwar rettet sich die Bahn noch in die Nachwendezeit, aber am 1.1.1995 wird der gesamte Güterverkehr auf dieser Strecke eingestellt. Die Müglitztalbahn steht 1997 kurz vor der Stilllegung. Als der Verkehrsverbund Oberelbe (VVO, Dresden) die Bestellung von Verkehrsleistungen bei der DBAG ab 1.1.1998 garantiert, erfolgt die Sanierung der Strecke 1998–2000. Das Hochwasser vom August 2002 zerstört dann fast die Hälfte der Bahnstrecke. Ab 11.12.2002 wird die Bahn bis 20.12.2003 wieder aufgebaut. Heute wird sie im RB-Verkehr bedient. Ab dem 12. Dezember 2021 übernahm DB Regio den Verkehr, nachdem das Unternehmen die Ausschreibung für das Dieselnetz bis 2031 gewonnen hatte. Während einer Vollsperrung vom 2. Juni bis 10. August 2025 führte DB InfraGO umfangreiche Instandsetzungsarbeiten an der Strecke aus. Erneuert wurden Gleise, vier Brücken und vier Bahnübergänge.

LEIPZIG–NOSSEN–DRESDEN

Die Leipzig-Dresdner Eisenbahn-Compagnie (LDE, gegründet 1835), die die 1839 eröffnete Strecke Leipzig–Dresden betreibt, beantragt am 7.7.1864 Bau- und Betriebserlaubnis einer zweiten Eisenbahnverbindung zwischen Leipzig und Dresden: Nun soll die Trasse von Borsdorf bei Leipzig über Grimma (entlang der Freiberger Mulde), Leisnig, Döbeln, Roßwein und Nossen bis Coswig bei Dresden führen und dort in die bestehende Zweigbahn von Coswig münden.

Die LDE beschließt den Bau im März 1865. Nach Planung und Absteckung des Streckenverlaufs beginnen am 4.8.1865 die Bauarbeiten bei Borsdorf. Der Staat erteilt der LDE am 16.1.1866 die Konzession. Als erster Streckenabschnitt geht Borsdorf–Grimma am 14.5.1866 in Betrieb.

Nach knapp halbjähriger Unterbrechung durch den deutsch-österreichischen Krieg im Sommer 1866 geht der Streckenbau weiter, am 25.10.1868 ist Nossen erreicht, am 22.12.1868 wird die Verbindung Nossen–Meißen dem Betrieb übergehen. Dort besteht Anschluss an eine in Coswig seit 1.12.1860 von der Leipzig-Dresdner-Eisenbahn abzweigende Bahnstrecke. Damit gibt es eine zweite Verbindung zwischen Leipzig und Dresden. Diese Strecke kommt wie das gesamte Netz der LDE zum 1.7.1876 unter das Dach der Königlich Sächsischen Staatseisenbahnen.

Nossen entwickelt sich in der Folgezeit zum wichtigen Eisenbahnknoten: Am 15.7.1873 wird die Strecke Nossen–Freiberg eröffnet, am 15.10.1880 nach Riesa. Im Jahr 1902 erfolgt der zweigleisige Ausbau der Strecke zwischen Borsdorf und Großbothen sowie zwischen Döbeln und Coswig. Allerdings verliert die Strecke nach dem Zweiten Weltkrieg das zweite Gleis als Reparationsleistung an die Sowjetunion. Erst bis Winter 1981 wird das zweite Gleis zwischen Meißen und Coswig wieder aufgebaut.

Die 1968/69 begonnene Elektrifizierung integriert zum 18.12.1970 den Abschnitt Meißen-Triebischtal–Coswig in den Dresdner Vorortverkehr. 1973 wird dieser Streckenabschnitt Teil des Dresdner S-Bahn-Netzes. Als Konsequenz wird Meißen zum Umsteigehalt für alle Reisezüge. Mit dem Fall des Eisernen Vorhangs im Herbst 1989 wird das Zugangebot zunächst ausgeweitet. Mittlerweile wird die Strecke nur noch im Nahverkehr befahren. Von dem einst umfangreichen Eisenbahnnetz Nossens blieb nicht mehr viel übrig: Seit 31.12.2007 ist z. B. die Strecke nach Riesa stillgelegt. Am 12. Dezember 2015 endete auf dem Abschnitt Meißen Triebischtal–Döbeln der Zugverkehr im Nahverkehr. Im Sommer 2023 vergab der zuständige Aufgabenträger ZVNL die Verkehrsleistungen zwischen Leipzig und Döbeln für die Zeit ab dem 13. Dezember 2026 bis zum Dezember 2038 an die DB Regio. Eine Wiederaufnahme des Verkehrs zwischen Meißen und Döbeln wird angestrebt.

Streckenname	Leipzig–Nossen–Dresden
Relation	Borsdorf–Nossen–Coswig (Sachsen)
Länge	104,2 km
Funktion	Personen- und Güterverkehr
Daten zum Bau	Baubeginn: 4.8.1865 | Bauzeit (inkl. Planung, bis zur Fertigstellung): 3 Jahre | Eröffnung: 14.5.1866 | Durchgängig befahrbar ab: 22.12.1868
Spurweite	Vollbahn (1435 mm)
Bauwerke	Zahlreiche Brücken über Flüsse wie Freiberger Mulde, Triebisch und Elbe
Bahnhöfe	Borsdorf, Nossen, Coswig
Anschlusspunkte	Nossen: nach Moldava (Tschechien), nach Riesa | Coswig: nach Leipzig
Besonderheiten	Zweigleisige, elektrifizierte Hauptstrecke

Im Bahnhof Nossen hält ein Regionalexpress.

ZITTAU–OYBIN–JONSDORF

99 787 pausiert im Bahnhof Bertsdorf.

<table>
<tr><th>Streckenname</th><th>Zittau-Oybin-Jonsdorfer Eisenbahn</th></tr>
<tr><td>Alternative Bezeich.</td><td>Zittauer Schmalspurbahn</td></tr>
<tr><td>Relation</td><td>Zittau–Oybin bzw. –Jonsdorf (Sachsen)</td></tr>
<tr><td>Länge</td><td>12,2, bzw. 12,7 km</td></tr>
<tr><td>Funktion</td><td>Personen- und Güterverkehr</td></tr>
<tr><td>Daten zum Bau</td><td>Baubeginn: 26.6.1889 | Bauzeit (inkl. Planung, bis zur Fertigstellung): 6 Jahre | Eröffnung: 25.11.1890 | Durchgängig befahrbar ab: 25.11.1890 | Eröffnung: 14.5.1866 | Durchgängig befahrbar ab: 22.12.1868</td></tr>
<tr><td>Spurweite</td><td>Schmalspurbahn (750 mm)</td></tr>
<tr><td>Bauwerke</td><td>Mandaubrücke (43 m)</td></tr>
<tr><td>Bahnhöfe</td><td>Zittau, Bertsdorf, Kurort Oybin, Kurort Jonsdorf</td></tr>
<tr><td>Anschlusspunkte</td><td>Zittau: Neißetalbahn nach Görlitz, Mandaubahn nach Seifhennersdorf, Südlausitzer Bahn Dresden–Liberec (Tschechien) | Bertsdorf: Streckenteilung nach Oybin bzw. Jonsdorf</td></tr>
<tr><td>Besonderheiten</td><td>Mechanisches Schlüsselstellwerk in Bertsdorf (erbaut 1938, in Betrieb), Barwagen, Berg Oybin, Neißeviadukt-Unterquerung größte Steigung: 33 Promille (zwischen Olbersdorf-Oberdorf und dem Bahnhof Bertsdorf); überwundener Höhenunterschied: 320 m</td></tr>
</table>

Das Zittauer Gebirge ist schon Mitte des 19. Jh. als beliebter Ausflugsort bekannt, Gäste reisen mit Kutschen an. Um die Transportmöglichkeiten zu verbessern, gründet sich 1884 ein Zittauer Komitee mit dem Ziel eine Schmalspurbahn zu bauen. Die am 28.8.1888 ins Leben gerufene private »Zittau-Oybin-Jonsdorfer-Eisenbahngesellschaft« beginnt am 26.6.1889 mit den Bauarbeiten. Schon am 25.11.1890 rollt der Eröffnungszug von Zittau zuerst nach Jonsdorf und dann nach Oybin. Der reguläre Betrieb startet allerdings erst am 15.12.1890 – zuvor müssen Unwetterschäden beseitigt werden. In der Anfangszeit fahren Lokomotiven (Sächsische Maschinenfabrik, vorm. Hartmann, Chemnitz), die mit der bewährten sächsischen Reihe IK baugleich sind. Zum 1.7.1906 übernimmt die Königlich Sächsische Staatseisenbahn (K.Sächs.Sts.E.B.) den Betrieb. Unter Regie der Staatsbahn kommen neue 4-achsige Wagen und Lokomotiven vom Typ IV K auf die Bahn (November 1908).

1899 erscheinen die ersten Rollböcke zum Transport regelspuriger Güterwagen (im Bhf. Zittau Süd befinden sich mehrere Fabrikanschlüsse) auf der Strecke. Um die Zugkraft der I K zu erhöhen, werden 1911 versuchsweise zwei I-K-Loks führerhausseitig zusammengekuppelt. Als II K bezeichnet, fahren zwei solcher Doppelloks bis 1916 bzw. 1923 und gelten seinerzeit als eine der kräftigsten Schmalspurloks.

Am 15.4.1913 beginnt der zweigleisige Ausbau der Strecke zwischen Zittau Vorstadt und Oybin (1943–1945 wird das zweite Gleis wieder entfernt). Die Staatsbahn lässt im Zug dieser Baumaßnahme auch einige der zum Teil provisorischen Wartehäuschen aus der Anfangszeit durch solide Bahnhofsbauten ersetzen. Im Herbst 1927 verbessern die erstmals eingesetzten Rollwagen den Transport von Regelspurfahrzeugen.

1938 fahren erstmals Dieseltriebwagen VT 137 322–325 (jeweils in Doppeltraktion) auf der Bahn, 1964 wird der letzte wegen Schadens abgestellt. Im Jahr 1969 erfolgt die erste Verkehrseinstellung: Der Güterverkehr ab Olbersdorf-Oberdorf nach den Gebirgsgemeinden wird aufgegeben. Da ein Ausbau des Braunkohletagebaus Olbersdorf ansteht, soll zum 27.5.1990 der gesamte Reiseverkehr, wenig später auch der Güterverkehr eingestellt werden. Doch das Ende der DDR vereitelt die Pläne. Dennoch: Der Personenverkehr entwickelt sich nicht im erhofften Maß, der Güterverkehr wird mangels Frachtaufkommens 1992 endgültig eingestellt.

1994 wird die Sächsisch-Oberlausitzer Eisenbahngesellschaft (SOEG) gegründet, sie betreibt seit 1.12.1996 sehr erfolgreich die ehemalige ZOJE, nun vor allem als Touristikbahn.

38

WEISSERITZTALBAHN

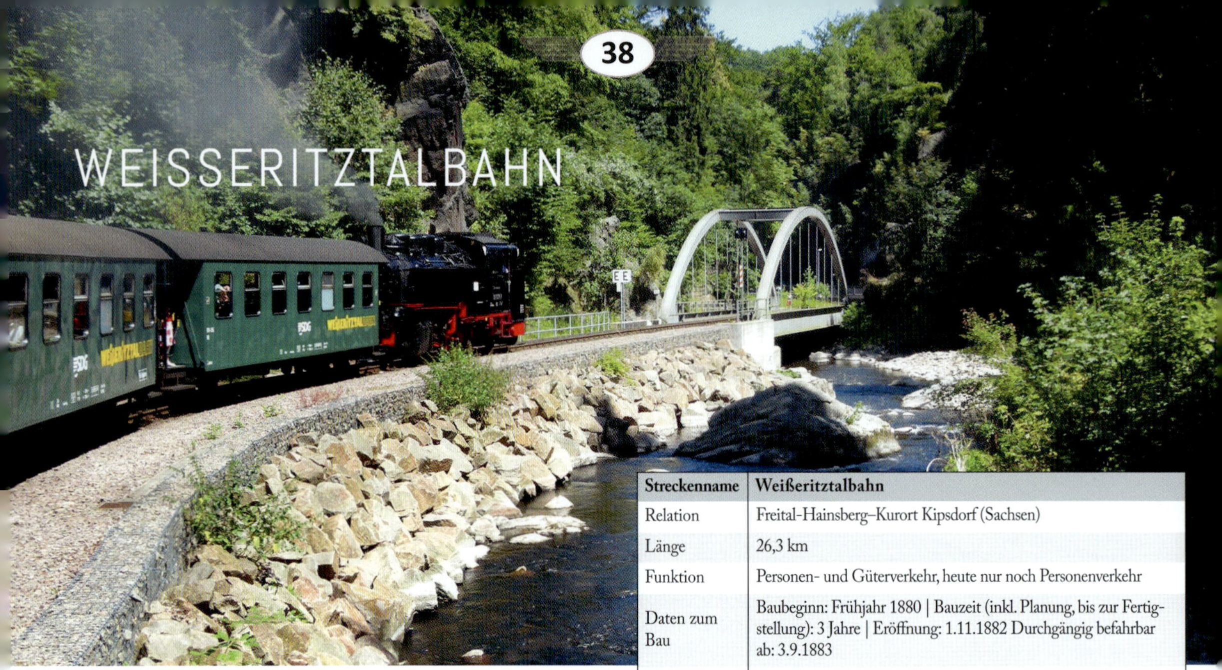

Malerisch: Im Rabenauer Grund verläuft die Strecke entlang der Weißeritz.

Streckenname	Weißeritztalbahn
Relation	Freital-Hainsberg–Kurort Kipsdorf (Sachsen)
Länge	26,3 km
Funktion	Personen- und Güterverkehr, heute nur noch Personenverkehr
Daten zum Bau	Baubeginn: Frühjahr 1880 | Bauzeit (inkl. Planung, bis zur Fertigstellung): 3 Jahre | Eröffnung: 1.11.1882 Durchgängig befahrbar ab: 3.9.1883
Spurweite	Schmalspurbahn (750 mm)
Bauwerke	Insgesamt 34 Brücken über Rote und Wilde Weißeritz sowie weitere Bachquerungen, Brücke Goldgrubenweg (45 m), Brücke Bormannsgrund (66 m), Viadukt Schmiedeberg (170 m)
Bahnhöfe	Freital-Hainsberg, Kurort Kipsdorf
Besonderheiten	Dienstälteste Schmalspurbahn Deutschlands, Inselbetrieb, derzeit nicht durchgängig befahrbar; Größte Steigung: 34,7 Promille; Größte Höhe: Kurort Kipsdorf (534 m); Überwundener Höhenunterschied: 350 m

Als Transportweg der begehrten böhmischen Braunkohle nach Dresden wird 1865 eine Eisenbahn durch das Tal der Roten Weißeritz diskutiert, doch die hohen Kosten durch die komplizierte Trassenführung lassen Investoren von den Plänen zurücktreten. Um 1867 gründet sich in Dippoldiswalde ein Eisenbahnkomitee, das vom sächsischen Staat den Bahnanschluss fordert, »um die hiesige Wirtschaft gedeihlich zu befördern«, wie es heißt. Doch der Staat hält sich noch bedeckt. Erst nach einer neuerlichen, mit Verve vorgebrachten Petition der Stadt Dippoldiswalde und einiger dort ansässiger Unternehmer am 11.4.1876 erklärt sich Sachsen bereit eine normalspurige Sekundär-Bahn zwischen Hainsberg und Schmiedeberg zu errichten. Aufgrund der naturräumlichen Gegebenheiten, etwa der Talenge im Rabenauer Grund, entscheidet man sich für eine Schmalspurbahn (750 mm Spurweite) – damals eine in Sachsen noch kaum erprobte Bahngattung. Im Frühjahr 1880 beginnen die Vermessungsarbeiten. Am 1.11.1882, nach nur einem Jahr Bauzeit, wurde bereits der Streckenabschnitt Freital/Hainsberg–Schmiedeberg in Betrieb genommen. Der Abschnitt Schmiedeberg–Kipsdorf folgt am 3.9.1883.

Die Bahn wird ein großer Erfolg, Gewerbe und Bevölkerung nutzen die Weißeritztalbahn, sodass bald Ausbauten in den Bahnhöfen notwendig werden. Ständiger Begleiter aber sind Hochwasser: Am 30./31.7.1897 werden große Teile der Strecke zerstört, kaum wieder aufgebaut, bringt ein weiteres Hochwasser am 14.9.1899 erneute Schäden. Der Bau Talsperre Malter 1908–1913 soll daher derartige Katastrophen verhindern (mit der Talsperre erfolgt auch eine Umtrassierung zwischen Spechtritz und Dippoldiswalde, am 15.4.1912 geht der neue Abschnitt in Betrieb).

1902 erfolgt die Einführung des Rollbockverkehrs (in Hainsberg entsteht eine Rollbockgrube) um auch normalspurige Güterwagen ohne Umladen über die Bahn zu bringen. Bis 1907 kommen erstmals Rollwagen auf die Weißeritztalbahn. Beim Ausbau des Bahnhofs Schmiedeberg wird die Trasse ab 1920 um den Ort herum verlegt und am 1.12.1924 in Betrieb genommen.

Nach den Einschränkungen des Zweiten Weltkriegs erhält die Bahn in den 50er-Jahren ihre alte Bedeutung im Berufs- und Ausflugsverkehr, aber auch im Güterverkehr (Aufnahme des Uranerzbergbaus 1948) zurück. Bis 1975 soll die Weißeritztalbahn dennoch stillgelegt werden, überlebt aber das Ende der DDR. Am 1.1.1994 übernimmt die DBAG den Betrieb und stellt den Güterverkehr zum 31.12.1994 ein. 1998 soll auch der Personenverkehr enden. Zum 31.12.2000 übernimmt die Mitteldeutsche Bahnreinigungsgesellschaft (BRG) als DB AG-Tochter die Betriebsführung.

Bei den schweren Unwettern im August 2002 im Osterzgebirge zerstören Wassermassen der Roten und der Wilden Weißeritz die Weißeritztalbahn. Nach einem umfangreichen Wiederaufbau wird der erste Streckenabschnitt von Freital-Hainsberg bis Dippoldiswalde am 13.12.2008 freigegeben. Nach Kurort Kipsdorf fahren die Züge erst wieder seit dem 17.6.2017. Heutiger Betreiber der Bahn ist die Sächsische Dampfeisenbahngesellschaft (SDG).

FICHTELBERGBAHN

Das Erzgebirge gilt schon Mitte des 19. Jh. als touristische Attraktion. Um 1870 gibt es erste Überlegungen eine Bahn nach der einstigen Bergbaustadt Oberwiesenthal zu erstellen. Doch dauert es bis 1.3.1894 als eine Petition Oberwiesenthals positiv beschieden und der Bahnbau genehmigt wird. Gleichzeitig beginnen die Vermessungs- und Planungsarbeiten. Im April 1896 beginnen die eigentlichen Bauarbeiten. Am 19.07.1897 startet die offizielle Eröffnungsfahrt, am nächsten Tag beginnt der reguläre Betrieb.

Personen- und Güterverkehr entwickeln sich erfreulich. Mit Einführung des Rollbockbetriebes ab 1899 und der Rollwagen ab 1906 wird der Güterverkehr erweitert, das zeitraubende Umladen der Güter in Cranzahl (normalspuriger Bahnanschluss an Zschopautalbahn) entfällt damit.

Nach der Inflationszeit erfährt vor allem der Tourismus einen Aufschwung und beschert der Bahn volle Züge. 1936 entsteht der Bahnhof in Oberwiesenthal in der heutigen Ausbauform. Die Kriegszeit übersteht die Bahn mit kurzzeitiger Betriebseinstellung. Allerdings bewegen sich die Fahrgastzahlen nun auf eher niedrigem Niveau. Am 14.5.1949 wird die Bahnpostbeförderung mit der Fichtelbergbahn eingestellt.

Schließlich erholt sich der Betrieb in den 50er-Jahren wieder, die Bahn wird wieder zur touristischen Attraktion. In der Folgezeit erfährt der Güterverkehr nochmals einen Aufschwung, so werden bis 1967 noch weitere Andienungen bestellt.

Mit dem Ende der DDR verliert die Bahn zunächst ihre hohe Bedeutung als Zubringerbahn nach Oberwiesenthal. Zum 1.1.1996 bestellt der Landkreis Annaberg die Leistung im schienengebundenen Personennahverkehr auf der Strecke, sodass die Bahnlinie im Juli 1997 ihr 100-jähriges Bestehen mit Optimismus begehen kann.

Doch die DBAG will die Bahn stilllegen. Zum 1.6.1998 übernimmt daher die BVO Bahn GmbH – das Unternehmen wird zum 9.5.2007 in Sächsische Dampfeisenbahngesellschaft (SDG) umbenannt – die Fichtelbergbahn.

Seit 1998 werden auf der Strecke umfangreiche Sanierungs- und Erneuerungsarbeiten an der Eisenbahninfrastruktur durchgeführt (z. B. Lokschuppenneubau im Kurort Oberwiesenthal, Sanierung des Hüttenbachviaduktes). Bis heute gehört die einstündige Fahrt durch die romantische Landschaft des oberen Erzgebirges im beschaulichen Tempo von 25 km/h zu einer der Attraktionen der Region.

Streckenname	Fichtelbergbahn
Relation	Cranzahl–Oberwiesenthal (Thüringen)
Länge	17,3 km
Funktion	Einst Personen- und Güterverkehr, heute nur noch dampfgeführte Personenzüge
Daten zum Bau	Baubeginn: April 1896 | Bauzeit (inkl. Planung, bis zur Fertigstellung): 1 Jahr | Eröffnung: 19.7.1897 | Durchgängig befahrbar ab: 19.7.1897
Spurweite	Schmalspurbahn (750 mm)
Bauwerke	Viadukt Hüttenbachtal (100 m)
Bahnhöfe	Cranzahl, Oberwiesenthal
Anschlusspunkte	Cranzahl: Zschopautalbahn Flöha-Bärenstein (und weiter nach Vejprty (Tschechien)
Besonderheiten	Größte Steigung: 27–33 Promille (zwischen Vierenstraße und Kretscham-Rothensehma); Engster Radius: 100 m; Größte Höhe: Oberwiesenthal (892 m); Überwundener Höhenunterschied: 238 m

Spektakulär: Kurz vor dem Wintersportort Oberwiesenthal führt die Strecke über den Hüttenbachtalviadukt.

40

PRESSNITZTALBAHN

99 542 beförderte einen Fotozug am 24. Mai 2022 als 99 569 entlang der Stützmauer bei Schmalzgrube.

Streckenname	Preßnitztalbahn
Relation	Einst Wolkenstein–Jöhstadt, heute noch Steinbach–Jöhstadt (Sachsen)
Länge	Einst 24,3 km, heute noch 9,4 km
Funktion	Einst Personen- und Güterverkehr, heute noch Museumsbahnverkehr
Daten zum Bau	Baubeginn: Februar 1891 | Bauzeit (inkl. Planung, bis zur Fertigstellung): 1 Jahr | Eröffnung: 31.5.1892 | Durchgängig befahrbar ab: 31.5.1892
Spurweite	Schmalspurbahn (750 mm)
Bauwerke	Zahlreiche Brücken über Flüsse Preßnitz und Schwarzwasser
Bahnhöfe	Steinbach, Jöhstadt
Besonderheiten	Inselbetrieb der Museumsbahn; Höchster Punkt: Bahnhof Jöhstadt (684 m); Überwundener Höhenunterschied: 141 m

Im Preßnitztal bestehen Mitte des 19. Jh. zahlreiche Kleinbetriebe, die Wasserkraft als Energiequelle nutzen, etwa Sägewerke oder Mühlen. Erste Bemühungen für den Bahnbau gibt es schon 1867, dann wesentlich konkreter 1869, als Sachsen eine Hauptbahn Chemnitz–Prag plant und durch das Preßnitztal führen will – allein, das Projekt bleibt unausgeführt. Zwar entstehen mit der Flöhatalbahn (24.5.1875 eröffnet) und der Zschopautalbahn (3.8.1872) in der weiteren Umgebung Bahnanschlüsse, aber das Preßnitztal bleibt weiter auf herkömmliche Transportmittel angewiesen.

Nachdem Jöhstadt 1874 um den Anschluss an das seit 1872 im Aufbau begriffene sächsische Sekundär-Bahnnetz bittet, beginnen 1876 erste Planungen zum Bahnbau, doch mangels staatlicher Unterstützung schläft das Projekt wieder ein. Erst als andere sächsische Sekundär-Strecken den Staat überzeugen, wird die Preßnitztalbahn genehmigt.

Im Februar 1891 beginnen die Arbeiten, am 31.5.1892 wird die Eröffnung gefeiert; am 1.6.1892 geht die Strecke von Wolkenstein, wo Anschluss an die Zschopautalbahn besteht, nach Jöhstadt in Betrieb. Am 15.5.1893 erfolgt die Verlängerung der Bahn bis zur damaligen deutsch-österreichischen Staatsgrenze südlich Jöhstadts.

Bis zur Einstellung der Bahn bewältigen Fahrzeuge der Königlich Sächsischen Staatseisenbahnen (KSäStB) den Personen-, Tourismus- und Güterverkehr. Zwar werden Streckenverlängerungen nach Böhmen diskutiert, aber wegen der territorialen Verschiebungen Ende des Ersten Weltkriegs wieder aufgegeben.

Seit den 60er-Jahren gibt es Stilllegungspläne, die etappenweise umgesetzt werden. Am 13.1.1986 fahren die letzten Reisezüge hinauf nach Jöhstadt. Der Restverkehr nach Niederschmiedeberg zur dortigen Kühlschrankfabrik wird am 31.12.1986 gegen den Willen der Bevölkerung eingestellt. Kurz darauf beginnt der Abbau der Strecke, der 1989 vollendet ist.

Seit 1990 arbeiten die Mitglieder der Interessengemeinschaft Preßnitztalbahn e.V. am Wiederaufbau des Teilstückes Jöhstadt–Steinbach, 1991 werden von Jöhstadt aus die ersten 100 m Strecke wieder hergestellt, Pfingsten 1992 fährt wieder ein Zug. Im Jahr 2000 erreicht der Streckenbautrupp Steinbach, seitdem verkehren wieder Züge zwischen Jöhstadt und Steinbach.

Seit der Aufnahme des Verkehrs im Jahr 1992 sind mittlerweile mehr als eine Million Fahrgäste mit den Zügen der Museumsbahn gefahren. Aus einem losen Zusammenschluss entwickelte sich die IG Preßnitztalbahn, die die dampfbetriebene Schmalspurbahn als Museumsbahn betreibt, sowie das Eisenbahnverkehrsunternehmen (EVU) Press GmbH. Die Bahn gilt heute als Motor des Fremdenverkehrs im Preßnitztal.

THÜRINGER BAHN

Der Bahnpionier Friedrich List sieht in seiner Skizze von 1833 zwei Hauptlinien in Thüringen vor: Leipzig–Weimar–Gotha–Hersfeld sowie eine davon abzweigende Thüringerwald-Querung nach Bamberg und Nürnberg. Doch die zahlreichen thüringischen Kleinstaaten (zwölf an der Zahl) mit ihren verschiedenen Interessen erweisen sich auf dem Weg zum Bahnbau als überaus hinderlich, und das, obwohl Thüringen im Herzen des Deutschen Bundes liegt und seine Funktion als Durchgangs- und Kreuzungsbereich der künftigen deutschen Bahnlinien abzusehen ist. Am 19.8.1840 wird der Thüringische Eisenbahnverein ins Leben gerufen, dem wichtige Politiker der thüringischen Fürstentümer angehören. Nach langer Diskussion gelingt es, sich auf die Strecke Halle–Erfurt–Gotha–Eisenach–Rothenburg–Kassel als wirtschaftlich wertvollster Linienführung im Hinblick auf eine Nord-Süd-Verbindung zu einigen. Staatsverträge unter Einbeziehung Preußens und Kurhessens (20.12.1841 und 19.4.1844) fixieren die Pläne.

Im Spätsommer 1844 beginnen die Arbeiten. Die im selben Jahr gegründete Thüringische Eisenbahngesellschaft eröffnet am 6.6.1846 den Abschnitt Halle–Weißenfels. In Erfurt kommt die Bahn am 1.4.1847 an, Eisenach ist am 24.6.1847 erreicht. Der letzte Abschnitt Gerstungen–Bebra obliegt der kurhessischen Friedrich-Wilhelms-Nordbahn-Gesellschaft, die die Lücke an 25.9.1849 schließt. Allein sechs der wichtigsten Städte Thüringens liegen an der Stammbahn genannten Strecke, sie profitieren in hohem Maß von der Bahn. 1946 erfolgen umfangreiche Demontagen der Sowjets. Nachdem der Abschnitt Großkorbetha–Saaleck bereits 1941 elektrifiziert worden ist (und 1946 wieder demontiert wird), geht der Abschnitt Halle–Weißenfels 1959 unter Fahrdraht in Betrieb. Zwischen 1965–1967 werden die übrigen in der DDR liegenden Streckenteile neu bzw. wieder elektrifiziert. Erst am 27.9.1986 erfolgt die Elektrifizierung des auf bundesdeutschem Gebiet liegenden Teils Gerstungen–Bebra. Nach dem Fall des Eisernen Vorhangs wird die Stammbahn im Rahmen des Verkehrsprojekts Deutsche Einheit Nr. 7 ab 1990 umfassend modernisiert. Im Mai 1995 ist die Strecke durchgängig re- bzw. neu elektrifiziert. Parallel zum Ostabschnitt der Thüringer Bahn entstand die 2015 eröffnete Schnellbahntrasse Erfurt–Leipzig/Halle. Von der Regionalbahn bis zum ICE verkehren derzeit nahezu alle Zuggattungen des Personenverkehrs. Seit Dezember 2015 fahren die Fernzüge der Linien 15 Frankfurt–Berlin und 50 Frankfurt–Dresden wieder ausschließlich als ICE und nutzen ab Erfurt die neu eröffnete Schnellfahrstrecke Erfurt–Leipzig/Halle.

Streckenname	Fichtelbergbahn
Alternative Bezeich.	**Thüringer Bahn**
Relation	Thüringer Stammbahn Halle/Saale–Erfurt–Bebra (Sachsen-Anhalt, Thüringen, Hessen)
Länge	210,3 km
Funktion	Personen- und Güterverkehr
Daten zum Bau	Baubeginn: Spätsommer 1844 | Bauzeit (inkl. Planung, bis zur Fertigstellung): 5 Jahre | Eröffnung: 6.6.1846 | Durchgängig befahrbar ab: 25.9.1849
Spurweite	Vollbahn (1435 mm)
Bauwerke	Brücken über Flüsse wie Weiße Elster, Saale, Ilm, Werra, Weihe, Suhl, Viadukt Apolda (103 m), Viadukt Gotha (122 m), Hönebachtunnel (983 m)
Bahnhöfe	Halle/Saale, Erfurt, Bebra
Anschlusspunkte	Halle/Saale: nach Kassel, Magdeburg–Leipzig | Merseburg: nach Leipzig, nach Schafstädt, nach Halle-Nietleben, nach Querfurt | Weißenfels: nach Zeitz | Naumburg: Unstrutbahn nach Artern, Thüringer Bahn Bebra–Erfurt, Naumburg-Teuchener-Bahn | Großheringen: Saalbahn Naumburg-Saalfeld, Pfefferminzbahn nach Straußfurt | Eisenach: Werrabahn nach Meiningen | Erfurt: Nordhausen-Erfurter-Eisenbahn nach Nordhausen | Gerstungen: nach Vacha | Bebra: Friedrich-Wilhelms-Nordbahn nach Kassel, nach Fulda, Nord-Süd-Strecke nach Göttingen
Besonderheiten	Zweigleisige, elektrifizierte Hauptbahn; ab Gerstungen hessisch; erste größere Bahnstrecke Thüringens

Autobahn- und Eisenbahnbrücke überqueren die Werra bei Hörschel.

SONNEBERG–PROBSTZELLA

Die Glashüttenindustrie bei Lauscha fordert 1877, unterstützt von der Eisen-, Schiefer-, Porzellan- und Spielzeugindustrie in Steinach, den Bahnanschluss nach Sonneberg (die Stadt hat seit 1.11.1858 Bahnanschluss nach Coburg), um leichter Steinkohle herantransportieren zu können. Am 31.3.1885 werden die Staatsverträge mit der Werra-Eisenbahn AG (WEAG) signiert und am 1.5.1885 starten die Bauarbeiten an der Strecke Sonneberg–Lauscha (Steinachtalbahn). Im September 1886 wird die Linie fertiggestellt, am 30.9.1886 fährt der Eröffnungszug in Lauscha ein.

Inzwischen hat die Königlich Preußische Eisenbahnverwaltung im Herbst 1885 die WEAG übernommen und entschieden, die Strecke nach Probstzella (dort Anschluss an die entstehende Frankenwaldbahn und an Saalfeld) durchzubinden. Im November 1886 beginnen die Arbeiten an der Strecke von Probstzella nach Schmiedefeld und Lichte (Zoptetalbahn). Die anspruchsvolle Topographie verzögert die Arbeiten, die am 18.1.1899 abgeschlossen werden können.

1911 schließen die beteiligten Staaten den Vertrag über den Bau der Strecke von Lichte über Ernstthal nach Lauscha mit dem Abzweig in Ernstthal nach Neuhaus am Rennweg. Der Bau der Rennsteigbahn beginnt am 2.8.1911. Einen Tag nach der festlichen Eröffnung am 1.11.1913 fährt der erste reguläre Zug von Coburg bis Ernstthal und dann den Abzweig bis Neuhaus am Rennweg.

Die Grenzziehung nach dem Ende des Zweiten Weltkriegs führt zum Verkehrsrückgang, die Strecke besitzt aber weiterhin hohe Bedeutung für die Region Sonneberg. 1980 endet der Dampflokeinsatz über den Rennsteig. Der Niedergang der Bahnlinie beginnt 1990. Der Anschluss Probstzella–Saalfeld wird 1993 stillgelegt, der Güterverkehr auf der Gesamtstrecke zum 31.12.1994. Mangelnder Streckenunterhalt führt am 22.1.1997 zur befristeten Einstellung des Gesamtverkehrs. Im Sommer 1998 wird der Streckenabschnitt Sonneberg–Lauscha (Steinachtalbahn) instandgesetzt, modernisiert und ausgebaut. Probstzella–Lauscha wird indessen im Schienenersatzverkehr betrieben. Am 1.8.2001 übernimmt die Thüringer Eisenbahngesellschaft (ThE, Erfurt) den Streckenteil Sonneberg–Lauscha–Ernstthal-Neuhaus, am 14.12.2007 geht der Abschnitt wieder in Betrieb (im Einsatz: RegioShuttle). Auch bescheidener Güterverkehr findet wieder statt. Der Abschnitt Probstzella–Ernstthal wird 2006 stillgelegt, eine Reaktivierung ist nicht ausgeschlossen. Eine Fahrt auf der Mittelgebirgstrecke gilt im Abschnitt Lauscha–Sonneberg ob des kurvenreichen Verlaufs als Ausflugstipp.

Streckenname	Sonneberg–Probstzella
Alternative Bezeich.	Steinachtalbahn (Abschnitt Sonneberg–Lauscha), Rennsteigbahn (Lauscha–Schmiedefeld), Zoptetalbahn (Schmiedefeld–Probstzella)
Relation	Sonneberg–Probstzella (Thüringen), heute nur noch zwischen Sonneberg und Ernstthal am Rennsteig/Neuhaus am Rennweg in Betrieb
Länge	51,9 km
Funktion	Einst Personen- und Güterverkehr, heute nur Nahverkehr
Daten zum Bau	Baubeginn: 1.5.1885 | Bauzeit (inkl. Planung, bis zur Fertigstellung): 28 Jahre (mit langjährigen Unterbrechungen) | Eröffnung: 30.9.1886 | Durchgängig befahrbar ab: 1.11.1913
Spurweite	Vollbahn (1435 mm)
Bauwerke	Viadukt in Lauscha (93 m), Lauschensteintunnel (275 m), Nasse-Telle-Viadukt (145 m)
Bahnhöfe	Sonneberg, Lauscha, Ernstthal am Rennsteig
Anschlusspunkte	Sonneberg: Hinterlandbahn nach Eisfeld, nach Coburg Ernstthal am Rennsteig: nach Neuhaus am Rennweg
Besonderheiten	Nicht elektrifizierte, eingleisige Nebenbahn; Spitzkehrenbahnhof Lauscha; Höchster Punkt: Ernstthal am Rennsteig (769 m) bzw. Neuhaus am Rennweg (829 m); Größte Steigung: (34,5 Promille im stillgelegten Teil Gebersdorf–Gräfenthal), 26,5 Promille zwischen Lauscha und Oberlauscha

Eisenbahnviadukt über den Piesaufluss im Bereich der Hammerwiesen nahe dem Bahnhof Licht (Ost).

SAALBAHN

Im Juni 2003 zieht eine Lok der Baureihe 140 ihren Güterzug bei Dornburg (Saale) über die Gleise der Saalbahn.

1851 formieren sich im Saaletal Interessengruppen, die den Bau einer Bahnstrecke entlang des Flusses und den Anschluss an die 1849 fertig gestellte Thüringische Stammbahn (Thüringer Bahn) Halle–Erfurt–Bebra fordern. Allerdings gibt es um den Anschlusspunkt sowie die damit verbundene Linienführung lange Diskussionen, die sogar zur Neugründung von Bahnkomitees führen, die völlig andere Linienführungen propagieren.

Im Mai 1862 zeichnet sich eine Linie Camburg–Jena–Orlamünde–Saalfeld ab. Am 28.1.1865 reicht das »Central-Comité« in Jena eine entsprechende Petition ein. Allerdings werden dem Projekt »Saalbahn« nach dem preußisch-thüringischen Staatsvertrag vom 18.3.1867, der den Bau der Strecke Gera–Saalfeld bestimmt, nurmehr geringe Chancen eingeräumt. Und das, obwohl die Saalbahn als kürzeste Nord-Süd-Verbindung zwischen Thüringen und Bayern gilt.

Die enorme wirtschaftliche Bedeutung dieser Bahn führt doch noch zu ihrer Verwirklichung: Am 8.10.1870 unterzeichnen die involvierten thüringischen Fürstentümer in Camburg den Staatsvertrag zum Bau der Saalbahn, dem am 14.2.1871 die Gründung der Saal-Eisenbahn-Gesellschaft folgt. Sie erhält am 3.4.1871 die Konzession, der erste Spatenstich erfolgt am 23.10.1871 bei Rothenstein.

Saalfeld–Großheringen wird am 30.4.1874 eröffnet (in Großheringen besteht seit 19.12.1846 Bahnanschluss nach Naumburg). Zum 16.7.1895 übernimmt Preußen die erfolgreiche Saalbahn, die der längeren Strecke Gera–Saalfeld den Verkehr abnimmt. Da in Saalfeld Anschluss an die ab 1.10.1885 durchgängig befahrbare Frankenwaldbahn (Saalfeld–Bamberg) besteht, stellt die Saalbahn zusammen mit ihrer »Streckenverlängerung« nach Bamberg eine der wichtigsten Nord-Süd-Verbindungen dar. Am 1.5.1899 geht die Bahn Kösen–Großheringen, die die Verbindung der Saalbahn mit der Thüringer Bahn Bebra–Erfurt herstellt, in Betrieb.

1903–1914 erfolgt der zweigleisige Ausbau, ab 1939 wird die Saalbahn bis 5.5.1941 elektrifiziert. Im Zweiten Weltkrieg wird die Strecke erheblich beschädigt, nach dem Krieg kurzzeitig wiederhergestellt, demontieren die Sowjets ab 29.3.1946 zweites Gleis und Fahrdraht.

In der DDR führt die Strecke ein Schattendasein, erst nach der Wiedervereinigung gewinnt die Saalbahn schnell an Bedeutung. Seit 1991 wird die Strecke saniert und modernisiert, ab 1994 die Fahrleitung neu verlegt, am 28.5.1995 geht die renovierte Bahn wieder an den Start. Damit ist erstmals in der Geschichte der durchgängige Betrieb unter Fahrdraht zwischen Berlin und München möglich. Doch im Dezember 2017 übernimmt die westlich über Erfurt verlaufende Schnellfahrstrecke Ebensfeld–Leipzig die Fernverkehrsfunktion der reizvollen, aber kurvenreichen Saalbahn.

Streckenname	Saalbahn
Relation	Saalfeld–Naumburg (Thüringen, Sachsen-Anhalt)
Länge	87,8 km
Funktion	Personen- und Güterverkehr
Daten zum Bau	Baubeginn: 23.10.1871 | Bauzeit (inkl. Planung, bis zur Fertigstellung): 2,5 Jahre | Eröffnung: 30.4.1874 | Durchgängig befahrbar ab: 30.4.1874
Spurweite	Vollbahn (1435 mm)
Bauwerke	Saalebrücke Großheringen (275 m), Saalebrücke Schwarza (114 m)
Bahnhöfe	Naumburg, Jena Saalbahnhof, Saalfeld
Anschlusspunkte	Naumburg: Unstrutbahn nach Artern, Thüringer Bahn Bebra–Erfurt, Naumburg-Teuchemer-Bahn Göschwitz: Holzlandbahn Weimar–Gera Orlamünde: Orlabahn nach Pößneck Saalfeld: nach Arnstadt, nach Leipzig und Gera, Frankenwaldbahn nach Bamberg
Besonderheiten	Größte Steigung: 5 Promille

RENNSTEIGBAHN

Rund um Stützerbach und Ilmenau (Herzogtum Sachsen-Weimar-Eisenach) existiert Mitte des 19. Jh. umfangreiche Glas- und Porzellanindustrie. Aber um gegen andere Produktionsstandorte zu bestehen, benötigen die Betriebe ausreichende Transportkapazitäten. Doch die territoriale Zersplitterung der Region mit ihren vielen Einzelinteressen verhindert den Bahnbau.

Zwar besteht seit 1879 eine Bahnverbindung von Ilmenau nach Arnstadt und Erfurt (Strecke Erfurt–Schweinfurt), zugleich ist auch Schleusingen (es gehört zu Preußen) südlich Stützerbachs seit 1888 mit Themar verbunden (von dort Anschluss an die am 1.11.1858 eröffnete Werrabahn), doch wer von Schleusingen aus per Bahn nach Erfurt reisen will, muss große Umwege in Kauf nehmen.

Erst 1891 unternimmt Schleusingen einen neuen Anlauf zum Bau einer Bahn nach Ilmenau. Ein Hindernis sind die 100 m Höhenunterschied zwischen Ilmenau und Schleusingen. 1899 fällt endlich die Entscheidung zugunsten der Rennsteigbahn. Die Verbindung Ilmenau–Schleusingen wird teilweise als Zahnradbahn des System Abts ausgeführt, der Bau unter Ägide der Königlich Preußischen Eisenbahn-Verwaltung (KPEV) beginnt am 1.4.1903. Die Bahn überquert den Rennsteig zwischen den Stationen Stützerbach und Schmiedefeld. Am Scheitelpunkt der Strecke wird der Spitzkehrenbahnhof Rennsteig erbaut. Als erste Zahnradbahn der KPEV wird die Rennsteigbahn am 1.11.1904 eröffnet. Die vier Zahnradabschnitte mit einer Gesamtlänge von 6,3 km weisen eine maximale Steigung von 61,2 Promille auf. 1927 wird die Zahnstange abgebaut, da der Betrieb von den ausreichend kräftigen Loks der BR 94.5 (ausgerüstet mit Gegendruckbremse) übernommen werden kann (sie werden im Winter 1973/74 durch die Dieselloks BR 118.2–4 ersetzt).

Am 1.1.1970 wird der Güterverkehr zwischen Stützerbach und Schleusingen eingestellt, auf der restlichen Rennsteigbahn zum 31.12.1993. Am 23.5.1998 wird der noch verbliebene Nahverkehr ebenfalls aufgegeben.

Die Strecke wird 2003 durch die Rennsteigbahn GmbH in Stützerbach übernommen, sie führt Sonderfahrten auf der Strecke durch. Seit 2014 verkehrt in den Sommermonaten zeitweilig das RennsteigShuttle der Süd-Thüringen-Bahn zwischen Ilmenau und dem Bahnhof Rennsteig. Das Land Thüringen übergab der Rennsteigbahn im Juni 2018 einen Zuwendungsbescheid über knapp 2,4 Millionen Euro für die Sanierung der Strecke.

Streckenname	Rennsteigbahn
Relation	Ilmenau–Schleusingen (Thüringen)
Länge	31,8 km
Funktion	Personen- und Güterverkehr, heute Museumsbahnverkehr
Daten zum Bau	Baubeginn: 1.4.1903 | Bauzeit (inkl. Planung, bis zur Fertigstellung): 1,5 Jahre | Eröffnung: 1.11.1904 | Durchgängig befahrbar ab: 1.11.1904
Spurweite	Vollbahn (1435 mm)
Bauwerke	Bis 1927 vier Zahnstangenabschnitte
Bahnhöfe	Ilmenau, Schleusingen
Besonderheiten	Zahnradbahn; größte Steigung: 61,2 Promille (am Rennsteig) sowie 59 Promille auf weiteren Abschnitten; größte Höhe: Rennsteig (747 m)

Ferkeltaxe 771 041 am 23.05.98 in Rappelsdorf.

SCHWARZATALBAHN

Der Triebwagen 641 019 rollt im Juli 2008 auf seiner Fahrt nach Katzhütte oberhalb von Sitzendorf ins Tal.

Streckenname	Schwarzatalbahn
Alternative Bezeich.	Der Raanzer (nach den Heilkräutersammlern der Region benannt, die ihre Pflanzen im »Raanzen« auf dem Rücken transportierten)
Relation	Rottenbach–Katzhütte (Thüringen)
Länge	24,9 km
Funktion	Personen- und Güterverkehr, heute nur noch Personennahverkehr
Daten zum Bau	Baubeginn: 8.4.1895 | Bauzeit (inkl. Planung, bis zur Fertigstellung): 5 Jahre | Eröffnung: 16.12.1899 | Durchgängig befahrbar ab: 18.8.1900
Spurweite	Vollbahn (1435 mm)
Bahnhöfe	Rottenbach, Mellenbach-Glasbach, Katzhütte
Anschlusspunkte	Rottenbach: Arnstadt–Saalfeld Mellenbach-Glasbach: Ortsteil Obstfelderschmiede Talstation Oberweißbacher Bergbahn
Besonderheiten	Eingleisige, nicht elektrifizierte Nebenbahn; Größte Steigung: 30 Promille; Überwundener Höhenunterschied: 120 m

Das Schwarzatal prägen im 19. Jh. Holz-, Glas- und Porzellanindustrie. Um die weitere Entwicklung dieser Erwerbszweige zu sichern, gründen Fabrikanten der Region Schwarzatal 1872 das »Comitee Schwarza-Eisenbahn«. Es lässt Pläne zum Bau einer Bahn von Schwarza (Saale) durch das Schwarzatal mit Anschluss an die Werrabahn (Eisenach–Coburg, 1.11.1858 eröffnet) ausarbeiten. Doch dieses wie weitere Projekte scheitert an den komplizierten topographischen Gegebenheiten oder am Einspruch von Anliegern. Nach Inbetriebnahme der Saalbahn (Großheringen–Saalfeld, 30.4.1872) geht am 1.8.1884 der Abzweig nach Bad Blankenburg in Betrieb.

Erst am 30.1.1895 schließen Preußen (als Vertreter der ausführenden Bahnbehörde) und das Fürstentum Schwarzburg-Rudolstadt (auf dessen Territorium das Schwarzatal liegt) einen Staatsvertrag, dem am 8.4.1895 der Bauauftrag folgt. Am 16.12.1899 wird der erste Abschnitt der Schwarzatalbahn von Rottenbach nach Köditzberg eröffnet (gleichzeitig geht die Stichstrecke Köditzberg–Königsee in Betrieb). Der zweite Abschnitt Köditzberg–Sitzendorf folgt am 27.6.1900 ehe das letzte Teilstück bis Katzhütte am 18.8.1900 Eröffnung feiert. Die Betriebsführung übernimmt die Königlich Preußische Eisenbahn-Verwaltung (KPEV).

Am 15.3.1923 erfährt die Schwarzatalbahn durch die Eröffnung der Oberweißbacher Bergbahn (sie zweigt bei Mellenbach-Galsbach von der Strecke ab) eine Ergänzung.

Mitte der 60er-Jahre gilt die Schwarzatalbahn als unrentabel. Am 1.8.1966 folgt die Stilllegung des Personenverkehrs im Abschnitt Köditzberg–Königsee, zum 31.12.1972 wird der Gesamtverkehr ausgesetzt, die Strecke schließlich abgebaut. Auf der Schwarzatalbahn fahren im Winter 1972/73 noch vier bis fünf Personen- und neun bis zwölf Güterzüge pro Tag. Nach der politischen Wende 1989 kommt es zu starkem Verkehrsrückgang. Der neue Eigentümer DB/DBAG hält den Betrieb aufrecht, doch 1999 rächen sich die unterlassenen Streckenunterhaltungsarbeiten und erzwingen die Einstellung des Gesamtverkehrs auf dem Abschnitt Obstfelderschmiede und Katzhütte. Am 28.5.2000 muss die restliche Strecke gesperrt werden. Zum 1.1.2001 wird die »DB RegioNetz, Oberweißbacher Berg- und Schwarzatalbahn« gegründet und beginnt 2002 mit der Streckensanierung. Am 15.12.2002 kann die Wiederinbetriebnahme der Schwarzatalbahn feierlich begangen werden. Heute fahren Triebwagen BR 641 (Alstom LHB, Salzgitter) im Taktverkehr.

46

OBERWEISSBACHER BERGBAHN

Die Oberweißbacher Bergbahn verbindet den Haltepunkt Obstfelderschmiede der Schwarzatalbahn mit der thüringischen Gemeinde Cursdorf. Die Strecke besteht aus einer 1,3 km langen Standseilbahn zwischen Obstfelderschmiede und Lichtenhain sowie einer 2,6 km langen normalspurigen, elektrifizierten Verbindung zwischen Lichtenhain und Cursdorf.

1919 gründeten der Freistaat Schwarzburg–Rudolstadt und die Gemeinden Lichtenhain, Oberweißbach, Deesbach und Cursdorf die Oberweißbacher Bergbahn-Aktiengesellschaft. Sie sollte die Gemeinden auf der Hochfläche des Thüringer Waldes mit der im Tal verlaufenden Schwarzatalbahn durch eine Bahnlinie verbinden. Um die Höhendifferenz effizient zu überwinden, entschloss man sich zur zweiteiligen Lösung mit Standseilbahn und »normaler« Adhäsionsbahn.

Wolfgang Bäseler lieferte die Pläne und im September 1919 begannen die Bauarbeiten. Nach der Eröffnung der Haltestelle Obstfelderschmiede konnte im Februar 1922 der Güterverkehr aufgenommen werden. Die Eröffnung für den Personenverkehr musste noch bis März 1923 warten, denn einige Sicherheitsvorrichtungen mussten noch nachgerüstet werden.

Auf der Standseilbahnstrecke überwindet die Bahn in knapp 20 Minuten bei einer Steigung von 1:4 einen Höhenunterschied von 323 Metern. In der Mitte der Strecke ist eine Ausweiche mit zwei Weichen der Bauart Abt ohne bewegliche Teile.

Die Standseilbahn der Oberweißbacher Bergbahn verbindet den Bahnhof Obstfelderschmiede an der Strecke Rottenbach – Katzhütte mit der Strecke Lichtenhain – Cursdorf (Bild links) auf dem Kamm des Thüringer Waldes.

Streckenname	Oberweißbacher Bergbahn
Relation	Obstfelderschmiede–Cursdorf (Thüringen)
Länge	3,9 km (2,6 km Vollbahn, 1,3 km Standseilbahn)
Funktion	Einst Personen- und Güterverkehr, heute nur noch Personenverkehr
Daten zum Bau	Baubeginn: September 1919 | Bauzeit (inkl. Planung, bis zur Fertigstellung): 4 Jahre | Durchgängig befahrbar ab: 1.3.192
Spurweite	Vollbahn/Breitspurbahn (1435/1800 mm)
Bahnhöfe	Obstfelderschmiede, Cursdorf
Anschlusspunkte	Obstfelderschmiede: Schwarzatalbahn Rottenbach–Katzhütte
Besonderheiten	Adhäsionsstrecke elektrifiziert (600 V DC); seit 1982 unter Denkmalschutz; Größte Steigung: 250 Promille (Standseilbahn)

Sie leitet den einen Wagen immer über das eine Ausweichgleis, den anderen über das andere Ausweichgleis. In der Talstation leitet eine weitere Weiche dieser Bauart den einen Wagen in eine Bahnsteighalle, den anderen an eine Verladerampe. An dem Seil hängt nämlich an einem Ende ein Personenwagen und am anderen Ende eine Bühne, auf der normalspurige Personen- oder Güterwagen befördert werden können.

Nach dem Zweiten Weltkrieg wurde die Bahn verstaatlicht und von der Deutschen Reichsbahn der DDR übernommen. 1966 wurde der Güterverkehr eingestellt und ein zweiachsiger Personenwagen der ehemaligen Schleizer Kleinbahn auf die Bühne gesetzt. So konnten mehr Personen befördert werden. Die Oberweißbacher Bergbahn wird seit 2002 von der DB RegioNetz Verkehrs GmbH Oberweißbacher Berg- und Schwarzatalbahn betrieben. Seit dem Mai 2008 gibt es auch einen »Aufsetzwagen« ohne Dach, der in den Sommermonaten auf die Bühne gestellt wird. So können die Fahrgäste die Aussicht und das schöne Wetter genießen.

Die Adhäsionsstrecke zwischen Lichtenhain und Cursdorf hat nur eine Zwischenstation, den Haltepunkt Oberweißbach-Deesbach und ist seit ihrer Eröffnung elektrifiziert. Die Gleichspannung betrug zunächst 500 Volt wurde aber 1982 auf 600 Volt erhöht. Die Bahn hat drei zweiachsige Triebwagen, von denen in der Regel einer unterwegs ist. Bei Bedarf werden die Triebwagen aber auch in Doppeltraktion gefahren. Die Fahrtzeit beträgt acht Minuten. Seit Mai 2016 verkehrt zwischen Lichtenhain und Cursdorf der sogenannte Olitätenwagen (479 205), dieser widmet sich ganz dem Thema Kräuter und Naturheilmittel. Er verfügt über ein Panorama-Glasdach, Kräuter-Memory und einen Duftkasten. Er kommt wie der Cabrio-Wagen von Mai bis Oktober bei schönem Wetter zum Einsatz. 2020 wurde die Oberweißbacher Bergbahn umbenannt in Thüringer Bergbahn.

VOM RHEIN AN DEN MAIN

NEUBAUSTRECKE KÖLN–FRANKFURT/MAIN

Schon 1965 wird wegen Überlastung der beiden Rheinstrecken im Nord-Süd-Verkehr eine Neubaustrecke zwischen den Räumen Rhein/Ruhr und Rhein/Main erwogen. 1970 wird erstmals ein konkreter Plan einer neuen Verbindung Köln–Frankfurt/Main vorgestellt, die sich aber gegen politischen wie öffentlichen Widerstand nicht durchsetzen lässt. Erst 1985 meldet die DB – wiederum wegen Überlastung der Rheinstrecken sowie zur Entlastung des Straßenverkehrs – den Bedarf für eine Neubaustrecke Köln–Frankfurt/Main an.

Die Diskussion über die Linienführung der neuen Schnellbahntrasse legt sich auf den Verlauf rechts des Rheins fest. Der Bundesverkehrsminister entscheidet am 19.9.1989, die Strecke von Köln über Köln/Bonn Flughafen und Limburg nach Frankfurt am Main zu führen. Die DB präsentiert am 8.3.1991 diese Trassenführung offiziell. Bis 1995 sind die für den Baustart notwendigen Planfeststellungsverfahren abgeschlossen. Am 13.12.1995 erfolgt der erste Spatenstich am Frankfurter Kreuz. Zahlreiche Tunnel sind aufgrund der weithin geraden Streckenführung zu erstellen. Am 30.5.1999 geht der erste Abschnitt mit dem Flughafenbahnhof Frankfurt in Betrieb. Am 8.6.2000 beginnt die Montage der Oberleitung (Abschluss 30.8.2001). Bautechnisch gilt die Strecke im Dezember 2001 als fertiggestellt.

Das letzte Stück der Neubaustrecke wird auf der Logebachtalbrücke zwischen Bad Honnef und Königswinter am 10.7.2001 verlegt. Am 25.7.2002 findet mit einer Parallelfahrt zweier ICE 3 von Frankfurt/Main nach Köln die Eröffnungsfeier statt, am 1.8.2002 startet der reguläre Betrieb. Am 15.12.2002 ist die Strecke in das Hochgeschwindigkeitsnetz Deutschlands und Europas komplett integriert.

Bis zum Fahrplanwechsel im Dezember 2017 sind nur ICE-3-Triebzüge (BR 403/406) für die steigungsreiche Schnellfahrstrecke im planmäßigen Fahrgastbetrieb zwischen Siegburg/Bonn und Raunheim zugelassen.

Im Herbst 2015 fanden Test- und Zulassungsfahrten des neuen ICE 4 (BR 412) zwischen Siegburg/Bonn und Frankfurt–Flughafen über die Schnellfahrstrecke statt. Eine Zulassung für den Fahrgastbetrieb wurde 2016 erteilt. Die BR 412 befährt die Strecke mit maximal 250 km/h. Die erste planmäßige Fahrt mit Fahrgästen auf der Schnellfahrstrecke zwischen Köln und Frankfurt absolvierte ein ICE 4 im Dezember 2017.

Wiederholt wurde die die Strecke seit ihrer Eröffnung vollständig gesperrt, um Teile der Gleisanlagen zu erneuen.

Streckenname	Neubaustrecke Köln–Frankfurt/Main
Alternative Bezeich.	Schnellfahrstrecke Köln–Frankfurt/Main
Relation	Köln–Frankfurt/Main (Nordrhein-Westfalen, Hessen)
Länge	180 km
Funktion	Personenfernverkehr
Daten zum Bau	Baubeginn: 13.12.1995 | Bauzeit (inkl. Planung, bis zur Fertigstellung): 7 Jahre |Eröffnung: 30.5.1999 | Durchgängig befahrbar ab: 25.7.2002
Spurweite	Vollbahn (1435 mm)
Bauwerke	Hohenzollernbrücke (409,2 m), Tunnel Troisdorf (627 m), Aggerbrücke, Siegauentunnel (2.502 m), Dernbacher Tunnel (3.285 m), Himmelbergtunnel (2.395 m), Limburger Tunnel (2.395 m), Idsteintunnel (2.069 m), Niedernhauser Tunnel (2.765 m), Schulwaldtunnel (4.500 m)
Bahnhöfe	Köln, Frankfurt/Main
Anschlusspunkte	Köln: Schnellfahrstrecke nach Aachen, Linksniederrheinische Strecke nach Neuss, nach Duisburg, zahlreiche S-Bahn-Linien, Nahverkehr | Frankfurt/Main: Main-Weser-Bahn nach Gießen, Kinzigtalbahn Fulda–Hanau, Taunuseisenbahn nach Wiesbaden, nach Hanau, Mainbahn nach Mainz, Main-Neckar-Bahn nach Heidelberg, Main-Lahn-Bahn nach Limburg/Lahn, Homburgher Bahn nach Homburg vor der Höhe, zahlreiche S-Bahn-Linien und Nahverkehr
Besonderheiten	Zweigleisige, elektrifizierte Hochgeschwindigkeitsstrecke für bis zu 300 km/h; Größte Steigung: 40 Promille

Blick auf den neuen Bahnhof in Montabaur am 11. März 2002: Die Bauarbeiten laufen noch.

48

LINKE RHEINSTRECKE

101 097 ist mit dem IC 2012 bei Boppard auf dem Weg nach Hannover.

Streckenname	Rheinstrecke
Relation	Köln–Mainz (Nordrhein-Westfalen, Rheinland-Pfalz)
Länge	182,8 km
Funktion	Personen- und Güterverkehr
Daten zum Bau	Baubeginn: Frühjahr 1843 | Bauzeit (inkl. Planung, bis zur Fertigstellung): 16 Jahre (mit Unterbrechungen) | Eröffnung: 15.2.1844 | Durchgängig befahrbar ab: 15.12.1859
Spurweite	Vollbahn (1435 mm)
Bauwerke	Moselbrücke (270 m), Banktunnel (367 m), Betttunnel (236 m), Kammereck-Tunnel (289 m), Nahebrücke
Bahnhöfe	Köln, Koblenz, Mainz
Anschlusspunkte	Köln: Schnellfahrstrecke nach Aachen, Schnellfahrstrecke nach Frankfurt/Main, Linksniederrheinische Strecke nach Neuss, nach Duisburg, zahlreiche S-Bahn-Linien, Nahverkehr | Hürth-Kalscheuren: Eifelstrecke nach Trier-Ehrang | Bonn: Voreifelbahn nach Euskirchen | Remagen: Ahrtalbahn nach Ahrbrück | Andernach: Eifelquerbahn nach Kaisersesch | Koblenz: Rechte Rheinstrecke (über Lahntalbahn), Moselbahn nach Trier Mainz: Mainbahn nach Frankfurt, nach Alzey, nach Ludwigshafen
Besonderheiten	Zweigleisige, elektrifizierte Hauptstrecke

1837 wird die Bonn-Cölner-Eisenbahn-Gesellschaft gegründet. Sie erhält am 6.7.1840 die Konzession zum Bau einer Bahn zwischen den Rheinstädten. Nachdem im Frühjahr 1843 bei Bonn die Bauarbeiten begonnen haben, erfolgt, da aufwendige Kunstbauten nicht notwendig sind, schon am 15.2.1844 die Einweihung der Strecke Köln–Bonn. Am 21.3.1844 formiert sich in Bonn ein neues Komitee, das den Weiterbau nach Koblenz betreibt. Die Entscheidungsträger in Berlin nehmen sich für die Diskussion der Linienführung Zeit, sodass zwischenzeitlich die Hessische Ludwigs-Eisenbahn-Gesellschaft (HLB) am 24.8.1853 in Mainz den Anschluss nach Worms (und kurz darauf zur Pfälzischen Ludwigsbahn Mannheim–Saarbrücken, diese baut dann am 15.11.1853 die Verlängerung Worms–Ludwigshafen) herstellt. Am 21.1.1856 ist die Strecke bis Rolandseck südlich Bonns verlängert.

Die Rheinische Eisenbahn-Gesellschaft (sie übernimmt die Bonn-Cölner Eisenbahn zum 1.1.1857) erhält am 5.3.1856 die Konzession zum Bau der Strecke bis Bingerbrück, die HLB hatte am 3.1. desselben Jahrs die Erlaubnis zur Erweiterung von Bingen bis Mainz bekommen. Im Sommer 1857 beginnen die Vermessungsarbeiten, am 17.10.1859 ist Bingen–Mainz befahrbar, am 15.12.1859 erfolgt der Lückenschluss Bonn–Bingen. Schnell erfolgt der zweigleisige Ausbau in den 1860er-Jahren. Zahlreiche Nebenbahnen entstehen im Umfeld der Linken Rheinstrecke.

In der Zeit nach dem Zweiten Weltkrieg steigt die Linke Rheinstrecke zur wichtigsten Nord-Süd-Verbindung der Bundesrepublik auf, gilt als eine der Schlagadern des Rheinlands und Ruhrgebiets. Der Güterverkehr läuft im Wesentlichen über die Rechte Rheinstrecke. 1959 erfolgt die Elektrifizierung. Durch die hohe Verkehrsbelastung bleibt die Strecke von Rückbauten verschont. Nach Umbauten in den 1980er-Jahren ist sie weitgehend für 160 km/h ertüchtigt. Damals fällt die Entscheidung zugunsten der Neubaustrecke Köln–Frankfurt/Main. Seit deren Eröffnung 2002 hat die Linke Rheinstrecke Verkehr abgegeben, bis dahin war sie die meistbefahrene Strecke Deutschlands. Immerhin befahren seit der Inbetriebnahme der Neubaustrecke mehr Güterzüge die Linke Rheinstrecke. Der Streckenabschnitt von Hürth-Kalscheuren über Bonn bis Remagen wurde am 9. Dezember 2016 zum überlasteten Schienenweg (gemäß Eisenbahninfrastruktur-Benutzungsverordnung) erklärt. 2018 wurde ein Plan zur Erhöhung der Schienenwegkapazität vorgelegt, der 2021 aktualisiert wurde. 2024 laufen Arbeiten am Elektronischen Stellwerk »Linker Rhein«. Das rund 110 Millionen Euro teure Stellwerk soll zukünftig den Zugverkehr auf der Strecke steuern. 2022 ist geplant, die Strecke bis 2025 mit ETCS auszurüsten. Im ersten Halbjahr 2028 wird die Strecke Hürth-Kalscheuren–Koblenz–Mainz im Rahmen der Generalsanierung Hochleistungsnetz für ca. fünf Monate komplett gesperrt. Die Strecke am oberen Mittelrhein (Bingen–Bonn) gilt als eine der landschaftlich schönsten Eisenbahnstrecken Deutschlands mit zahlreichen Sehenswürdigkeiten, wie z.B. der berühmte Loreleyfelsen bei St. Goarshausen auf der rechten Rheinseite. Das Obere Mittelrheintal zwischen Bingen/Rüdesheim und Koblenz gehört seit 2002 zum UNESCO-Welterbe.

RECHTE RHEINSTRECKE

193 311 mit Güterzug des Kombinierten Ladungsverkehrs unterhalb von Burg Katz in St. Goarshausen (3. Juli 2019).

Streckenname	Rechte Rheinstrecke
Relation	Köln–Wiesbaden (Nordrhein-Westfalen, Hessen)
Länge	178,3 km
Funktion	Personen- und Güterverkehr
Daten zum Bau	Baubeginn: 17.2.1854 | Bauzeit (inkl. Planung, bis zur Fertigstellung): 17 Jahre (mit Unterbrechungen) |Eröffnung: 11.8.1856 | Durchgängig befahrbar ab: 1.3.1871
Spurweite	Vollbahn (1435 mm)
Bauwerke	Hohenzollern-Brücke (409,2 m), zahlreiche Brücken im Stadt- und Umlandbereich Köln, Siegbrücke, Lahnbrücke, Loreley-Tunnel (zwei Röhren 368 bzw. 417 m), Roßsteintunnel (zwei Röhren 378 bzw. 457 m)
Bahnhöfe	Köln, Wiesbaden
Anschlusspunkte	Köln: Schnellfahrstrecke nach Aachen, Schnellfahrstrecke nach Frankfurt/Main, Linksniederrheinische Strecke nach Neuss, nach Duisburg, zahlreiche S-Bahn-Linien, Nahverkehr | Troisdorf: Siegstrecke Köln–Siegen, Schnellfahrstrecke Köln–Frankfurt/MainTroisdorf: Siegstrecke Köln–Siegen, Schnellfahrstrecke Köln–Frankfurt/Main | Niederlahnstein: Lahntalbahn nach Wetzlar, nach Koblenz | Wiesbaden: Schnellfahrstrecke Köln–Frankfurt/Main, Taunuseisenbahn nach Frankfurt/Main
Besonderheiten	Zweigleisige, elektrifizierte Hauptstrecke

Nachdem auf der »Linken Rheinstrecke« Köln–Bonn bereits 1844 befahrbar ist, stehen strategische Bedenken dem Bau der Rechten Rheinstrecke entgegen: Zwar engagieren sich ab 1845 Deutz und ab 1852 Neuwied für den Bau einer Bahn von Köln entlang des rechten Rheinufers, aber die Bemühungen sind angesichts schwerwiegender Bedenken der Militärs vergeblich.

Anders weiter südlich: Die Taunus-Eisenbahn-Gesellschaft eröffnet am 19.5.1840 den durchgängigen Betrieb zwischen Frankfurt/Main und Wiesbaden. Auch hier entstehen Ideen einer Bahn am rechten Rheinufer stromabwärts. Doch die unterschiedliche Interessenpolitik zwischen Preußen und dem Herzogtum Nassau verhindern das Zustandekommen eines Vertrags.

1852 entsteht die Wiesbadener Eisenbahn-Gesellschaft, die durch die Regierung Nassaus am 23.6.1853 die Konzession einer Bahn Wiesbaden–Rüdesheim–Oberlahnstein erhält und am 17.2.1854 mit den Bauarbeiten beginnt. Am 11.8.1856 wird die Strecke bis Rüdesheim eröffnet – und die Bahngesellschaft ist insolvent.

Am 2. bzw. 6.11.1860 ergehen preußisch-nassauische Bahngesetze zum Weiterbau des Streckentorsos durch die Rheinische Eisenbahn-Gesellschaft: 1860/61 werden die Tunnel durch die Loreley und den Roßstein gebaut. Am 22.2.1862 geht Rüdesheim–Oberlahnstein in Betrieb. Am 3.6.1864 wird die Pfaffendorfer Rheinbrücke nach Koblenz eröffnet, sie stellt den Anschluss an die Linke Rheinstrecke her.

185 durchfährt mit Güterzug St. Goarshausen (29. September 2015).

Nach der Annexion Nassaus durch Preußen 1866 wird das Projekt wiederbelebt. Die Konzession ergeht am 24.12.1866. Am 27.10.1869 ist Neuwied erreicht, die Verlängerung bis Oberkassel erfolgt am 11.7.1870 (dort besteht bis 1919 eine Trajekt-Fähre nach der linken Rheinseite und der dortigen Rheinstrecke). Am 1.3.1871 ist die Gesamtstrecke befahrbar. Die Rechte Rheinstrecke entwickelt sich stürmisch weiter, Anschlussbahnen entstehen. Die Bahn wird zum Bindeglied im Nord-Süd-Verkehr im Kaiserreich. Die private Rheinische Eisenbahn-Gesellschaft wird zum 1.4.1881 verstaatlicht.

Hauptbedeutung der Strecke liegt von Anfang an im Güterverkehr (Fernreiseverkehr läuft hauptsächlich über die Linke Rheinstrecke). In den Folgejahren 1913–1919 entstehen drei Rheinbrücken zur Verbindung von Rechter und Linker Rheinstrecke (Hindenburg-, Kronprinzen- und Ludendorffbrücke). Projekte eines viergleisigen Ausbaus verhindert der Zweite Weltkrieg. 1961 erfolgt die Elektrifizierung der Rechten Rheinstrecke. Die Fahrdrahtverlegung in den Tunneln bei Loreley und Roßstein ist schwierig, sodass neue Tunnelröhren für das Richtungsgleis Wiesbaden–Oberlahnstein notwendig werden. Am 27.5.1962 hängt der Fahrdraht durchgehend.

Lok der Baureihe 101 mit Intercity am Posten 113 bei Kaub (16. Mai 2017).

Die Rechte Rheinstrecke gilt als Bindeglied für den Fernverkehr zwischen den Niederlanden bzw. dem Ruhrgebiet nach Süddeutschland, Österreich und der Schweiz. Für eine Generalsanierung wird die Strecke Troisdorf–Koblenz–Wiesbaden für die Zeit vom 10. Juli bis 11. Dezember komplett gesperrt. Bis 2028 soll die Strecke mit ETCS ausgerüstet werden.

50

HUNSRÜCKBAHN

Regioshuttle von Rhenus Veniro rollt über den Hubertus-Viadukt.

Streckenname	Hunsrückbahn (nicht zu verwechseln mit der ehemaligen Hunsrückquerbahn Langenlosheim–Hermeskeil)
Relation	Boppard–Simmern, heute nur noch Abschnitt Boppard–Emmelshausen betrieben (Rheinland-Pfalz)
Länge	Einst 53,5 km, heute noch etwa 15 km
Funktion	Personen- und Güterverkehr
Daten zum Bau	Baubeginn: 18.9.1898 | Bauzeit (inkl. Planung, bis zur Fertigstellung): 10 Jahre | Eröffnung: 27.1.1901 | Durchgängig befahrbar ab: 3.8.1908
Spurweite	Vollbahn (1435 mm)
Bauwerke	Hubertusviadukt bei Boppard (48,5 m), weitere Tunnel
Bahnhöfe	Boppard, Buchholz, Emmelshausen
Anschlusspunkte	Boppard: Linke Rheinstrecke Köln–Mainz
Besonderheiten	Eine der steilsten Adhäsionsstrecken Deutschlands, langjähriges Einsatzgebiet der BR 213; größte Steigung: 6 Prozent; überwundener Höhenunterschied: 300 m

Bereits seit 1852 setzen sich Honoratioren Simmerns für den Anschluss der Stadt und des Hunsrücks an das Eisenbahnnetz ein. Doch erst am 6.10.1889 kann das Vorhaben mit Eröffnung der Strecke Langenlonsheim–Simmern umgesetzt werden. Die Herstellung einer Verbindung aus dem Mittelgebirge an den Rhein bei Boppard steht aber weiterhin auf der Wunschliste der Bürger von Simmern und der Region. Am 26.2.1896 werden zwei Projekte zum Bau einer Verbindungsbahn Boppard–Kastellaun vorgestellt. Die Vorarbeiten beginnen am 18.9.1898.

Am 27.10.1901 kann das erste Teilstück der Bahnlinie mit der Relation Simmern–Kastellaun eröffnet. Nach der Inbetriebnahme des Abschnitts Kastellaun–Pfalzfeld (01.10.1906) folgt am 3.8.1908 der letzte Abschnitt Pfalzfeld–Boppard.

Die Bahn wird von Anfang an im Abschnitt Boppard–Buchholz (Steigung 6 Prozent) als Zahnradbahn (Zahnstangensystem Abt) betrieben. Diese wird 1931 beseitigt und der Betrieb mit Dampfloks der BR 94.5 (Steilstreckenversion mit Gegendruckbremse) abgewickelt.

1935–1938 erfolgt neben dem Bau der Hunsrückhöhenstraße auch der Ausbau der Eisenbahnstrecken im Hunsrück. Die Hunsrückbahn bleibt aber eingleisig. 1952 wird der Abschnitt Simmern–Emmelshausen auf Zugleitbetrieb umgestellt, das heißt, der Fahrdienstleiter kann auf nahezu allen Stellen entfallen.

In den Jahren 1955/56 lösen Schienenbusse VT98 die Dampfloks zwischen Simmern und Boppard ab, die Dieseltriebwagen bleiben auf der Strecke bis zu deren Stilllegung. Im Mai1962 werden die Signale des Bahnhofs Emmelshausen zurückgebaut und die Teilstrecke Emmelshausen–Buchholz wird fortan im vereinfachten Nebenbahnbetrieb geführt.

Die Stilllegungen beginnen am 27.5.1983, als der Güterverkehr (vor allem Holz) zwischen Emmelshausen–Pfalzfeld eingestellt wird, einen Tag später folgt der Personenverkehr Simmern–Emmelshausen. Dieser Abschnitt wird bis 1.5.2000 in einen Radweg umgewandelt.

Auf der Reststrecke tut sich noch einiges: Am 29.05.1995 wird die »Steilstrecken-V 100«, die BR 213, durch die BR 215 abgelöst; diese wird ihrerseits von der 218 abgelöst (ab 29.09.2001) – eine nicht unproblematische Entscheidung, denn die schweren Loks beanspruchen das Gleis erheblich.

Am 1.6.1995 erfolgt die Einstellung des Güterverkehrs der Relation Simmern–Emmelshausen, im Februar 1998 beginnt der Rückbau des Abschnitts Simmern–Pfalzfeld. Von Juli 2008 – Februar 2009 lässt das Land Rheinland-Pfalz die Strecke Boppard–Emmelshausen sanieren. Auf diesem Abschnitt führt seit 13.12.2009 das Eisenbahnverkehrsunternehmen Transdev SE & Co. KG (zuvor Rhenus Veniro) schienengebundenen Personennahverkehr im Auftrag des Zweckverbands SPNV Nord in Koblenz durch. Der Verkehrsvertrag ist auf 20 Jahre befristet.

Der Hubertusviadukt zählt zu den wichtigsten Bauwerken der Strecke.

AARTALBAHN

Seit 1845 ist die eisenbahntechnische Erschließung des Westtaunus Thema in Wiesbadener Wirtschaftskreisen, die 1862 erstmals konkrete Pläne einer Bahnverbindung zwischen Rhein und Lahn präsentieren. Doch die preußische Annexion Hessens 1866 macht die Verkehrspläne vorerst zunichte. Erst 1868 wird das Projekt, nun unter Ägide des Königlich Preußischen Eisenbahndirektoriums in Wiesbaden, wiederbelebt. Die Bauarbeiten vollziehen sich in zwei Etappen: Bis 1870 entsteht eine Stichbahn Diez–unteres Aartal, bis 15.11.1889 folgt der Bau des Abschnitts Wiesbaden–Langenschwalbach (heute Bad Schwalbach).

Das Teilstück Wiesbaden-Chausseehaus–Wiesbaden-Eiserne Hand geht mit seiner Steigung von 33,3 Promille zu den damals steilsten Bahnstrecken, die ohne Zahnstange befahren werden. Bis 1894 wird auch das mittlere Aartal an die Bahn angeschlossen. Die Linie weist nur wenige Kunstbauten wie den Hohensteiner Tunnel (169 m) und einige Brücken auf, trotzdem ist sie anspruchsvoll trassiert. Ihr kurvenreicher Verlauf durch Talwiesen und Waldränder und ab Bleidenstadt durch das Tal der Aar macht sie zu einer der schönsten deutschen Mittelgebirgsstrecken.

1983 stellt die DB zunächst den Verkehr Wiesbaden–Bad Schwalbach ein, 1986 folgte die Betriebseinstellung zwischen Bad Schwalbach und Kettenbach, 2000 schließlich die Einstellung des Betriebes zwischen Kettenbach und Diez. Der hessische Teil der Strecke ist seit 1987 denkmalgeschützt – erstmals in der Bundesrepublik betrifft dies eine ganze Bahnstrecke mitsamt Betriebsanlagen. Seit 1985 werden Touristikfahrten angeboten, seit 1986 von der Nassauischen Touristik Bahn (NTB).

Aufgrund beschädigter Brücken und Weichen wurde der Museumsbahnverkehr der NTB ab Mai 2009 auf der Aartalbahn eingestellt (der Verein wich aber mit Sonderfahrten auf andere Strecken aus). Die Regierung in Wiesbaden erklärte 2011, die touristische Nutzung der Strecke langfristig zu erhalten. Nach der Übernahme der Strecke durch die NTB / Aartalbahn Infrastruktur gGmbH 2014 war eine Wiederinbetriebnahme Wiesbaden-Dotzheim – Eiserne Hand für Ende 2017 geplant.

Nachdem sich das Vorhaben aufgrund der Planungen für das letztlich gescheiterte Stadtbahnprojekt in Wiesbaden verzögerte, wurde 2024 ein erster Streckenabschnitt (Wiesbaden-Ost bis Sektkellerei Henkell) wieder in Betrieb genommen. Für 2025 ist die Inbetriebnahme des Abschnittes bis zum Bahnhof Wiesbaden Waldstraße, für 2026 bis zum Bahnhof Wiesbaden-Dotzheim, für 2028 bis zum Bahnhof Hahn-Wehen geplant.

Streckenname	Aartalbahn
Alternative Bezeich.	Taunusquerbahn
Relation	Wiesbaden–Diez (Hessen, Rheinland-Pfalz)
Länge	53,7 km
Funktion	Verbindung Wiesbadens mit Raum Limburg, heute Kulturdenkmal, abschnittsweise Museumsbahn
Daten zum Bau	Baubeginn: 1868 | Bauzeit (inkl. Planung bis zur Fertigstellung): 26 Jahre (mit Unterbrechungen) | Eröffnung: 1870 (Diez–unteres Aartal) | Durchgängig befahrbar ab: 1894
Spurweite	Vollbahn (1435 mm)
Bauwerke	Hohensteiner Tunnel, Adolfsecker Tunnel
Bahnhöfe	Wiesbaden, Bad Schwalbach, Diez
Anschlusspunkte	Wiesbaden: Rechte Rheinstrecke nach Koblenz | Rückershausen: Nassauische Kleinbahn Nasstätten–St. Goarshausen (bis 1962) | Flacht und Diez: Lahntalbahn Wetzlar–Koblen
Besonderheiten	Wiesbaden-Dotzheim Ausgangspunkt der Nassauischen Touristik Bahn; einst Einsatz der Akku-Triebwagen der BR 516 und 517 (»Limburger Zigarre«); größte Steigung: 33,3 Promille (zwischen Wiesbaden-Dotzheim und Hahn-Wehen); höchster Punkt: Eiserne Hand (421 m)

Bis zur Einstellung des Personenverkehrs war die Aartalbahn eine Domäne der Akkutriebwagen der Deutschen Bundesbahn.

52

KAHLGRUNDBAHN

Triebwagen VT 304 nach Schöllkrippen ist bei Michelbach Herrnmühle inmitten unterfränkischer Weinberge unterwegs (August 2009).

Streckenname	Kahlgrundbahn
Alternative Bezeich.	Bembel
Relation	Kahl am Main–Schöllkrippen (Bayern)
Länge	23 km
Funktion	Personen- und Güterverkehr, eingleisige Nebenbahn, nicht elektrifiziert
Daten zum Bau	Baubeginn: Herbst 1897 | Bauzeit (inkl. Planung, bis zur Fertigstellung): 1 Jahr | Eröffnung: 28.10.1898 | Durchgängig befahrbar ab: 28.10.1897
Spurweite	Vollbahn (1435 mm)
Bahnhöfe	Kahl am Main, Alzenau, Schölkrippen
Anschlusspunkte	Kahl am Main: Main-Spessart-Bahn Hanau–Würzburg

Die Gemeinden des unterfränkischen Kahlgrunds (Region im nördlichen Spessart, Bayern) reichen im März 1881 eine Petition an den König ein, mit der sie um den Anschluss an das Bahnnetz nachsuchen. Denn viele Menschen aus der Region nehmen beschwerliche Wege zur Arbeit in die umliegenden Städte wie Aschaffenburg auf sich. Schließlich erteilt Prinzregent Luitpold am 23.10.1897 dem Ingenieur Hermann Christner aus Hanau eine Konzession für den Bau einer normalspurigen Bahnstrecke von Kahl am Main – die Stadt liegt an der 1854 eröffneten Main-Spessart-Bahn Hanau–Würzburg – nach Schöllkrippen.

Die Arbeiten beginnen kurz darauf und nach nur einem Jahr ist die 23 km lange Stichstrecke fertig und geht am 28.10.1898 in Betrieb. Damit ist die Kahlgrundregion an den aufblühenden Rhein-Main-Raum angeschlossen, im Volksmund heißt die auch Weinbaugebiete durcheilende Bahn bald »Bembel«. Zu Anfang versieht die Kahlgrundbahn nur Personentransport mit den beiden Dampfloks »Kahl« und »Alzenau« ein. Mit der Bahn wächst auch der Güterverkehr, der die Region wirtschaftlich belebt. 1899 geht die Bahn in den Besitz der neu gegründeten »Eisenbahn- und Industrie Actiengesellschaft«, fünf Jahre später wird sie in »Kahlgrund-Eisenbahn-Aktien-Gesellschaft« (KEAG) umbenannt.

Erstmals kommen 1937 die ersten Triebwagen zum Einsatz, allerdings noch ältere Dampftriebwagen; 1943 rollen moderne Dieseltriebwagen. Die Bahn übersteht den Zweiten Weltkrieg nahezu unbeschadet, 1948 ergänzt sie ihren Betrieb durch Omnibuslinien, um auch abgelegene Orte der Region zu erreichen. 1951 geht die KEAG in Konkurs, der Betrieb wird nun von der 1952 gegründeten Kahlgrund-Verkehrs-Gesellschaft mbH (KVG) weitergeführt.

Während die eigentliche Kahlgrundbahn Kahl am Main–Schöllkrippen in der Zuständigkeit Bayerns liegt, wird der Teil der Main-Spessart-Bahn Hanau–Kahl am Main vom Land Hessen verantwortet. Dem Kunden sollte eine durchgehende Fahrt mit der Kahlgrundbahn bis in das hessische Oberzentrum Hanau, mit Anschluss an die dort endende S-Bahn nach Frankfurt (Main) angeboten werden. Seit 1997 fahren die Züge zwischen Hanau und Schöllkrippen und »ignorieren« damit sozusagen den historischen Streckenbeginn in Kahl am Main.

Mit dem Fahrplanwechsel am 11.12.2005 übernimmt die Hessische Landesbahn (HLB) den Verkehr auf der Kahlgrundbahn, die dazu von der Bayerischen Eisenbahngesellschaft (BEG) zunächst bis 2015 beauftragt worden ist. Im Dezember 2015 folgt der nächste Wechsel, jetzt obliegt der DB RegioNetz (Westfrankenbahn) der Personenverkehr.

Die KVG fungiert weiterhin als Eisenbahninfrastrukturunternehmen und erneuerte die Strecke. Die Arbeiten umfassten die Sanierung bzw. den Neubau von Brücken, Gleisen und weiterer Infrastruktur und erstrecken sich bis 2015. Auf der Strecke unternahm die Museumseisenbahn Hanau (vormals Dampfbahnfreunde Kahlgrund) zeitweilig historische Dampfzugsonderfahrten.

MAIN-SPESSART-BAHN

König Ludwig I. von Bayern unterstützt in den 1840er-Jahren Kanalbauprojekte, doch der damals einsetzende Siegeszug der Eisenbahn überzeugt auch den Monarchen. Am 23.3.1846 beschließt Bayern seine zweite Hauptbahnlinie: die Ludwigs-West-Bahn von Bamberg über Würzburg nach Aschaffenburg. Von dort soll eine Verbindung ins kurhessische Hanau hergestellt werden.

Allerdings beginnt der Bau erst nach den Wirren der Revolution von 1848/49. Der Abschnitt von Bamberg bis Würzburg kann seit 1.7.1854 durchgängig befahren werden, am 1.10.1854 wird der Abschnitt Würzburg–Aschaffenburg–Landesgrenze bei Kahl am Main eröffnet. Dort trifft sie auf die bereits am 22.6.1854 eröffnete Frankfurt-Hanauer-Eisenbahn.

Der betrieblich anspruchsvollste Streckenabschnitt stellte bis 2017 die 5,4 Kilometer lange Spessartrampe dar. Der Steigungsabschnitt zwischen Laufach und dem Schwarzkopftunnel mit einer durchschnittlichen Neigung von 19 ‰ erforderte bis zuletzt bei schweren Güterzügen eine Schiebelok. Überlegungen, den aufwendigen Schiebebetrieb zwischen Laufach und Heigenbrücken überflüssig zu machen und gleichzeitig die Höchstgeschwindigkeit auf diesem Streckenabschnitt zu erhöhen, führten am 28. August 2006 zur Entscheidung des Bundesverkehrsministeriums, den gesamten Abschnitt grundlegend neu zu trassieren. Nach Vergabe der Aufträge an ein Konsortium begannen die Bauarbeiten im Sommer 2013. Der am 19. Juni 2017 eröffnete Neubau-

Die Main-Spessart-Bahn ist sehr stark frequentiert. Vor allem im Maintal (hier bei Wernfeld) rollen die Güterzüge im Minutentakt.

abschnitt verkürzte die Strecke zwischen Würzburg und Aschaffenburg um 470 Meter.

Bereits beim Bau der Bahnlinie wird die Spessartrampe wie die Kunstbauten von Anfang an zweigleisig errichtet, die übrige Strecke geht eingleisig in Betrieb und wird bis in die 1890er-Jahre erst nach und nach zweigleisig ausgebaut. Der Abschnitt Würzburg–Veitshöchheim wird ab 10.10.1954 elektrisch betrieben, Veitshöchheim–Aschaffenburg ab 29.9.1857. Die 11,3 km lange Nantenbacher Kurve verbindet seit Juni 1994 die Main-Spessart-Bahn mit der Schnellfahrstrecke Hannover–Würzburg.

Der Nahverkehr dominiert auf der Main-Spessart-Bahn: Mit Beginn des Jahresfahrplans 1992/93 am 31.5.1992 erhalten die Regionen Hanau, Aschaffenburg, Main-Spessart und Würzburg den neuen RegionalSchnellBahn-Verkehr. Der Main-Spessart-Bahn kommt heute hohe Bedeutung als Verbindung des Rhein-Main-Gebiets mit dem Oberzentrum Würzburg und damit auch mit den Metropolregionen Nürnberg und München zu.

Streckenname	Main-Spessart-Bahn
Relation	Würzburg–Hanau (Bayern, Hessen)
Länge	112,5 km
Funktion	Heute Personennah- und Güterverkehr, wenige Fernverkehrszüge zwischen Nantenbacher Kurve und Hanau
Daten zum Bau	Baubeginn: 1850 | Bauzeit (inkl. Planung, bis zur Fertigstellung): 4 Jahre | Eröffnung: 1.10.1854 | Durchgängig befahrbar ab: 1.10.1854
Spurweite	Vollbahn (1435 mm)
Bauwerke	Schwarzkopf-Tunnel (926 m) bei Heigenbrücken, Nantenbacher Kurve bei Neuendorf (in deren Verlauf Schönraintunnel 3941 m), Spessartrampe (zwischen Heigenbrücken und Laufach)
Bahnhöfe	Würzburg, Gemünden am Main, Aschaffenburg, Hanau
Anschlusspunkte	Würzburg: Nord-Süd-Verbindung nach Hannover, Frankenbahn nach Stuttgart, nach Nürnberg, nach Bamberg und nach Treuchtlingen | Gemünden am Main: Fränkische Saaletalbahn nach Bad Kissingen, Sinntalbahn nach Jossa, Werntalbahn nach Arnstein und Schweinfurt | Aschaffenburg: Rhein-Main-Bahn nach Darmstadt | Hanau: nach Frankfurt am Main
Besonderheiten	Zweigleisig, elektrifiziert 1954–1957; größte Steigung: 22 Promille; Scheitelpunkt: bei Heigenbrücken West (Spessartrampe)

MAINTALBAHN

Die Süd-Nord-Bahn (zusammengefügt ergeben die einzelnen Abschnitte die Strecke Lindau–Hof) erreicht 1844 Bamberg. Wie in anderen Regionen Bayerns jener eisenbahnbegeisterten Epoche gibt es auch in der oberfränkischen Stadt Wünsche nicht nur der gewerbetreibenden Bevölkerung Bamberg an weitere Städte anzuschließen. Am 23.3.1846 stimmt die bayerische Abgeordnetenkammer dem Bau einer Staatsbahn von Bamberg bis Aschaffenburg zu, sie wird dem König zu Ehren Ludwigs-West-Bahn genannt. Sie die Tangente zwischen den beiden wichtigsten deutschen Handelsplätzen Frankfurt am Main und Leipzig bilden.

Im Winter 1849/50 beginnen die Planungen, nachdem die revolutionären Unruhen von 1848/49 die Eisenbahnkonjunktur erheblich beeinträchtigt hatten. Nach zweieinhalb Jahren Bauzeit wird am Sonntag, dem 1.8.1852 der Abschnitt von Bamberg nach Haßfurt eingeweiht. Die Verlängerung nach Schweinfurt Stadt, die gleichzeitig mit dem Bau der Linie Bamberg–Haßfurt vorangetrieben worden ist, geht am 3.11.1852 in Betrieb. Nur das letzte Stück, die Bahnstrecke bis Würzburg, wird erst am 1.7.1854 fertiggestellt (der Abschnitt Würzburg–Aschaffenburg, der nicht mehr zur Maintalbahn gehört, folgt am 1.10.1854, er trifft in Kahl am Main auf die Frankfurt-Hanauer-Eisenbahn).

Seit Juli 1854 besteht eine durchgehende Verbindung von Würzburg nach Bamberg (zwischen Würzburg und Rottendorf wird die Maintalbahn auch von der Strecke Würzburg–Nürnberg mitbenutzt; der Abschnitt Würzburg–Schweinfurt wird auch von Zügen der Relation Würzburg–Bad Kissingen/Erfurt befahren). Schon bald nach Betriebsaufnahme erweist sich die Streckenführung östlich Würzburgs (die Bahn zieht sich in weitem Bogen von Bamberg nach Würzburg) als unglücklich gewählt, stellt sie doch einen erheblichen Umweg aus dem Nürnberger Raum dar. So entsteht bis 1865 eine direkte Bahnlinie Nürnberg–Würzburg, die schon elf Jahre nach ihrer Entstehung der Maintalbahn Verkehr entzieht.

Trotzdem ist die Ludwigs-West-Bahn – und somit auch die Maintalbahn – als ein Erfolg, zieht Verkehr des süddeutschen Bahnnetzes an und hält ihre Bedeutung im Wesentlichen bis heute. Schon 1897 machen Kapazitätsgrenzen einen zweigleisigen Ausbau zwischen Schweinfurt und Waigolshausen nötig. Die restliche Strecke wird 1905–1908 zweigleisig ausgebaut (im Jahre 1984 folgt der dreigleisige Ausbau des Abschnitts Würzburg–Rottendorf). Ein Einschnitt stellt das Kriegsende dar, als die Relation Würzburg–Schweinfurt (und dann weiter nach Meiningen/Thüringen) nicht mehr von Reisezügen nach Thüringen und Sachsen befahren werden kann.

Der anfängliche Dampf- oder Dieselbetrieb (ab den 1950er-Jahren) wird durch die Elektrifizierung abgelöst: Am 03.10.1954 ist Würzburg–Rottendorf mit Fahrdraht überspannt, seit 22.09.1971 auch der Abschnitt Waigolshausen–Bamberg, der »Lückenschluss« findet am 26.05.1972 statt, als die erste E-Lok zwischen Rottendorf und Waigolshausen fährt.

Heute dient die Maintalbahn hauptsächlich dem regionalen Personenverkehr und dem Güterverkehr. Die Fahrt führt durchs schöne fränkische Weinland und zum großen Teil am Main entlang. Im Einsatz stehen 146 mit Doppelstock-Wendezügen und VT 650 der Erfurter Bahn (EB).

Streckenname	Maintalbahn (nicht zu verwechseln mit der Strecke Aschaffenburg–Wertheim)
Alternative Bezeich.	Mainfrankenbahn
Relation	Bamberg–Würzburg (Bayern)
Länge	100,2 km
Funktion	Personen- und Güterverkehr
Daten zum Bau	Baubeginn: 1850 | Bauzeit (inkl. Planung, bis zur Fertigstellung): 4 Jahre | Eröffnung: 1.8.1852 | Durchgängig befahrbar ab: 1.7.1854
Spurweite	Vollbahn (1435 mm)
Bahnhöfe	Bamberg, Schweinfurt, Würzburg
Anschlusspunkte	Bamberg: nach Nürnberg, nach Hof | Schweinfurt: nach Meiningen | Rottendorf: Nürnberg–Würzburg | Würzburg: nach Treuchtlingen, Frankenbahn nach Stuttgart, Schnellbahnstrecke nach Hannover, Main-Spessart-Bahn nach Hanau
Besonderheiten	Zweigleisig, elektrifiziert, kein Fernverkehr; Teil der einstigen Ludwigs-West-Bahn

Viele Jahre prägten die klassischen Silberlinge der DB das Bild des Nahverkehrs auf der Maintalbahn.

55

FRANKENWALDBAHN

Ein Güterzug rollte über die 200 Meter lange Trogenbachbrücke bei Ludwigstadt.

Streckenname	Frankenwaldbahn
Alternative Bezeich.	Steilrampe über den Frankenwald
Relation	Bamberg–Saalfeld (Bayern, Thüringen)
Länge	119,9 km
Funktion	Personen- und Güterverkehr
Daten zum Bau	Baubeginn: 1860 | Bauzeit (inkl. Planung, bis zur Fertigstellung): 25 Jahre (mit Unterbrechungen) | Eröffnung: 20.2.1861 | Durchgängig befahrbar ab: 1.10.1885
Spurweite	Vollbahn (1435 mm)
Bauwerke	Trogenbachbrücke (200 m), Taugwitztalbrücke (56 m), Saalebrücke Breternitz (114 m)
Bahnhöfe	Bamberg, Saalfeld
Anschlusspunkte	Bamberg: nach Nürnberg, nach Scheßlitz, nach Würzburg | Saalfeld: Saalbahn nach Großheringen, nach Arnstadt, nach Leipzig und Gera
Besonderheiten	Zweigleisige, elektrifizierte Hauptstrecke; Größte Steigung: 29 Promille (Scheitelpunkt 594,5 m bei Steinbach am Wald)

Es sind die Besitzer der Steinkohlegruben in Stockheim/Oberfranken, die im August 1841 ein Gesuch an die bayerische Staatsregierung richten, ihre Region bei einer Fortsetzung des Bahnbaus von Bamberg (die Ludwig-Süd-Nord-Bahn kommt am 1.10.1844 in Bamberg an) zu berücksichtigen. Am 23.10.1853 geht ein erneutes Gesuch nach München – wiederum vergeblich.

Erst als sich die Stadt Kronach einschaltet und mit Freiherr von Cramer-Klett (Besitzer der späteren MAN) einen privaten Finanzier auftut, wird am 4.12.1859 der Bau einer Bahn von Hochstadt-Marktzeuln nach Stockheim beschlossen. Am 27.3.1860 wird die Konzession erteilt. Am 20.2.1861 wird Hochstadt-Marktzeuln–Gundelsdorf eröffnet, Stockheim am 1.3.1863 erreicht.

Auf der Nordseite des Frankenwalds baut die Thüringische Eisenbahngesellschaft, wie es im Staatsvertrag (4.12.1867) mit Preußen und den tangierten thüringischen Fürstentümern vorgesehen ist, eine Bahnstrecke von Gera bis Eichicht bei Kaulsdorf. Diese Bahn wird am 20.12.1871 eröffnet. Nach kurzer Pause gehen die Bahngesellschaften daran, die bestehende Lücke zu beseitigen: Am 8.8.1885 gehen Stockheim–Ludwigsstadt und Eichicht–Probstzella in Betrieb, das letzte Stück zwischen Ludwigsstadt und Probstzella wird dann am 1.10.1885 eröffnet.

Da beim Bau das Planum bereits für zwei Gleise vorgesehen ist, kann der zweigleisige Ausbau zunächst zwischen Rothenkirchen und Probstzella am 22.11.1890 starten. Zwischen 1903 und 1914 erfolgt der zweigleisige Ausbau der gesamten Frankenwaldbahn. Die Bahnlinie entwickelt sich zu einer bedeutenden Nord-Süd-Verbindung. Sie sieht sogar hochwertigen Fernverkehr, etwa mit der Relation Berlin–München. Zwischen 1935 und 1939 wird die Frankenwaldbahn elektrifiziert. Am 10.5.1939 befährt der Eröffnungszug die Strecke unter Fahrdraht.

In der Nachkriegszeit verliert die Strecke erheblich an Bedeutung. Im Rahmen von Reparationen verliert der nördliche Streckenteil in der sowjetischen Besatzungszone das zweite Gleis und den Fahrdraht. Die DB degradiert die Frankenwaldbahn zur eingleisigen Hauptbahn, die Grenze passieren lediglich Interzonenzüge.

1990 beginnt die umfangreiche Streckensanierung, dabei erfolgt eine Neuelektrifizierung. Seit 2000 benutzen ICE der Relation München–Berlin die Frankenwaldbahn. Ende 2017 wird der Fernverkehr überwiegend auf die neu eröffnete Schnellfahrstrecke Nürnberg–Erfurt verlagert.

56

PEGNITZTALBAHN

Bayreuth findet am 28.11.1853 Anschluss an die Ludwig-Süd-Nord-Bahn und zwar in Form einer Stichbahn. Allerdings muss der Bahnreisende, der von Bayreuth in die Metropole Nürnberg will, einen erheblichen Umweg über Lichtenfels, Bamberg und Forchheim in Kauf nehmen. Daher setzen sich Bayreuther Unternehmer für einen direkten Eisenbahnweg nach Nürnberg ein. Allerdings werden nun vier verschiedene Varianten der Streckenführung diskutiert, und das jahrelang. 1854 plant die Bayerische Ostbahn Aktiengesellschaft die Bahnlinie Nürnberg–Amberg–Regensburg, die im oberen Teil (also bei Nürnberg) im Pegnitztal verlaufen soll. Am 9.5.1859 geht der Abschnitt Nürnberg–Hersbruck–Pommelsbrunn in Betrieb.

In der Diskussion über die Linie Nürnberg–Bayreuth zeichnet sich erst 1875 eine Lösung ab, schließlich erhält die Linie über Neuhaus und Pegnitz den Zuschlag. Diese Bahnstrecke wird ab 1875 eingleisig erbaut (das zweite Gleis folgt zwischen 1898 und 1899). Zwischen Nürnberg über Schnabelwaid bis Bayreuth kann die Strecke am 15.7.1877 in Betrieb gehen. Die Betriebsführung obliegt der Königlich Bayerischen Staatsbahn (die Bayerische Ostbahn wird zum 31.12.1875 in die KBayStsB eingegliedert).

Im Pegnitztal existieren nun zwei Bahnlinien, eine links, eine rechts der Pegnitz. Das ist der Grund, warum einige Städte zwei Bahnhöfe erhalten haben, die mit dem Zusatz »links der Pegnitz« (in Flussrichtung gesehen, also an der Strecke in Richtung Regensburg), oder »rechts der Pegnitz« (also in Richtung Bayreuth) versehen werden.

Nachdem Bayreuth erreicht ist, wird die Pegnitztalbahn-Strecke 1877 von Schnabelwaid aus weitergeführt (zählt nicht mehr zur Pegnitzbahn; von hier aus geht es ab 1.11.1883 nach Eger, dem heutigen Cheb in der Tschechischen Republik). Die rechte Pegnitzstrecke trägt die Hauptlast im Fern- und Güterverkehr. Im Pegnitztal fahren S 3/6, BR 01, 44 und 50. Nach der Verdieselung in den 50er-Jahren kommen V 80 und V 200 auf die Bahn.

Regionalexpress (Baureihe 610) von Nürnberg nach Hof mit Zugteil nach Bayreuth und Schwandorf östlich von Reichenschwand.

Streckenname	Pegnitztalbahn
Alternative Bezeich.	Rechte Pegnitzstrecke (im Raum Nürnberg), Fränkische Gotthardstrecke, Teil der Fichtelgebirgsstrecke Nürnberg–Cheb
Relation	Nürnberg–Bayreuth (Bayern)
Länge	93,2 km
Funktion	Personen- und Güterverkehr
Daten zum Bau	Baubeginn: 1875 | Bauzeit (inkl. Planung, bis zur Fertigstellung): 2 Jahre | Eröffnung: 15.7.1877 | Durchgängig befahrbar ab: 15.7.1877
Spurweite	Vollbahn (1435 mm)
Bauwerke	Zahlreiche Brücken über Flüsse wie Pegnitz, Roter Main, Vogelherdtunnel (256 m), Plattetunnel (268 m), Rothenfelstunnel (218 m), Sonnenburgtunnel (185 m), Gotthardtunnel (318 m), Haidenhübeltunnel (170 m)
Bahnhöfe	Nürnberg, Schnabelwaid, Bayreuth
Anschlusspunkte	Nürnberg: nach Crailsheim, nach Augsburg, nach Würzburg, nach Bamberg, verschiedene Nahverkehrslinien, nach Ingolstadt–München, nach Regensburg | Schnabelwaid: nach Bayreuth | Bayreuth: nach Weiden, nach Warmensteinach, nach Neuenmarkt
Besonderheiten	Nicht elektrifizierte Hauptbahn; Überwundener Höhenunterschied: 160 m

Der Fall des Eisernen Vorhangs 1989 bringt der seit 1945 in ihrer Bedeutung reduzierten Strecke viele zusätzliche Züge, allein 1991/92 gibt es 13 Schnellzugverbindungen durch das Pegnitztal. Die Eilzüge im Pegnitztal werden ab 31.05.1992 durch die bis 160 km/h schnellen BR 610 (Pendolino) abgelöst.

2015 wurde die Strecke im tschechischen Abschnitt für 120 km/h Höchstgeschwindigkeit statt bisher 90 km/h ausgebaut. Mit Neigetechnik sind seither 160 km/h möglich. Als Ersatz für den Bahnhof Immenreuth wurde 2016 ein neuer Haltepunkt eröffnet, dessen Bahnsteige 300 Meter näher an der Ortsmitte liegen.

Ein Triebzug der Baureihe 612 am Nordportal des Gotthardtunnels bei Velden.

VOGTLANDBAHN

Die private Sächsisch-Baierische Eisenbahn-Compagnie (SBEC, am 12.6.1841 gegründet) plant den Bau einer Eisenbahnlinie von Leipzig bis ins bayerische Hof. Leipzig ist Teil der ersten deutschen Fernbahnlinie nach Dresden von 1839; Hof ist von Bayern als Endpunkt der noch zu erstellenden Ludwigs-Süd-Nord-Bahn vorgesehen, die Stadt wird am 20.10.1848 an das bayerische Bahnnetz angeschlossen. Der Abschnitt Leipzig bis Reichenbach ist ab 31.5.1846 durchgängig befahrbar. Danach beginnen die Bauarbeiten der anspruchsvollen Trasse zwischen Reichenbach und Hof. Hinter Reichenbach wird der Bau eines Viadukts über das Göltzschtal nötig, zwischen Jocketa und Jößnitz muss das Elstertal überbrückt werden: Das Göltzschtal-Viadukt (Grundsteinlegung 31.5.1846, Eröffnung 15.7.1851) wie das Elstertal-Viadukt (7.11.1846–15.7.1851) erweisen sich als Pionierleistungen.

Zu allem Überfluss geht der SBEC 1847 das Geld aus. Unter Ägide des Königreichs Sachsen wird die Bahn schließlich fertiggestellt und betrieben: Der Abschnitt Plauen–Hof geht am 20.11.1848 in Betrieb (das bayerische Hof wird also zunächst an das sächsische Netz angeschlossen, daher prangen noch heute das bayerische wie das sächsische Wappen am Bahnhofsgebäude), das Reststück Reichenbach–Plauen kann am 15.7.1851 mit der Gesamtstrecke in Betrieb gehen.

In der Folgezeit erhält die Strecke einige Streckenverästelungen, etwa Herlasgrün–Eger (Cheb) am 1.11.1865 oder die Linie nach Werdau (29.8.1876, weitergebaut bis Mehlteuer am 15.11.1883). Die Strecke entwickelt sich zu einer wichtigen Verkehrsachse. Ihre Fortentwicklung aber unterbricht der Zweite Weltkrieg mit der nachfolgenden deutsch-deutschen Grenzziehung.

Pläne, den Abschnitt Hof–Plauen neu zu trassieren um damit Fahrtzeit einzusparen entstehen um 1992, werden aber bald wieder zu den Akten gelegt.

Die Elektrifizierung hat Reichenbach von Leipzig aus bereits 1963 erreicht. Die Elektrifizierung des Streckenabschnitts Reichenbach–Hof, also die der eigentlichen Vogtlandbahn, beginnt am 21.7.2010. Am 9. November 2013 wurde die Fahrleitung zwischen Plauen (Vogtland) und Hof eingeschaltet, der elektrische Zugbetrieb bis Hof startet am 15. Dezember 2013. Restarbeiten dauern bis ins Jahr 2014. Die Kosten für die gesamte Maßnahme belaufen sich auf rund 120 Millionen Euro. Zwischen Dresden und Hof verkehren bis Juni 2016 Züge des Regionalverkehres mit Doppelstockwagen und Loks der BR 143 als RE 3, seitdem fahren Alstom-Coradia-Continental-Triebzüge der Mitteldeutschen Regiobahn.

Streckenname	Vogtlandbahn
Relation	Hof–Reichenbach (Bayern, Sachsen)
Länge	73,5 km
Funktion	Personen- und Güterverkehr
Daten zum Bau	Baubeginn: 1846 | Bauzeit (inkl. Planung, bis zur Fertigstellung): 5 Jahre | Eröffnung: 20.11.1848 | Durchgängig befahrbar ab: 15.7.1851
Spurweite	Vollbahn (1435 mm)
Bauwerke	Viadukt Göltzschtal (574 m), Viadukt Elstertal (280 m), Viadukt Unterkotzau (174 m)
Bahnhöfe	Reichenbach (Vogtland), Hof
Anschlusspunkte	Plauen (Vogtland): nach Cheb (Tschechien) | Mehlteuer: nach Werdau | Schönberg (Vogtland): nach Schleiz, nach Hirschberg | Hof: nach Bad Steben, nach Bamberg, nach Regensburg
Besonderheiten	Zweigleisige Hauptstrecke, wird derzeit elektrifiziert; verbindet drei Länder: Bayern, Thüringen und Sachsen; Größte Steigung: 10 Promille; Kleinster Radius: 300 m

Die Göltzschtalbrücke ist mit einer Höhe von 78 m und einer Länge von 574 m die größte Ziegelsteinbrücke der Welt.

FRÄNKISCHE HÖLLENTALBAHN

Ein Regioshuttle steht im Bahnhof Marxgrün (15. November 2020).

Streckenname	Fränkische Höllentalbahn (nicht zu verwechseln mit der Höllentalbahn im Schwarzwald)
Relation	Blankenstein–Marxgrün (Thüringen, Bayern)
Länge	5,5 km
Funktion	Einst Personen- und Güterverkehr, heute stillgelegt
Daten zum Bau	Baubeginn: Februar 1900 | Bauzeit (inkl. Planung, bis zur Fertigstellung): 1,5 Jahre | Eröffnung: 15.8.1901| Durchgängig befahrbar ab: 15.8.1901
Spurweite	Vollbahn (1435 mm)
Bauwerke	Mehrere imposante Steinbogenbrücken, Kesselbergtunnel (160 m), Kanzelfelsentunnel (36 m)
Bahnhöfe	Marxgrün, Blankenstein
Anschlusspunkte	Marxgrün: Hof-Bad Steben
Besonderheiten	Von der KPEV gebaut und betrieben, aber überwiegend auf bayerischem Staatsgebiet liegend, Reaktivierung immer wieder gefordert, aber noch nicht verwirklicht

Bayern und Preußen sowie das Fürstentum Reuß jüngere Linie schließen am 30.1.1897 einen Staatsvertrag über die Verlängerung der preußischen Eisenbahnlinie von Blankenstein (Strecke Triptis–Ziegenrück–Blankenstein, eröffnet am 15.7.1897) durch das Höllental bis ins bayerische Marxgrün (dort Anschluss an die am 1.6.1884 eröffnete Strecke Hof–Marxgrün; bis 1.6.1898 verlängert nach Bad Steben). Am 8.6.1897 ergeht in Form eines preußischen Gesetzes der Bauauftrag, die Vermessungsarbeiten ziehen sich aber in die Länge, sodass erst im Februar 1900 die Bauarbeiten beginnen. Über 250 Bauarbeiter sind beschäftigt, darunter 117 italienische und österreichische Tunnelbauspezialisten, die den Kanzelfels- und den Kesselfelstunnel zwischen Februar und November 1900 errichten.

Am 15.8.1901 geht die Höllentalbahn zwischen Blankenstein und Marxgrün in Betrieb. Die Bahn erschließt eine Region, die von Holzreichtum, Bodenschätzen und hier gefertigten Textilprodukten lebt. Der Bahnbau beschert der örtlichen Kleinindustrie einen Aufschwung. Der bayerische Bahnhof Marxgrün wird von Preußen mitbenutzt (Verträge vom 26.3./12.5.1904 sowie 3./22.4.1911). Die Eröffnung weiterer Strecken (1907/08 Lobenstein–Hockeroda, 1910 Naila–Schwarzenbach am Wald, 1924 Selbitz–Münchberg) erhöht die Bedeutung der Höllentalbahn. In den 30er-Jahren verkehren bis zu acht Personenzugpaare und fünf Güterzüge am Tag, der Urlauber- und Ausflugsverkehr nimmt zu (1934 gibt es erstmals eine Wintersport-Werbebroschüre für die Höllentalbahn).

Als Thüringen am 1.7.1945 von den US-Truppen an die Rote Armee übergeben wird, teilt die Zonengrenze die Strecke. Die DB fährt auf der Stichstrecke Marxgrün–Lichtenberg (Ofr.) bis 23.5.1971, ehe der Verkehr eingestellt wird. Nur bis zur Ladestelle Wiede (Kohlensäurefabrik) unweit Marxgrüns wird noch Güterverkehr abgewickelt.

Am 6.9.1982 erfolgt der Gleisrückbau bis zur Ladestelle Wiede (»Höllensprudelwerk«). Am 30.10.1987 stellt die DB den Gesamtbetrieb ein und entfernt bis 1987 das Gleis. Der Bahnhof Hölle ist bereits 1979 abgebrochen worden. Die Bahnhofsgleise in Marxgrün sind 1999 verschwunden.

Es gab und gibt Versuche die Strecke zu reaktivieren: Anfang der 80er-Jahre soll eine Museumsbahn installiert werden, um die Strecke zu erhalten; kurz nach der Wende 1989 treten private Interessengemeinschaften dafür ein den »Lückenschluss« zwischen Marxgrün und Blankenstein zu verwirklichen – aber lange vergebens.

Am 20. Oktober 2023 beschließt der Deutsche Bundestag, das ABS Hockeroda – Blankenstein – Marxgrün genannte Vorhaben in den Bedarfsplan für die Bundesschienenwege aufzunehmen.

TAUBERTALBAHN

Das liebliche Taubertal (im Wesentlichen im Norden des ehemaligen Großherzogtums Baden gelegen, ein Teil im Norden gehörte zum Königreich Württemberg) hofft Mitte des 19. Jahrhunderts auf einen Bahnanschluss. Durch die traditionell engen Beziehungen zu Bayern und Württemberg soll mit Unterstützung der beteiligten Länder eine Verbindung hergestellt werden: 1865 schließen Baden und Württemberg den entsprechenden Staatsvertrag. Mit Beginn der Vermessungsarbeiten steht die Linienführung zwischen dem badischen Wertheim und dem württembergischen Crailsheim fest. Als die Bauarbeiten im Oktober 1866 starten, steht Crailsheim kurz vor seinem Bahnanschluss an die Obere Jagstbahn nach Aalen. Der Streckenabschnitt Crailsheim–Goldshöfe wird am 15.11.1866 eröffnet. Während der Bauarbeiten an der Taubertalbahn erhält Crailsheim einen weiteren Anschluss: Die Kocherbahn (Heilbronn–Bayerische Grenze/Ansbach, eröffnet 1.6.1875) erreicht am 10.12.1867 die Stadt.

Im Oktober 1866 beginnt der Bau der Tauberbahn im badischen Abschnitt zwischen Lauda und Wertheim sowie im württembergischen Teil zwischen Crailsheim und Bad Mergentheim. 1867 geht der topografisch einfache Streckenteil Lauda–Tauberbischofsheim/Hochhausen in Betrieb. Der notwendige Bau von Tunneln und Tauberbrücken ermöglicht die Inbetriebnahme der Reststrecke Hochhausen–Wertheim erst gut ein Jahr später. Am 23.10.1869 wird der durchgehende Betrieb auf der Taubertalbahn aufgenommen. Weitere Anschlüsse folgen: Am 15.4.1876 ist die Strecke Crailsheim–Nürnberg fertiggestellt und Crailsheim damit ein bedeutender Bahnknoten geworden. Erst am 1.10.1912 ist der Anschluss zur Maintalbahn nach Aschaffenburg durchgängig hergestellt.

Die Taubertalbahn führt zu einem wirtschaftlichen Aufschwung der Region, vor allem im Personenverkehr zum Kurbad Mergentheim kommt der Strecke große Bedeutung zu. Den Zweiten Weltkrieg übersteht die Bahn ohne größere Schäden. Im Rahmen der Relation Frankfurt–Ulm kommen in der Nachkriegszeit Eilzugverbindungen auf die Strecke, die erst in den 70er-Jahren eingestellt werden.

Stilllegungspläne gibt es seit den 70er-Jahren. Die DBAG lässt 2003 und 2009 Sanierungs- und Modernisierungsmaßnahmen durchführen (z. B. Neuverlegung von Gleisen, Tunnelrenovierung). Am 1.1.2006 geht die Betriebsführung an die DB AG-Tochter WestFrankenBahn (WFB, Teil des RegioNetz). Der Wertheimer Mainhafen sowie einigen kleine Ladestellen werden noch im Güterverkehr bedient.

Die Taubertalbahn nutzen heute auch Radfahrtouristen zwischen Tauber- und Maintal. 2018 wird das 150-jährige Jubiläum der Tauberbahn gefeiert, unter anderem mit Ausstellungen von historischen Fotografien und Dokumenten, Vorträgen von Eisenbahnhistorikern sowie Sonderfahrten.

Streckenname	Taubertalbahn
Relation	Crailsheim–Wertheim (Baden-Württemberg)
Länge	100,3 km
Funktion	Personen- und Güterverkehr
Daten zum Bau	Baubeginn: Oktober 1866 | Bauzeit (inkl. Planung, bis zur Fertigstellung): 5 Jahre | Eröffnung: 1867 | Durchgängig befahrbar ab: 23.10.1869
Spurweite	Vollbahn (1435 mm)
Bauwerke	Niederstettener Tunnel (273 m), Gamburger Tunnel (203 m), Bronnbacher Tunnel (349 m), Reicholzheimer Tunnel (542 m)
Bahnhöfe	Crailsheim, Königshofen (Baden), Wertheim
Anschlusspunkte	Crailsheim: Hohenlohebahn nach Heilbronn, Obere Jagstbahn nach Aalen, nach Nürnberg | Königshofen (Baden): Frankenbahn Stuttgart–Würzburg | Wertheim: Maintalbahn nach Aschaffenburg
Besonderheiten	Eingleisig, nicht elektrifiziert; nördlicher Teil ab Lauda badisch, südlicher Abschnitt Crailsheim–Bad Mergentheim württembergisch; Höchster Punkt: Haltepunkt Kälberbach (heute aufgelassen) 473 m; Überwundener Höhenunterschied: 321 m

Hochsommer im Taubertal: Anfang August 1998 brummt eine Lok der Baureihe 218 mit einem Regionalexpress an Hochhausen vorbei.

MAIN-NECKAR-BAHN

Ein Zwischenstopp im Jugendstil-Bahnhof von Darmstadt lohnt sich immer.

Streckenname	Main-Neckar-Bahn
Relation	Frankfurt/Main–Mannheim–Friedrichsfeld (Hessen, Baden-Württemberg)
Länge	87,5 km
Funktion	Personen- und Güterverkehr
Daten zum Bau	Baubeginn: Juni 1843 | Bauzeit (inkl. Planung, bis zur Fertigstellung): 3 Jahre | Eröffnung: 22.6.1846 | Durchgängig befahrbar ab: 1.8.1846
Spurweite	Vollbahn (1435 mm)
Bauwerke	Main- und Neckarbrücken
Bahnhöfe	Frankfurt/Main, Darmstadt, Mannheim
Anschlusspunkte	Frankfurt/Main: zahlreiche S-Bahn-Linien sowie Nahverkehrslinien, Main-Weser-Bahn nach Kassel, Taunusbahn nach Wiesbaden, nach Hanau | Darmstadt: Rhein-Main-Bahn nach Aschaffenburg, Odenwaldbahn nach Eberbach | Mannheim–Friedrichsfeld: Rheintalbahn nach Basel, Rheinbahn nach Karlsruhe, nach Heidelberg
Besonderheiten	Zweigleisige, 1956/57 elektrifizierte Hauptstrecke

Gleich drei Staaten haben bereits 1836 Interesse an einer Bahn, die ihre Territorien verbindet: Die Großherzogtümer Hessen-Darmstadt und Baden sowie die Freie Stadt Frankfurt/Main genehmigen privaten Unternehmern 1838 eine Eisenbahn von Frankfurt/Main über Darmstadt nach Baden zu errichten (in Baden gibt es Streit zwischen Mannheim und Heidelberg, die beide eine Station dieser Linie sein wollen). Im selben Jahr beginnen die Vermessungsarbeiten, allerdings stoppen Finanzierungsschwierigkeiten den Bau vorerst. Erst 1843, nun unter staatlicher Regie, einigen sich die drei Staaten in Staatsverträgen (21. und 23.3.1843) auf den Bau der nun Main-Neckar-Bahn genannten Strecke (Baden scheitert mit dem Plan, die neue Strecke in badischer Breitspur (1600 mm) zu erstellen; der Bau erfolgt in Regelspur von 1435 mm). Der Anschluss in Baden soll in Friedrichsfeld erfolgen, das in etwa zwischen Mannheim und Heidelberg (beide Städte sind seit 1840 durch die Rheintalbahn verbunden) liegt. Der eigentliche Bahnbau startet im Juni 1843 bei Frankfurt/Main, die Bauarbeiten gehen rasch voran, denn die Topographie stellt die Ingenieure kaum vor Herausforderungen. Zunächst wird die Strecke eingleisig erbaut, der Unterbau ist aber für den zweigleisigen Ausbau (er erfolgt bereits 1861/62) vorbereitet. Als erster Abschnitt geht Langen–Heppenheim am 22.6.1846 in Betrieb. Nach mehreren Etappen findet am 27.7.1846 die erste Bahnfahrt von Frankfurt bis Heidelberg statt. Am 1.8.1846 wird mit dem Lückenschluss Bensheim–Heidelberg die Gesamtstrecke eröffnet.

Mit dem Anschluss der Main-Weser-Bahn (nach Kassel) am 20.11.1851 wird die Main-Neckar-Bahn zu einer bedeutenden Nord-Süd-Verbindung. Den Betrieb (bis 1888 im Linksverkehr) teilen sich die beteiligten Staaten. Die Bahnstrecke ist ein Erfolg mit hohen Zuwachsraten im Personen- und Güterverkehr, die durchfahrenen bislang strukturschwachen Regionen profitieren von ihr, die Bahn bringt Arbeit.

1902 wird im Zuge der Betriebsvereinfachung die bislang eigenständige Main-Neckar-Bahn aufgelöst und den jeweiligen Staatsbahnen unterstellt. Ab 23.11.1946 findet – nach den Zerstörungen des Zweiten Weltkriegs – wieder durchgängiger Bahnverkehr zwischen Frankfurt und Friedrichsfeld statt. Ab 1956 wird die gesamte Strecke bis 19.11.1957 elektrifiziert.

Heute ist die Main-Neckar-Bahn mit täglich 250 Zügen je Richtung an der Grenze ihrer Belastungsfähigkeit (umfangreicher Fernverkehr, erheblicher Güterverkehr, im Nahverkehr S-Bahnen und RE aus Frankfurt (Rhein-Main-Verkehrsverbund RMV sowie Verkehrsverbund Rhein-Neckar) sowie Züge der Odenwaldbahn) angelangt. Entlastung soll die geplante Neubaustrecke Rhein/Main–Rhein/Neckar bringen, die einen Teil des Schnell- und Fernverkehrs übernehmen und in Abschnitten bereits ab dem Jahr 2028 in Betrieb gehen sollte.

ODENWALDBAHN

Im Mai 2008 verlässt ein ITINO-Triebwagen Darmstadt Ost. Im Hintergrund das Wahrzeichen Darmstadts, der »Fünf-Finger-Turm«.

Seit 1860 wird in Darmstadt, der Hauptstadt des Großherzogtums Hessen und zugleich »Tor zum Odenwald«, der Bau einer Eisenbahn in den Odenwald diskutiert. Schließlich bestimmt der Großherzog: Die künftige Bahnstrecke soll von Darmstadt nach Erbach führen, bei Wiebelsbach ist ein Abzweig nach Babenhausen vorgesehen. Im Sommer 1868 beauftragt die großherzogliche Regierung die private Hessische Ludwigsbahn (HLE) mit den Bauarbeiten, die im September des gleichen Jahrs am Frau-Nauses-Tunnel beginnen. Am 29.6.1870 wird als erster Abschnitt Babenhausen–Groß Umstadt eröffnet, ab 23.12.1871 ist der Betrieb zwischen Darmstadt und Erbach möglich.

Noch während des Baus wird die Verlängerung ins badische Eberbach (dort Anschluss an Neckartalbahn) beschlossen. Die HLB erhält die erforderliche Konzession am 3.8.1875. Durch diverse technische Schwierigkeiten wird die Strecke in Etappen eröffnet: Erbach–Hetzbach geht am 1.3.1882 in Betrieb, am 1.5.1882 Hetzbach–Kailbach und die Gesamtstrecke wird am 27.5.1882 mit dem Reststück Kailbach–Eberbach eröffnet.

In den folgenden Jahren entstehen einige Anschlussbahnen: Das Gersprenztal schließt das »Odenwälder Lieschen« Reinheim–Reichelsheim 1887 an; 1896 folgt die Rodgaubahn Reinheim–Dieburg und 1904 die sogenannte »Schellekattel« (die »bimmelnde Katharina«) Hetzbach–Beerfelden und 1912 geht es von Höchst im Odenwald nach Aschaffenburg.

1977 werden erste Haltepunkte und Bahnhöfe stillgelegt (z. B. Kailbach), 1979 gibt es erste Rückbaumaßnahmen. Im Jahr 1993 wird auf der Odenwaldbahn der Stundentakt eingeführt. Privatinitiativen erzwingen 1994 die Wiedereröffnung von Haltepunkten und Bahnhöfen für den Personenverkehr, etwa Kailbach. Bis 2001 wird die Strecke saniert.

Am 11.12.2005 übernimmt die VIAS (Frankfurt) mit modernen Triebwagen (Bombardier) den Zugverkehr auf der Odenwaldbahn. Im August 2019 gibt der RMV bekannt, dass sich die Fahrgastnachfrage im Odenwaldnetz seit der Betriebsaufnahme der VIAS und der Einführung des verbesserten Fahrplankonzeptes um über 50 Prozent auf 15.000 Fahrgäste pro Tag erhöht habe. Weil die bestehende

Infrastruktur überlastet ist, suchen die Verantwortlichen nach Möglichkeiten, diese auszubauen.

Nach der Antwort auf eine kleine Anfrage des Landtagsabgeordneten Tobias Eckert (SPD) im November 2020 plant das Hessische Ministerium für Wirtschaft, Energie, Verkehr und Wohnen bis 2027 eine Elektrifizierung des Streckenabschnitts zwischen Darmstadt Nord und Groß-Umstadt Wiebelsbach. Aufgrund der akuten Einsturzgefahr und des anschließenden Abrisses der Zeller Brücke (B45) bei Bad König war der Zugverkehr der Odenwaldbahn (Vias) im Jahr 2025 zeitweise stark unterbrochen.

Streckenname	Odenwaldbahn
Alternative Bezeich.	Hessische Odenwaldbahn (nicht zu verwechseln mit der Badischen Odenwaldbahn Heidelberg–Mosbach–Würzburg), Mümlingbahn
Relation	Darmstadt–Eberbach (Hessen, Baden-Württemberg)
Länge	81,7 km (+ 35 km Groß Umstadt–Wiebelsbach-Babenhausen (und weiter nach Hanau), der zweite Streckenast der Odenwaldbahn)
Funktion	Personen- und Güterverkehr, heute nur noch Personennahverkehr
Daten zum Bau	Baubeginn: September 1868 | Bauzeit (inkl. Planung, bis zur Fertigstellung): 14 Jahre (mit Unterbrechungen)|Eröffnung: 29.6.1870| Durchgängig befahrbar ab: 27.5.1882
Spurweite	Vollbahn (1435 mm)
Bauwerke	Engelbergtunnel (238 m), Frau–Nauses–Tunnel (1205 m), mehrere Brücken über die Mümling, Krähbergtunnel (3100 m), Haintalviadukt (173 m)
Bahnhöfe	Darmstadt, Eberbach
Anschlusspunkte	Darmstadt: Main-Neckar-Bahn Bensheim–Frankfurt, Rhein-Main-Bahn Mainz–Aschaffenburg | Eberbach: Neckartalbahn Heidelberg–Bad Friedrichshall-Jagstfeld
Besonderheiten	Im Wesentlichen eingleisige Hauptbahn (nur kurze Abschnitte zweigleisig), nicht elektrifiziert; Größte Steigung: 14 Promille

Der Bahnhof Darmstadt Ost liegt am Fuße der Rosenhöhe und hieß, als die Odenwaldbahn eröffnet wurde, Station Rosenhöhe (Mai 2008).

ZWISCHEN NECKARSTRAND UND BODENSEE

DB
DB

NECKARTALBAHN

Das Großherzogtum Baden und das Königreich Württemberg achten beim Bahnbau darauf, dass ihre Strecken nur auf eigenem Territorium verlaufen. Schließlich sind die neu gebauten Bahntrassen gute Einnahmequellen. In den 1850er-Jahren verfolgt Baden den Ausbau seines Bahnnetzes entlang des Rheins und nach Konstanz, der als arm geltende Nordosten des Großherzogtums (Odenwald und Bauland) wird ignoriert. Diesen strukturschwachen Raum fördert schließlich der Bau der Badischen Odenwaldbahn Heidelberg–Würzburg (badisch-bayerische Staatsvertrag vom 27.4.1860). Der Abschnitt Heidelberg–Neckargemünd wird am 23.10.1862 eröffnet.

Die beiden Staaten bewegen sich im Hinblick auf eine Verbindung der badischen mit den württembergischen Strecken in der Region erst langsam aufeinander zu. Das württembergische Heilbronn besitzt seit 1848 Bahnanschluss, liegt es doch an der württembergischen Zentral- bzw. Nordbahn. 1868/69 bauen die Württemberger die Strecke von Heilbronn über Jagstfeld ins badische Osterburken um die Badische Odenwaldbahn »anzuzapfen«. Nun ist auch der Weg frei für den Bau der Neckartalbahn von Heidelberg nach Jagstfeld (Bad Friedrichshall). Am 24.5.1879 wird die Strecke von Neckargemünd über Eberbach, Neckarelz nach Jagstfeld eröffnet. Die neue Verbindung entwickelt sich zu einer stark frequentierten Bahnlinie, die den Verkehr aus Nordbaden rasch ins württembergische Oberland und von dort weiter nach Stuttgart bringt.

Als im Jahr 1955 der Heidelberger Hauptbahnhof aus der Stadtmitte verlegt wird, muss auch der Verlauf der Neckartalbahn verändert werden. Ab 5.5.1955 führt die Bahnstrecke durch den Königsstuhl-Tunnel (zuvor nur von Güterzügen benutzt). 1975 wird die Elektrifizierung der Strecke abgeschlossen.

Die Bedienung von Bahnhöfen auf der Neckartalbahn im Güterverkehr stellt die DB AG zum 31.12.2001 ein. Über die Neckartalbahn fahren vor allem Auto-, Kohle- und Kesselwagenganzzüge (zunehmend durch private Verkehrsunternehmen). Verkehrten einst TEE-Züge, IC-Züge sowie hochwertige D-Züge auf ihr, so gibt es seit 1996 keinen Fernverkehr mehr, der Nahverkehr wird im Rahmen des Verkehrsverbunds Rhein-Neckar mit RB- und S-Bahnen (2003 Eröffnung des S-Bahnverkehrs RheinNeckar) bestritten.

Der Abschnitt von Mosbach-Neckarelz über Bad Friedrichshall und Neckarsulm nach Heilbronn wurde zum Fahrplanwechsel 2014/2015 am 14. Dezember 2014 in das Netz der Stadtbahn Heilbronn aufgenommen. Die Züge der neuen Linie S 41 machen im Bahnhof Neckarelz einen Fahrtrichtungswechsel und verkehren dann über die Bahnstrecke Neckarelz–Osterburken bis zum Mosbacher Bahnhof.

In weiten Teilen folgt die Neckartalbahn Wasserläufen, schlängelt sich durch Täler und fruchtbare Weinberge und gilt als reizvoller Freizeittipp.

Streckenname	Neckartalbahn
Relation	Heidelberg–Bad Friedrichshall-Jagstfeld (Baden-Württemberg; in Abschnitte über hessisches Gebiet führend)
Länge	84 km
Funktion	Personen- und Güterverkehr
Daten zum Bau	Baubeginn: 1860 | Bauzeit (inkl. Planung, bis zur Fertigstellung): 19 Jahre (mit Unterbrechungen) | Eröffnung: 23.10.1862 | Durchgängig befahrbar ab: 24.5.1879
Spurweite	Vollbahn (1435 mm)
Bauwerke	Königstuhl-Tunnel (2487 m), Schlossbergtunnel (341 m), Feuerbergtunnel (966 m), Binauer Tunnel (853 m), Böttinger Tunnel (766 m), Brücken über Flüsse der Regionen (Elsenz, Neckar, Jagst)
Bahnhöfe	Heidelberg, Eberbach, Mosbach–Neckarelz, Bad Friedrichshall-Jagstfeld
Anschlusspunkte	Heidelberg: nach Mannheim, Main-Neckar-Bahn nach Frankfurt, Baden-Kurpfalz-Bahn nach Karlsruhe | Eberbach: Odenwaldbahn Darmstadt bzw. Hanau | Mosbach-Neckarelz: nach Osterburken | Bad Friedrichshall-Jagstfeld: Frankenbahn Stuttgart–Würzburg, Elsenztalbahn von Neckargemünd
Besonderheiten	Elektrifiziert, zweigleisig ausgebaut, Größte Steigung: 13 Promille

Bei Zwingenberg thront das gleichnamige Schloss hoch über dem Neckar und der Bahnlinie Heilbronn – Heidelberg.

GÄUBAHN

63

Die Gäubahn steigt als »Panoramabahn« noch im Stadtgebiet von Stuttgart aus dem Talkessel auf die Hochfläche des Gäus hinauf.

Bereits in den 1850er-Jahren beschäftigen sich die Städte Böblingen, Herrenberg und Freudenstadt mit dem Bahnbau, 1861 reichen sie beim württembergischen Finanzministerium in Stuttgart eine Petition ein, ihre Region an das Bahnnetz anzuschließen. Insbesondere fürchtet man dort, durch die geplante Obere Neckartalbahn ins Abseits zu geraten. Durch die Obere Neckartalbahn hat Horb seit 1866 Bahnanschluss, Rottweil erreicht die Bahn am 23.7.1868. 1870 stellt Württemberg in Tuttlingen über Immendingen den Anschluss an die Badische Schwarzwaldbahn her.

Zwar gelangt man nun von Stuttgart über die Schwarzwald- und Hochrheinbahn nach Singen (die Stadt hat bereits seit 6.9.1866 einen Bahnanschluss über Verbindung nach Engen an die Hochrheinbahn Basel–Konstanz) an die Schweizer Grenze, fährt dabei aber erhebliche Umwege. Um nun die erforderliche Abkürzung zu bauen, ergeht am 22.3.1873 das entsprechende Gesetz zum Bau der Gäubahn Stuttgart–Eutingen–Freudenstadt, im November beginnen die Arbeiten. Am 2.9.1879 wird die Gäubahn Stuttgart–Eutingen–Tuttlingen–Immendingen eröffnet (sie wird namengebend für die heutige Gäubahn).

Die Strecke gewinnt hohe Bedeutung im Güter- und Fernverkehr, bis 1890 erfolgt der – abschnittsweise – zweigleisige Ausbau. Im Ausbauvertrag vom 24.10.1927 zwischen dem Land Württemberg und der Deutschen Reichsbahn-Gesellschaft DRG wird der Streckenausbau vereinbart. Am 15.5.1934 wird die Verbindungskurve Tuttlingen–Hattingen (Baden) eröffnet, damit ist die Gäubahn (ohne den Umweg über Immendingen) durchgängig und Zeit sparend befahrbar. Dadurch kommen weitere Schnellzüge auf die Strecke.

Nach Demontagen 1946 ist die Gäubahn nur noch in den Abschnitten Stuttgart–Horb sowie Hattingen–Singen zweigleisig. Die durchgängige Elektrifizierung ist 1977 abgeschlossen, seit September 1989 ist die Strecke Schaffhausen–Singen (und somit die Gesamtstrecke) elektrifiziert. 1999 beginnt der Neigetechnikeinsatz (ICE-T-Triebzüge der aus siebenteiligen Einheiten bestehenden Baureihe 411, zur Kapazitätssteigerung gegenüber den fünfteiligen Zügen der Baureihe 415). Auf der Strecke verkehren heute IC Stuttgart–Zürich, zudem findet umfangreicher Nahverkehr statt (auch privater EVU). Bis heute ist die Gäubahn bedeutende Strecke des Nord-Süd-Güterverkehrs und soll weiter zweigleisig ausgebaut werden.

Die Tieferlegung des Stuttgarter Hauptbahnhofs (»Stuttgart 21«) mit Drehung der Gleise um 90 Grad erfordert eine neue Anbindung der Gäubahn-Strecke. Dafür entsteht der rund 11 km lange Pfaffensteigtunnel (Baubeginn Februar 2026), der die bestehende Bahnstrecke Stuttgart–Horb auf Höhe des Haltepunkts Goldberg (Württ) unterirdisch mit dem künftigen Bahnhof Stuttgart Flughafen Fernbahnhof verbinden soll. Die Inbetriebnahme des Tunnels ist für 2032 geplant.

Streckenname	**Gäubahn (nicht zu verwechseln mit der ebenfalls Gäubahn genannten Strecke Eutingen–Freudenstadt (im Abschnitt Stuttgart–Eutingen mit dieser identisch))**
Relation	Stuttgart–Singen (Baden-Württemberg)
Länge	171,6 km
Funktion	Personen- und Güterverkehr
Daten zum Bau	Baubeginn: November 1873 | Bauzeit (inkl. Planung, bis zur Fertigstellung): 61 Jahre (mit langjährigen Unterbrechungen) | Eröffnung: 2.9.1879 | Durchgängig befahrbar ab: 15.5.1934
Spurweite	Vollbahn (1435 mm)
Bauwerke	Kriegsbergtunnel (579 m), Mühlener Tunnel (309 m), Neckarbrücke bei Horb (148 m), Sulzer Tunnel (297 m), Tierstein-Tunnel (654 m), Bernburg-Tunnel (269 m), Hattinger Tunnel (900 m)
Bahnhöfe	Stuttgart, Böblingen, Singen
Anschlusspunkte	Stuttgart: Gäubahn nach Singen, Frankenbahn nach Würzburg, S-Bahn bis Plochingen, nach Mannheim, Remsbahn nach Waiblingen, Murrbahn nach Schwäbisch Hall | Böblingen: Schönbuchbahn nach Dettenhausen, Rankbachbahn nach Renningen | Eutingen: Gäubahn nach Freudenstadt, Nagoldbahn Pforzheim–Horb | Tuttlingen: Badische Schwarzwaldbahn nach Offenburg, Donautalbahn Donaueschingen–Ulm | Singen: Hochrheinbahn Basel–Konstanz
Besonderheiten	Elektrifizierte Hauptbahn, teilweise eingleisig; Größte Steigung: 21 Promille

FILSTALBAHN

Kurz hinter Stuttgart-Bad Cannstatt schwenkt die Filstalbahn zunächst ins Neckartal ein, das sie bei Plochingen wieder verlässt. In Stuttgart-Untertürkheim passiert die Linie die Firmengebäude von Mercedes-Benz.

Streckenname	Filstalbahn
Alternative Bezeich.	Württembergische Ostbahn
Relation	Stuttgart–Ulm (Baden-Württemberg)
Länge	93 km
Funktion	Personen- und Güterverkehr
Daten zum Bau	Baubeginn: 26.6.1844 | Bauzeit (inkl. Planung, bis zur Fertigstellung): 6 Jahre (mit Unterbrechung 1848) | Eröffnung: 3.10.1845 | Durchgängig befahrbar ab: 28.6.1850
Spurweite	Vollbahn (1435 mm)
Bauwerke	Rosensteintunnel (331 m), Geislinger Steige (5600 m)
Bahnhöfe	Stuttgart, Ulm
Anschlusspunkte	Stuttgart: Gäubahn nach Singen, Frankenbahn nach Würzburg, S-Bahn bis Plochingen, nach Mannheim, Remsbahn nach Waiblingen, Murrbahn nach Schwäbisch Hall | Plochingen: Neckar-Alb-Bahn nach Tübingen | Amstetten: Albbähnle nach Laichingen, Lokalbahn nach Gerstetten | Ulm: Bayerische Maximiliansbahn nach Augsburg und München, Donautalbahn nach Donaueschingen, Illertalbahn nach Memmingen/Kempten, Südbahn nach Friedrichshafen
Besonderheiten	Zweigleisige, elektrifizierte Hauptstrecke; überquert Europäische Wasserscheide zwischen Rhein und Donau; Größte Steigung: 23 Promille (Albaufstieg)

Am 18.4.1843 ergeht nach langen Diskussionen das württembergische Eisenbahngesetz. Es legt fest, dass auf Staatskosten Eisenbahnen gebaut werden, die den Mittelpunkt des Landes, Stuttgart, mit den übrigen Regionen verbinden sollen. Vor allem dem Einfluss Ulmer Unternehmer und Politiker ist es zu verdanken, dass die Verbindung in den Süden durch das Filstal und nicht, wie eine Variante vorsah, zunächst durch das Remstal und dann über Aalen nach Süden laufen soll.

Nachdem sich Württemberg für das »englische Maß« – also die bei Vollbahnen übliche Spurweite von 1435 mm – entschieden hat, erfolgt am 26.6.1844 Pragtunnel bei Stuttgart der erste Spatenstich für die württembergische Zentralbahn mit ihren zwei Ästen Stuttgart–Ludwigsburg bzw. Stuttgart–Cannstatt–Esslingen, zugleich beginnt damit auch der Bau der Filstalbahn (oder auch württembergischen Ostbahn). 20.000 Menschen finden beim Bahnbau Lohn und Brot.

Am 3.10.1845 wird der Abschnitt Cannstatt–Untertürkheim eröffnet (wie die gesamte Filstalbahn von Anfang an mit zweigleisigem Unterbau, zunächst werden aber nur zwischen Stuttgart und Cannstatt zwei Gleise verlegt), der Regelbetrieb wird am 22.10.1845 aufgenommen. Esslingen ist am 20.11.1845 erreicht, 1846 werden Rosensteintunnel und Cannstatter Neckarbrücke erbaut. Am 26.9.1846 fährt der erste Zug von Cannstatt kommend in den Stuttgarter Bahnhof ein. Am 14.12.1846 erreicht die Filstalbahn Plochingen.

Am 11.10.1847 ist die Fahrt über Göppingen bis Süßen möglich, am 14.6.1849 (die Revolution von 1848 hatte für Unterbrechungen gesorgt) ist Geislingen erreicht. Bereits seit August 1846 wird am Albaufstieg, der Geislinger Steige, gearbeitet. Gleichzeitig beginnen die Arbeiten am Abschnitt Gieslingen–Amstetten–Ulm. Mit der Eröffnung der Steige am 28.6.1850 – die Geislinger Steige gilt als erste Mittelgebirgsüberquerung einer mitteleuropäischen Eisenbahn – ist die Filstalbahn bis Ulm (dort entsteht ein Bahnknoten) durchgängig befahrbar; einen Tag später beginnt der Regelbetrieb. Wenige Jahre später (spätestens 1880) erfolgt der zweigleisige Ausbau. Die Strecke ist sofort eine der wichtigsten Lebensadern des württembergischen Bahnnetzes mit sehr starkem Verkehr. Die Bahn erzeugt einen Impuls zur weiteren Industrialisierung der Regionen entlang der Fils. Im Jahr 1933 wird die Filstalbahn durchgängig elektrifiziert.

Aufgrund der starken Frequentierung der Strecke wird 1985 ein Ausbau im Rahmen des Bundesverkehrswegeplans beschlossen, doch in der Folgezeit gibt es Uneinigkeit über Art und Umfang der vorzunehmenden Erweiterungen. Im Rahmen des Stuttgarter Bahnhofsumbaus »Stuttgart 21« soll die Neubaustrecke (NBS) Wendlingen–Ulm (eröffnet am 9.12.2022) die dringend erforderliche Umfahrung der Geislinger Steige gewährleisten. Seit der Eröffnung der NBS dient die Filstalbahn zwischen Plochingen und Ulm vornehmlich dem Regional- und Güterverkehr. 2021 wurde in Süßen ein elektronisches Stellwerk in Betrieb genommen. Die Filstalbahn gehört weiterhin zu den wichtigsten Bahnlinien in Baden-Württemberg. Eine Fahrt über die Geislinger Steige ist noch immer ein besonderes Erlebnis.

ALBTALBAHN

Die etwa 26 km lange Albtalbahn verbindet Karlsruhe mit Ettlingen und der im Albtal gelegenen Kurstadt Bad Herrenalb. Eine ca. 14 km lange Zweigstrecke führt nach Ittersbach. Von dort ging die Bahnlinie ursprünglich weiter bis Pforzheim. Zwar ist Ettlingen mit dem Bahnhof Ettlingen West an das Netz der Staatsbahn angeschlossen, der Bahnhof liegt aber weit vom Stadtkern entfernt. Deshalb setzte sich die Stadt Ettlingen für eine Bahnverbindung vom Bahnhof zur Stadt ein. Für den Betrieb der regelspurigen Strecke waren zwar die Großherzoglich Badischen Staatseisenbahnen verantwortlich, der Bau der Strecke oblag aber der Stadt Ettlingen. Schon 1870 gab es Pläne für den Bau einer Bahnlinie von Karlsruhe über Ettlingen bis nach Herrenalb. Ende des 19. Jahrhunderts wurde der Bau einer Schmalspurbahn mit 1.000 mm genehmigt. Schon Anfang Dezember 1897 konnte der Streckenabschnitt zwischen Karlsruhe und Ettlingen eröffnet werden. 1898 wurde Frauenalb und 1901 Pforzheim erreicht und kurz danach wurde die Strecke nach Herrenalb verlängert.

Die Albtalbahn wurde von der Westdeutschen Eisenbahn-Gesellschaft (W.E.G.) gebaut, die neu gegründete Tochtergesellschaft Badische Lokal-Eisenbahnen Aktien-Gesellschaft (B.L.E.A.G.) übernahm die Betriebsführung. Die Strecke Ettlingen West–Ettlingen Stadt bekam ein Dreischienengleis und wurde in die Albtalbahn integriert. Auf ihr verkehrten aber nur noch Güterzüge. Das Dreischienengleis wurde bis Busenbach und Etzenrot weitergeführt, um das aufwendige Umladen zu sparen. Bereits 1898 wurde der Abschnitt Karlsruhe–Ettlingen mit Gleichspannung elektrifiziert, um die Rauchbelästigung durch Dampfloks in den Wohngebieten zu beenden. Der elektrische Betrieb bewährte sich und 1910/11 wurde das gesamte Streckennetz mit Wechselspannung elektrifiziert.

1911 wurde der Streckenabschnitt zwischen Brötzingen und Pforzheim Leopoldplatz an die Stadt Pforzheim verkauft. Nach dem Ersten Weltkrieg verschlechterte sich die wirtschaftliche Lage, u. a. durch parallele Buslinien. 1932 meldete die B.L.E.A.G. Konkurs an und die Deutsche Eisenbahn-Betriebsgesellschaft (DEBG) übernahm die Albtalbahn.

Nach dem Zweiten Weltkrieg musste die Albtalbahn umfassend modernisiert werden, die DEBG hatte jedoch kein Interesse mehr an ihr. Deshalb wurde mit Hilfe des Landes Baden-Württemberg 1957 die Albtal-Verkehrs-Gesellschaft (AVG) gegründet. Sie übernahm 1957 die Bahn und begann mit den Arbeiten. Dazu gehörte auch die Umspurung auf Regelspur und Umstellung auf 750 V Gleichspannung, das ermöglichte die direkte Einbindung ins Karlsruher Straßenbahnnetz. So konnten die Fahrgäste ohne Umsteigen bis in die Innenstadt von Karlsruhe gelangen. Als Knotenpunkt dient dabei der Albtalbahnhof im Karlsruher Stadtteil Beiertheim unweit des Hauptbahnhofs. Die Umspurung wurde erst 1975 mit dem Abschnitt Langensteinbach–Ittersbach beendet. Benötigten die Züge zur Meterspurzeit zwischen Karlsruhe und Herrenalb noch eine Fahrzeit von ca. 70 Minuten, so sind es heute nur noch 38 Minuten. Der planmäßige Verkehr wird im Sommer an einigen Sonn- und Feiertagen zwischen Ettlingen Stadt und Bad Herrenalb durch historische Dampfzüge der Ulmer Eisenbahnfreunde (UEF) ergänzt. Passend zu den historischen Dampfzugfahrten wurde der Bahnhof von Bad Herrenalb Ende der 1970er-Jahre umgestaltet. Die Bahnhofshalle – sie stammt vom Stadtbahnhof Baden-Baden – wurde neu aufgebaut und mit historischen Zugzielanzeigern ausgestattet. Ein Wasserkran, ein Läutewerk sowie ein Formsignal ergänzen das Bild.

Streckenname	Albtaltalbahn
Relation	Karlsruhe–Bad Herrenalb bzw. Busenbach–Ittersbach (Baden-Württemberg)
Länge	41,5 km
Funktion	Einst Personen- und Güterverkehr, heute im Wesentlichen nur noch Personenverkehr
Daten zum Bau	Baubeginn: 1897 | Bauzeit (inkl. Planung, bis zur Fertigstellung): 4 Jahre | Eröffnung: 1.12.1897 | Durchgängig befahrbar ab: 2.7.1901
Spurweite	Einst Schmalspurbahn (1000 mm), heute Vollbahn (1435 mm)
Bahnhöfe	Karlsruhe, Busenbach
Anschlusspunkte	Karlsruhe: Rheintalbahn Mannheim–Basel, Rheinbahn nach Mannheim, nach Mühlacker, Pfälzische Maximiliansbahn nach Neustadt/Weinstraße | Busenbach: nach Ittersbach
Besonderheiten	Elektrifiziert (750 V DC); Größte Steigung: 40 Promille; Minimaler Radius: 25 m

Obwohl die Albtal-Verkehrs-Gesellschaft im Albtal Stadtbahntriebwagen einsetzt, wird hier nach Eisenbahnbetriebsordnung (EBO) gefahren .

OBERRHEINTALBAHN

Schon in den 1830er-Jahren, also in der Eisenbahnfrühzeit, fordern badische Unternehmer – zunächst erfolglos – eine Bahnverbindung von der großherzoglichen Residenz Mannheim nach dem schweizerischen Basel durch das Rheintal. Erst 1837 – der Siegeszug der Eisenbahn hat gerade erst begonnen – ändert sich die ablehnende Haltung Badens: Das Großherzogtum fürchtet die Konkurrenz französischer Bahnen, die eine Strecke Straßburg–Basel projektieren. Schon kurz darauf, im September 1838, beginnt der Bau der Rheintalbahn (auch Badische Hauptbahn genannt); am 12.9.1840 wird der erste Streckenabschnitt Mannheim–Heidelberg eröffnet. Karlsruhe wird am 10.4.1843 erreicht (hier beginnt die eigentliche Oberrheintalbahn). Die große Bedeutung der Strecke führt früh zum zweigleisigen Ausbau (1847–1855; 1855 wird auch die Umspurung der nördlichen Abschnitte beendet: Die Rheintalbahn wurde anfangs in der badischen Breitspur (1600 mm) gebaut, erst im Lauf der Arbeiten entscheidet sich die großherzogliche Staatsbahn für das sogenannte Normalmaß von 1435 mm).

Die Ereignisse im Zusammenhang mit der gerade in Baden ereignisreichen Deutschen Revolution von 1848/49 behindern die Bauarbeiten. Schließlich erreicht man am 22.1.1851 in Haltingen die Schweizer Grenze. Die Diskussion um den Endpunkt der Strecke ist langwierig, ehe man sich im badisch-schweizerischen Staatsvertrag am 27.7.1852 doch auf Basel einigt. Am 20.2.1855 geht die Bahn bis Basel durchgängig in Betrieb, bis 18.8.1859 wird sie über das rechte Rheinufer bis Waldshut verlängert. Parallel zum Bau der Rheintalbahn entstehen zahlreiche Zweigstrecken, die das badische Bahnnetz erweitern; der Bau der Gotthardbahn 1882 verstärkt das Verkehrsaufkommen auf der Bahnlinie nochmals. 1895 entsteht neben der Rheintalstrecke eine strategische Bahn mit einem nach Westen verlegten Verlauf über Durmersheim, sie entlastet die stark frequentierte Rheintalbahn.

Anfang des 20. Jahrhunderts sind die Personen- bzw. Güterbahnhöfe der Rheintalbahn bereits zu klein geworden und müssen erweitert werden (z.B. Freiburg im Breisgau

In Rastatt führt die Oberrheintalbahn über die Murg. Im Sommer 2010 wurde die alte Konstruktion durch eine neue Bogenbrücke ersetzt.

1905), dabei entstehen bis 1914 auch sogenannte Güterumgehungsbahnen, etwa bei Karlsruhe. Edle Züge rollen über die Oberrheintalbahn, etwa der Rheingold (1928–1939), der nach dem Zweiten Weltkrieg zunächst als F-Zug, dann als TEE bis 1987 verkehrt. 1949 ist der Betrieb nach Zerstörungen wieder durchgängig möglich, 1952–1957 wird die Rheintalstrecke elektrifiziert.

Im Fernverkehr wird die Oberrheintalbahn heute von zahlreichen ICE- und IC-Zügen befahren, darunter auch TGV der Relation München–Paris. Im Nahverkehr ergibt sich dasselbe bunte Bild: Mehrere S-, RE- und Regionalbahnen benutzen die Linie. Zudem wird die Oberrheintalbahn als Zubringer zur Gotthardstrecke neu bzw. viergleisig ausgebaut. Ziel ist es die Fahrtzeit durch Höchstgeschwindigkeiten von bis zu 250 km/h zu verkürzen (die neu trassierten Teile verlaufen teilweise direkt neben der alten Trasse). Seit 1993 gehen die ersten Abschnitte in Betrieb, die umfangreichen Bauarbeiten dauern weiterhin an.

Streckenname	Oberrheintalbahn
Relation	Karlsruhe–Basel (Baden-Württemberg, Schweiz)
Länge	197,1 km
Funktion	Personen- und Güterverkehr
Daten zum Bau	Baubeginn: August 1838 | Bauzeit (inkl. Planung, bis zur Fertigstellung): 17 Jahre (mit Unterbrechungen) | Eröffnung: 12.9.1840 | Durchgängig befahrbar ab: 20.2.1855
Spurweite	Vollbahn (1435 mm)
Bauwerke	Klotz-Tunnel (242 Meter), Kirchberg-Tunnel (129 Meter), Hartberg-Tunnel (307 Meter)
Bahnhöfe	Karlsruhe, Rastatt, Offenburg, Freiburg im Breisgau, Basel
Anschlusspunkte	Karlsruhe: Rheinbahn Mannheim–Rastatt, Albtalbahn nach Bad Herrenalb, Karlsruhe–Mühlacker | Rastatt: Rheinbahn von Mannheim, Murgtalbahn nach Freudenstadt | Offenburg: Badische Schwarzwaldbahn nach Singen/Hohentwiel | Freiburg im Breisgau: nach Colmar (nur bis Breisach), Höllentalbahn nach Donaueschingen | Basel: Hochrheinbahn nach Konstanz, Wiesentalbahn nach Zell, Schweiz
Besonderheiten	Teil der historischen Badischen Hauptbahn, größtenteils geradlinig trassiert (Ausnahme: zwischen Schliengen und Efringen-Kirchen kurvenreich), eine der meist frequentierten Strecken der Bundesrepublik, Ausbau bis 2020 geplant

67

NAGOLDBAHN

In der Regel wird die Nagoltalbahn von Regio-Shutteln RS1 befahren. Im April 1994 war die 52 7596 der Eisenbahnfreuden Zollernbahn auf der Strecke unterwegs.

Streckenname	Nagoldbahn
Alternative Bezeich.	Kulturbahn (zusammen mit Obere Neckartalbahn)
Relation	Pforzheim–Horb (Baden-Württemberg)
Länge	69,5 km
Funktion	Personen- und Güterverkehr
Daten zum Bau	Baubeginn: 1865 |Bauzeit (inkl. Planung, bis zur Fertigstellung): 9 Jahre (mit Unterbrechungen) | Eröffnung: 11.6.1868 | Durchgängig befahrbar ab: 1.6.1874
Spurweite	Vollbahn (1435 mm)
Bauwerke	Brötzinger Tunnel (405 m), Weißenstein-Tunnel (371 m), Rudersbergtunnel (471 m), Schlossbergtunnel (280 m), Kengeltunnel (226 m), Wildberger Tunnel (253 m), Hochdorfer Tunnel (1557 m); zahlreiche Brücken über Nagold, Talungen und Einschnitte
Bahnhöfe	Pforzheim, Nagold, Hochdorf, Eutingen, Horb
Anschlusspunkte	Pforzheim: Karlsruhe–Mühlacker, Enztalbahn nach Bad Wildbad | Nagold: bis 1967: Altensteigerle | Hochdorf: Gäubahn Eutingen–Freudenstadt | Eutingen: Gäubahn Stuttgart–Singen | Horb: Obere Neckarbahn von Tübingen, Gäubahn Stuttgart–Singen
Besonderheiten	Eingleisige, nicht elektrifizierte Hauptbahn; Hochdorfer Tunnel einer der längsten Tunnel der ehemaligen KWStE Größte Höhe: Bahnhof Hochdorf (511 m); Überwundener Höhenunterschied: 238 m

Das Königreich Württemberg blickt seit 1863 neidisch auf die badische Hauptbahn Mannheim–Basel und versucht – letztlich mit Erfolg – konkurrierende Strecken zu entwickeln. Das Großherzogtum Baden und das Königreich Württemberg schließen am 18.2.1865 einen Staatsvertrag über den Bau zweier Bahnstrecken: Neben Pforzheim–Wildbad (Enztalbahn) soll eine Bahn durch das Nagoldtal Pforzheim–Calw (also parallel zu Mannheim–Basel) gebaut werden. Die Württemberger streben nämlich nach der Bahnlinie Calw–Horb–Stuttgart, sozusagen als Alternativstrecke zur 1864 eröffneten Oberen Neckarbahn Stuttgart–Tübingen–Horb. Am 25.4.1865 ergeht der endgültige Baubeschluss, aber der Deutsche Krieg von 1866 sowie der Deutsch-Französische Krieg 1870/71 verzögern die Bauausführung, sodass als einziger Teil der Nagoldbahn nur der Abschnitt Pforzheim–Brötzingen am 11.6.1868 in Betrieb gehen kann.

Die Württemberger führen als erstes den Abschnitt Nagold–Calw aus (eröffnet 20.6.1982). Dann ziehen die Badener nach und errichten bis 1.6.1874 den Abschnitt von Brötzingen bis Calw. Am selben Tag weihen auch die Württemberger den Lückenschluss von Horb bis Nagold ein.

Nach der Eröffnung der Gäubahn 1879 fahren Fernzüge nach der Schweiz nicht mehr über die Nagoldbahn, die sie bislang im Abschnitt Calw–Horb nutzten. Die Bahn entwickelt sich dadurch nicht zu einer Fernverkehrsstrecke. Lediglich der südlichste Abschnitt zwischen Eutingen und Horb (hier nutzt die Gäubahn Stuttgart–Singen dieselbe Trasse) wird bis 1887 zweigleisig ausgebaut. Mit dem Einbau einer Verbindungskurve zwischen Hochdorf und dem heutigen Bahnhof Eutingen 1933 entfällt der Fahrtrichtungswechsel der Züge in Eutingen. Durch die Folge von Kriegseinwirkungen kann die Nagoldbahn erst 1948 wieder befahren werden, allerdings beginnen in den 50er-Jahren erste Stilllegungen, zunächst betrifft es nur Haltepunkte. In diesem Zeitraum verliert die Nagoldbahn ihre Bedeutung im überregionalen Verkehr.

Der zweigleisig ausgebaute Abschnitt Eutingen–Horb wird bis 1985 eingleisig zurückgebaut, sodass sich Nagoldbahn und Gäubahn auf diesem Abschnitt nicht nur die Trasse, sondern auch das Gleis teilen. Seit 1995 dient die Strecke nur noch dem Nahverkehr.

Den Personenverkehr bestreitet seit 2005 DB Regionalverkehr Alb-Bodensee, eine DB AG-Tochtergesellschaft, mit Regio Shuttles RS1. Regionalbahnen werden im Taktverkehr eingesetzt. Zum Fahrplanwechsel im Dezember 2011 wurde die vollständige Modernisierung der Strecke abgeschlossen. Seitdem wird die Nagoldtalbahn an Wochentagen zwischen Pforzheim und Nagold, teilweise Hochdorf, halbstündlich bedient.

OBERE NECKARTALBAHN

Die 31 km lange Obere Neckartalbahn stellt die Verlängerung der Bahnlinie von Plochingen nach Tübingen dar und führt von Tübingen nach Horb. Die Strecke wurde in den 1860er-Jahren in drei Teilabschnitten gebaut eröffnet. So gingen die ersten 11 km zwischen Tübingen und Rottenburg 1861 in Betrieb. Der Abschnitt von Rottenburg nach Eyach folgte 1864. Er ist 12 km lang. In Eyach zweigt die 1901 von der »Actiengesellschaft Hohenzollern'sche Kleinbahngesellschaft«, gebaute und betriebene Strecke nach Hechingen ab, die somit das Staatsbahnnetz mit dem privaten Streckennetz auf der schwäbischen Alb verbindet. Der letzte 18 km lange Abschnitt zwischen Eyach und Horb konnte 1866 eröffnet werden. Mit dem Anschluss an die Gäubahn in Horb war die Obere Neckartalbahn vollendet.

Die Strecke wurde zwar als Hauptbahn ausgewiesen mit den entsprechenden zulässigen Radsatzlasten Bogenradien und Steigungen, trotzdem entschied man sich, sie nur eingleisig auszuführen. Bis heute wurde die Strecke weder zweigleisig ausgebaut noch elektrifiziert. Obwohl sie öfter bei Störungen auf der Gäubahn bzw. der unteren Neckartalstrecke als Umleiterstrecke genutzt wird. Heute wird die Strecke von der DB ZugBus Regionalverkehr Alb-Bodensee (RAB), einer Tochter der Deutschen Bahn AG, als »Kulturbahn« betrieben. Zwischen Tübingen und Rottenburg wird dabei ein Halbstundentakt gefahren. Auf dem übrigen Streckenabschnitt wird ein Stundentakt angeboten, der mit den Fern- und Regionalzügen zwischen Stuttgart und Singen bzw. Zürich auf der Gäubahn verknüpft ist. Als eine der »Stammstrecken« der Eisenbahnfreunde Zollernbahn wird sie aber auch immer wieder von historischen Fahrzeugen, besonders von Dampflokomotiven befahren.

Im Gegensatz zum Personenverkehr ist der Güterverkehr eher unbedeutend. So fahren nur an ein bis zwei Werktagen pro Woche Güterzüge von Tübingen über Eyach in Richtung Hechingen. Zuglok ist eine Dieselmaschine der Hohenzollerischen Landesbahn. Zwischen Eyach und Horb gibt es keinen regelmäßigen Güterverkehr mehr.

Um die Strecke attraktiver zu machen, ist sei längerem geplant neue Haltepunkte zwischen Tübingen und Rottenburg zu eröffnen, bzw. stillgelegte Haltepunkte zu reaktivieren. Dazu müssten aber zweigleisige Abschnitte entstehen. Außerdem gibt es Pläne, die Strecke in eine Regional-Stadtbahn »Neckar-Alb« nach dem Karlsruher Modell zu integrieren.

Streckenname	Obere Neckartalbahn
Relation	Tübingen–Horb (Baden-Württemberg)
Länge	31,5 km
Funktion	Personen- und Güterverkehr
Daten zum Bau	Baubeginn: 1860 | Bauzeit (inkl. Planung, bis zur Fertigstellung): 4 Jahre | Eröffnung: 1861 | Durchgängig befahrbar ab: 1866
Spurweite	Vollbahn (1435 mm)
Bauwerke	Mehrere Neckar-Brücken, Sulzauer Tunnel (493 m)
Bahnhöfe	Tübingen, Horb
Anschluss-punkte	Tübingen: Neckar-Alb-Bahn nach Plochingen und Stuttgart, Zollernalbbahn nach Sigmaringen, Ammertalbahn nach Herrenberg | Eyach: nach Hechingen | Horb: Gäubahn Stuttgart–Singen, Nagoldtalbahn nach Pforzheim
Besonderheiten	nicht elektrifiziert, eingleisige Hauptstrecke; Elektrifizierung und zweigleisiger Ausbau in der Diskussion

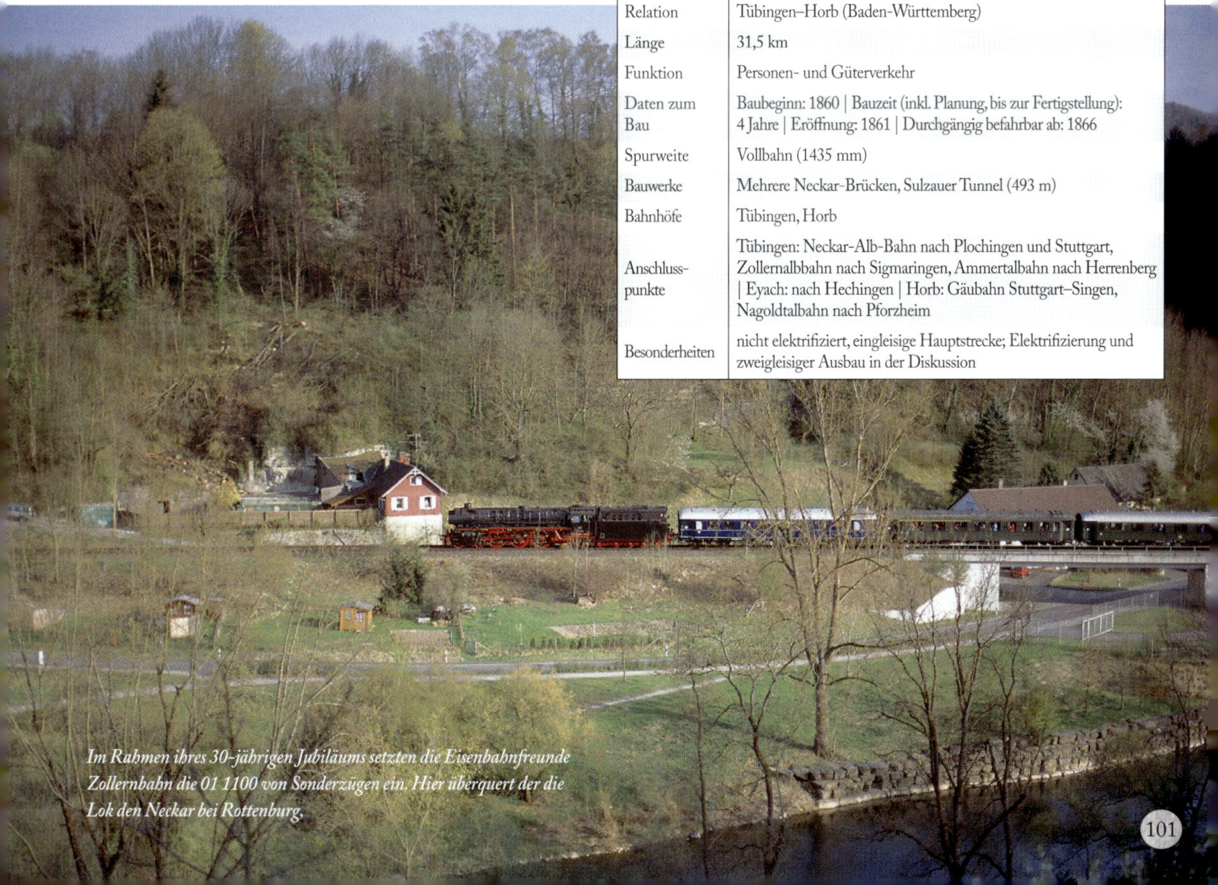

Im Rahmen ihres 30-jährigen Jubiläums setzten die Eisenbahnfreunde Zollernbahn die 01 1100 von Sonderzügen ein. Hier überquert der die Lok den Neckar bei Rottenburg.

69

SCHÖNBUCHBAHN

Die Schönbuchbahn verbindet als eingleisige Stichbahn Böblingen mit der 17 Kilometer entfernten Gemeinde Dettenhausen im Schönbuch.

Die Planungen der Württembergischen Staatsbahnen zum Bau dieser Nebenbahn gehen bis zum Ende des 19. Jahrhunderts zurück und 1909 wurde mit dem Bau begonnen. Die Strecke teilt sich hinter Böblingen, von denen der längere Abzweig nach Weil im Schönbuch im Oktober 1910 in Betrieb genommen werden konnte. Die Verlängerung bis nach Dettenhausen ging im Juli 1911 in Betrieb.

Bereits ab 1911 sollte im Anschluss an die Linie nach Dettenhausen der Streckenast über Schönaich und Waldenbuch nach Nürtingen gebaut werden, aber der Erste Weltkrieg verhinderte dies. Erst im April 1922 konnte die Linie dem Betreib übergeben werden. Sie führte aber nur bis Schönaich und war gerade einmal drei Kilometer lang. Waldenbuch wurde 1928 an die Filderbahn angeschlossen.

Die komplette Strecke blieb bis Mitte der 1950er-Jahre in Betrieb, dann wurde der Personenverkehr nach Schönaich eingestellt. Im Sommer 1959 fuhr der letzte Güterzug. Im Frühjahr 1965 endete auch der Personenverkehr nach Dettenhausen. Allerdings gab es bis 1967 noch einen Güterzug mit Personenbeförderung. 1990 wurde der Güterverkehr auf dem Abschnitt Schönaicher First (heute Böblingen Zimmerschlag) – Dettenhausen beendet. Das Teilstück zwischen Böblingen und Schönaicher First wurde aber weiterhin mit Güterzügen befahren, denn am Schönaicher First sitzt ein Chemiewerk, das seine Rohstoffe und Endprodukte mit der Bahn an- bzw. abfahren ließ.

Die Bahn wurde aber nie stillgelegt und es gab immer wieder Versuche, die Strecke zu reaktivieren. Im Herbst 1992 stimmte das Verkehrsministerium Baden-Württemberg der Wiederinbetriebnahme schließlich zu . Allerdings wurde die Strecke nicht mehr von der DB bedient, sondern es wurde der Zweckverband Schönbuchbahn (ZVS) gegründet, der die Strecke zum symbolischen Preis von 1,- DM kaufte. Gleise und Infrastruktur wurden aufgearbeitet bzw. neu aufgebaut und die Betriebsführung an die Württembergische Eisenbahngesellschaft (WEG) übergeben.

Seit Herbst 1996 sind nun im Stunden- bzw. Halbstundentakt die vierachsigen, Regio-Shuttle-Triebwagen RS1 mit einer Höchstgeschwindigkeit von 80 km/h unterwegs. Bis 2000 waren die Fahrgastzahlen von den prognostizierten 3.500 pro Tag auf über 5.000 angestiegen, so dass die Züge oft überfüllt waren. Weil aber auf der eingleisigen Strecke der Takt nicht mehr verdichtet werden konnte, entschied man sich die Bahnsteige zu verlängern und in hoch frequentierten Zeiten Dreifach-Garnituren einzusetzen. Aber auch damit konnte die Nachfrage nicht befriedigt werden und die Fahrgastzahlen kletterten bis auf 7.000 Fahrgäste täglich im April 2008.

< Ein Triebwagen (CAF Nexio) der Schönbuchbahn steht im Bahnhof Dettenhausen.

Streckenname	Schönbuchbahn
Relation	Böblingen–Dettenhausen (sowie nach Schönaich, nur bis 1954) (Baden-Württemberg)
Länge	17 km
Funktion	Einst Personen- und Güterverkehr, heute nur noch Personenverkehr
Daten zum Bau	Baubeginn: 1909 Bauzeit (inkl. Planung, bis zur Fertigstellung): 23 Jahre | Eröffnung: 16.10.1910 | Durchgängig befahrbar ab: 29.7.1911
Spurweite	Vollbahn (1435 mm)
Bahnhöfe	Böblingen, Dettenhausen
Anschlusspunkte	Böblingen: Gäubahn Stuttgart–Singen, Rankbachbahn nach Renningen
Besonderheiten	Eingleisige, nicht elektrifizierte Nebenbahn; Elektrifizierung in der Diskussion

2012 nutzten an Werktagen bereits täglich über 10.000 Fahrgäste die Schönbuchbahn. Zur Bewältigung der steigenden Nachfrage wurde seit 2009 die Elektrifizierung der Strecke mit 15 kV 16,7 Hz Wechselstrom und der zweigleisige Ausbau bestimmter Abschnitte – Böblingen – Böblingen, Danziger Straße sowie Böblingen, Zimmerschlag – Holzgerlingen, Hülben – geplant. Ziel war die Einrichtung eines 15-Minuten-Taktes bis Holzgerlingen, während der Abschnitt bis Dettenhausen weiterhin im 30-Minuten-Takt bedient werden sollte. Zudem sah das Ausbaukonzept eine Ertüchtigung für eine Streckengeschwindigkeit von 100 km/h, den Neubau der gesamten Leit- und Sicherungstechnik sowie den Umbau aller Bahnsteige auf eine einheitliche Länge von 85 Metern und eine Bahnsteighöhe von 76 Zentimetern über Schienenoberkante vor. Die Gesamtkosten wurden zunächst auf rund 93,8 Millionen Euro veranschlagt.

Der Streckenabschnitt Holzgerlingen – Dettenhausen wurde am 24. Februar 2019 wieder in Betrieb genommen, der Abschnitt Böblingen – Holzgerlingen folgte schließlich am 14. Dezember 2019. Die endgültigen Gesamtkosten für den Infrastrukturausbau beliefen sich auf etwa 120 Millionen Euro. Der Zweckverband Schönbuchbahn erwartet einen Fahrgastzuwachs von bislang auf rund 14.000 Fahrgäste pro Werktag. Für den Betrieb beschaffte der Zweckverband Schönbuchbahn insgesamt zwölf elektrische Triebzüge bei des spanischen Herstellers CAF. Deren Inbetriebnahme sollte bis Ende 2021 erfolgen, verzögerte sich aber aufgrund von Problemen im Zulassungsprozess bis 2025.

MURGTALBAHN

Streckenname	Murgtalbahn
Relation	Rastatt–Freudenstadt (Baden-Württemberg)
Länge	58,2 km
Funktion	Einstmals Personen- und Güterverkehr, heute durch Einsatz der Karlsruher Stadtbahn im Einzugsbereich des Karlsruher Nahverkehrs
Daten zum Bau	Baubeginn: 8.5.1868 | Bauzeit (inkl. Planung, bis zur Fertigstellung): 60 Jahre (mit langjährigen Unterbrechungen) | Eröffnung: 31.5.1869 | Durchgängig befahrbar ab: 13.7.1928
Spurweite	Vollbahn (1435 mm)
Bauwerke	Füllentunnel (215 m, bei Au), Tennetschlucht-Viadukt (183 m, bei Langenbrand), Stiehltunnel (355 m, bei Langenbrand), Haulertunnel (364 m, bei Forbach), Mähderbucktunnel (215 m, bei Schwarzenberg)
Bahnhöfe	Rastatt, Gaggenau, Forbach, Freudenstadt
Anschlusspunkte	Rastatt: Rheintalbahn Karlsruhe Basel, Rheinbahn Mannheim-Karlsruhe | Freudenstadt: Gäubahn nach Stuttgart, Kinzigtalbahn nach Hausach
Besonderheiten	Zahlreiche Kunstbauten, bis 1926 Zahnstangenabschnitt zwischen Baiersbronn und Freudenstadt, eingleisig ausgeführt, erst 2002–2004 elektrifiziert; größte Steigung: 50 Promille (zwischen Baiersbronn und Freudenstadt)

Eine Stadtbahn der Albtalbahn überquert die Tennetschlucht.

Erste Ideen für den Bau einer Bahn von Rastatt nach Freudenstadt entlang der Murg reichen bis in das Jahr 1852 zurück. Gedacht ist an eine durchgehende Eisenbahnstrecke über Freudenstadt und das württembergische Hochland nach Donaueschingen, um so den Hochschwarzwald und die Baar zu erschließen. Doch Württemberg lehnt das Ansinnen zunächst ab. Schließlich bildet sich in Gernsbach ein Eisenbahnkomitee und setzt den Bahnbau durch. Nach dem Beginn der Arbeiten am 8.5.1868 – der Deutsche Krieg 1866 hat die für 1865 angesetzten Bauarbeiten verzögert – kann am 31.5.1868 die Strecke Rastatt–Gernsbach eröffnet werden. Eigentümerin ist die »Murgthal-Eisenbahngesellschaft«, den Betrieb führt die Großherzogliche Badische Staatsbahn.

Ein am 10.2.1872 eingereichtes Konzessionsgesuch beschreibt eine Verbindung von Gernsbach nach dem württembergischen Freudenstadt durch eine Schmalspurbahn. Doch Württemberg lehnt wieder ab. Der Staatsvertrag vom Dezember 1873 definiert lediglich den Bau der Kinzigtalbahn. Erst 1888 belebt die Petition einer Papierfabrik, die eine Bahn von Gernsbach nach Weisenbach bauen will, die Pläne wieder. Nun fürchtet die Murgthal-Eisenbahngesellschaft Konkurrenz und sucht selbst um eine Konzession für den Bau und Betrieb einer Bahnlinie bis Weisenbach nach, die sie am 28.11.1890 erhält. Am 1.5.1894 geht die Strecke bis Weisenbach in Betrieb. Zum 1.7.1904 übernimmt die Staatsbahn die Bahnlinie.

In Württemberg markiert ein Landtagsbeschluss von 1898 ein Umdenken: Die Strecke Freudenstadt–Klosterreichenbach (dort befindet sich auch die 50-Promille-Steigung, die bis 1926 durch eine Zahnstange des Systems Abt bewältigt werden musste) zur Anbindung des oberen Murgtals wird am 20.11.1901 eröffnet. Nun bauen beide Staatsbahnen an der Murgtalbahn: Am 14.6.1910 geht der Abschnitt Weisenbach–Forbach in Betrieb, am 4.5.1915 der Abschnitt Forbach–Raumünzach. Erst am 13.7.1928 wird die Lücke zwischen Raumünzach und Klosterreichenbach geschlossen.

Durch Kriegsschäden kann die Murgtalbahn erst ab 14.5.1950 wieder durchgängig befahren werden. Gerade die schwierige Trassierung verhindert, dass sich auf der Bahnlinie umfangreicher Durchgangsverkehr entwickelt. In den 80er-Jahren gibt es Stilllegungsgerüchte. 2000 einigen sich Landkreise und Kommunen auf eine Sanierung der Strecke. Vorgesehen ist die Umstellung auf den Betrieb mit Elektrolokomotiven und Stadtbahnen der Albtal-Verkehr-Gesellschaft (AVG). Die etappenweise Elektrifizierung wird bis 20.5.2004 durchgeführt. Der Stadtbahnverkehr ermöglicht ein besseres Angebot und reduzierte Fahrzeiten. In der Folge steigen die Fahrgastzahlen erheblich: Fuhren vor der Umstellung werktags rund 2.700 Fahrgäste mit den Zügen der Murgtalbahn, so sind es 2009 knapp 13.000 Fahrgäste.

71

KINZIGTALBAHN

Nachdem die Badischen Staatsbahnen 1855 die Rheintalstrecke Mannheim–Haltingen fertiggestellt hatten, profitieren Handel und Industrie der an der Strecke liegenden Gemeinden. Das »abgeschnittene« Kinzigtal spielt zunächst keine Rolle in den Überlegungen der großherzoglich-badischen Bahningenieure, obwohl die Gemeinden im Flusstal vor einem drohenden »Verlust des Gewerbefleißes« warnen, wenn kein Eisenbahnanschluss käme. Während des Baus der Schwarzwaldbahn (1863–1873) schlagen die Kinzigtalgemeinden eine Linienführung über Schiltach ins Württembergische vor, doch die Verantwortlichen lehnen diese Lösung ab, sie wollen eine rein badische Linie. Erst mit Eröffnung der Schwarzwaldbahn 1873 werden neue Pläne erstellt: Eine neue Bahnlinie soll nun die erst projektierte Strecke Eutingen–Freudenstadt (die sogenannte Gäubahn) und die neue Schwarzwaldbahn verbinden und damit den Transitverkehr nach Straßburg vereinfachen.

Nach einem badisch-württembergischen Übereinkommen beginnen 1876 die Bauarbeiten. In Hausach zweigt die Kinzigtalbahn von der Schwarzwaldbahn ab und erreicht am 5.7.1878 Wolfach. Nachdem die Arbeiten drei Jahre lang ruhen – zwischenzeitlich ist die Gäubahn bis Freudenstadt 1879 eröffnet worden –, geht es erst im Oktober 1881 weiter. Der Bahnbau aber gestaltet sich sehr schwierig. Allein auf dem 20 km langen Abschnitt von Freudenstadt nach Schiltach existieren zahlreiche Tunnel und gewaltige Dämme bis 25 m Höhe.

Am 4.11.1886 wird der Abschnitt Schiltach–Freudenstadt eröffnet. Kurz darauf wird weitergebaut: In Schiltach zweigt die 1892–1990 betriebene und heute abgebaute Strecke nach Schramberg ab.

Die Bahn erfüllt jahrzehntelang ihre Aufgaben. Mehrfach ist die Strecke von der Stilllegung bedroht. Am 12.12.2004 übernimmt die Ortenau S-Bahn GmbH (OSB) den Betrieb auf der Strecke mit RegioShuttles. Im Herbst 2022 war der Abschnitt Hausach–Schiltach voll gesperrt, um Gleise, Schwellen und Schotter zu tauschen. Bahnübergänge, mehrere Brücken und die Stationen Hausach und Halbmeil wurden saniert, 35 Millionen Euro in die Strecke investiert. Der ursprünglich zum Fahrplanwechsel 2023 geplante Einsatz von batteriebetriebenen Zügen vom Typ Siemens Mireo Plus B im Netz 8 verzögerte sich bis 15. Dezember 2024.

Landschaftlich besonders faszinierend ist der Abschnitt Alpirsbach bis Freudenstadt, eine atemberaubende Klettertour durch den Loßburger Scheiteltunnel und über das Lauterbader Viadukt.

Streckenname	**Kinzigtalbahn (nicht zu verwechseln mit der hessischen Kinzigtalbahn Fulda–Hanau–Offenbach–Frankfurt)**
Relation	Hausach–Freudenstadt (Baden-Württemberg)
Länge	39,1 km
Funktion	Personen- und Güterverkehr
Daten zum Bau	Baubeginn: 1876 | Bauzeit (inkl. Planung, bis zur Fertigstellung): 10 Jahre | Eröffnung: 5.7.1878 | Durchgängig befahrbar ab: 4.11.1886
Spurweite	Vollbahn (1435 mm)
Bauwerke	Wolfacher Tunnel (285 m), Schiltacher Tunnel (117 m), Schwenkenhardt-Tunnel (370 m, bei Ehlenbogen), Loßburg-Tunnel (380 m), Lauterbad-Viadukt (213 m, bei Freudenstadt)
Bahnhöfe	Hausach, Schiltach, Freudenstadt
Anschlusspunkte	Hausach: Schwarzwaldbahn Offenburg–Singen | Freudenstadt: Murgtalbahn nach Rastatt, Gäubahn nach Eutingen
Besonderheiten	Eingleisig, nicht elektrifiziert; jahrelanger Einsatz der BR 38 und von Schienenbussen; größte Steigung: 23 Promille (zwischen Loßburg und Alpirsbach)

Sommer im Kinzigtal: Ein Triebwagen der Baureihe 627 rollt am 15. August 1998 über die Kinzigbrücke zwischen Alpirsbach und Schenkenzell.

KAISERSTUHLBAHN

Seit der Elektrifizierung rollen moderne Mireotriebwagen über die Kaiserstuhlbahn.

Streckenname	Kaiserstuhlbahn
Relation	Gottenheim–Riegel–Breisach (Baden-Württemberg)
Länge	37,6 km
Funktion	Personen- und Güterverkehr, zudem Museumsbahn »Rebenbummler«
Daten zum Bau	Baubeginn: 1893 | Bauzeit (inkl. Planung, bis zur Fertigstellung): 2 Jahre | Eröffnung: 15.12.1894 | Durchgängig befahrbar ab: 7.9.1895
Spurweite	Vollbahn (1435 mm)
Bahnhöfe	Gottenheim, Riegel Bahnhof, Breisach
Anschlusspunkte	Gottenheim: nach Breisach | Riegel Bahnhof: Rheintalstrecke Mannheim–Basel | Breisach: nach Freiburg
Besonderheiten	Nicht bundeseigene Nebenbahn, nicht elektrifiziert, aber Elektrifizierung geplant; letzte komplett erhaltene und vollständig im Betrieb befindliche Normalspurstrecke der einstigen Süddeutschen Eisenbahn-Gesellschaft (SEG), Museumszug »Rebenbummler«

Die Hauptstrecke von Freiburg nach Alt-Breisach in der Region Kaiserstuhl wird 1871 als ein kommunales Unternehmen der beiden Städte eröffnet, 1878 erfolgt die Streckenverlängerung über Neu-Breisach nach Colmar. Die eisenbahntechnische Erschließung des Kaiserstuhls aber erfolgt unter dem Badischen Eisenbahn-Konsortium des Eisenbahnunternehmers Hermann Bachstein, das ab 1893 eine Nebenbahnlinie erbaute. Es gibt zwei verschiedene Streckenabschnitte: Die Linie von Gottenheim über Riegel nach Endingen am Kaiserstuhl wird am 15.12.1894 eröffnet. Von hier aus besteht Anschluss an die bereits erstellte Bahn von Freiburg nach Colmar. Am 7.9.1895 folgt der Abschnitt Endingen am Kaiserstuhl nach Breisach, wodurch ein direkter Anschluss an die Rheintalbahn über Freiburg nach Offenburg gegeben ist.

Die Strecken gehen zunächst am 1.4.1897 an die Süddeutsche Eisenbahngesellschaft (SEG, Darmstadt), die sie auch betreibt. Die SEG verzichtet Ende 1952 wegen der hohen Defizite ihrer Nebenbahnstrecken auf eine Verlängerung der Konzession und übergibt die Kaiserstuhlbahn am 1.1.1953 an das Land Baden-Württemberg. Den Betrieb führt nun die Mittelbadische Eisenbahnen AG in Lahr (MEG). Am 1.10.1971 verschmilzt die MEG mit der heutigen SWEG (seit 1984: Südwestdeutsche Verkehrs-Aktiengesellschaft) mit Sitz in Lahr.

Die SWEG führt als Verkehrsträger im Regio-Verkehrsverbund Freiburg (RVF; gegründet von der SWEG sowie anderen Unternehmen am 1.1.1994) auf der Bahn Personen- und Güterverkehr durch. Im Personenverkehr werden u. a. auch moderne RegioShuttle RS1 (Adtranz) sowie die NE 81 (Waggon Union, Berlin) eingesetzt. Seit dem kleinen Fahrplanwechsel am 10.6.2007 wird auf der westlichen Kaiserstuhlbahn zwischen Breisach und Sasbach-Jechtingen ein erweitertes ÖPNV-Angebot umgesetzt.

Eine Kooperationsvereinbarung zwischen RVG und Nahverkehrsgesellschaft Baden-Württemberg (NVBW) vom 11. März 2009 umfasste auch die Elektrifizierung des S-Bahn-Netzes im Freiburger Raum bis 2018. Dazu zählten ebenfalls die Strecken Breisach–Riegel am Kaiserstuhl und Riegel am Kaiserstuhl Ort–Gottenheim. Im April 2017 erfolgte der symbolische erste Spatenstich und am 8. Juli 2019 wurde um sieben Uhr abends die Oberleitung unter Spannung gesetzt.

DIE SCHWARZWALDBAHN

Die 150 km lange badische Schwarzwaldbahn verbindet Offenburg mit Singen am Hohentwiel. Sie überwindet dabei 650 Höhenmeter und führt durch 39 Tunnel.

Erste Pläne für die Überquerung des Schwarzwalds gehen bereits auf die Mitte des 19. Jahrhunderts zurück. Dort soll eine Bahnlinie als Zubringer zur Gotthardbahn entstehen, die in der Nähe von Waldshut in die Schweiz wechselt und durch das Wutachtal führt. Die schwierige Topographie und die noch fehlende Technik zu ihrer Überwindung verhindern jedoch ihren Bau. Schließlich wird eine Bahnlinie zwischen Offenburg und Singen ins Auge gefasst. Nach langen Diskussionen fällt die Entscheidung für eine Trasse über Hornberg und Triberg. Nicht zuletzt, weil diese Streckenführung vollständig im Großherzogtum Baden verlief und nicht das benachbarte Königreich Württemberg berührte, obwohl eine Trassierung über Schramberg (Württemberg) wesentlich kostengünstiger ausgefallen wäre.

Der Eisenbahningenieur Robert Gerwig bekam den Auftrag zur Ausarbeitung konkreter Pläne und im April 1865 begann der Bau der Schwarzwaldbahn. Zuerst wurden die Abschnitte von Offenburg bis Hausach und von Engen bis Singen gebaut. Der Streckenabschnitt zwischen Hornberg und Sankt Georgen war wegen der vielen Kehrtunnel bautechnisch am anspruchsvollsten. Er wurde deshalb zuletzt in Angriff genommen. Im November 1870 wird der Verkehr auf der gesamten Strecke aufgenommen. Bis 1888 wurde der Streckenabschnitt zwischen Hausach und Villingen zweigleisig ausgebaut.

Die Bahn musste durch Kehren künstlich verlängert werden, um die Steigungen unter 20 Promille zu begrenzen. Zwischen Hausach und St. Georgen überwindet die Bahn einen Höhenunterschied von mehr als 564 Metern auf 38 Kilometer, obwohl die beiden Orte nur 21 Kilometer Luftlinie voneinander entfernt sind. Auf diesem Abschnitt sind auch 37 der 39 Tunnel zu finden. Zwischen Triberg und St. Georgen steht der 1.697 m lange Sommerauer Tunnel, der die Hauptwasserscheide unterquert.

Bis November 1921 wurden die Streckenabschnitte Offenburg–Hausach und Villingen–Singen zweigleisig ausgebaut und 1924/1925 wurde der Reichenbach-Viadukt komplett erneuert. Am 22. April 1945 musste der Verkehr allerdings eingestellt werden, weil eine Stütze des Viaduktes bei einem Angriff beschädigt wurde. Ende Juni 1945 konnte die Strecke wieder befahren werden.

In den 1970er-Jahren wurde die Schwarzwaldbahn elektrifiziert und ab September 1977 wurde mit Elloks gefahren. Die Elektrifizierung war sehr teuer und mit großem Aufwand verbunden, denn in den zahlreichen Tunnels mussten die Gleise tiefer gelegt werden, um Platz für die Oberleitung zu schaffen. Die Bahnreform im Jahr 1994 ermöglichte auch privaten Eisenbahngesellschaften den Zugang zum Netz der DB AG. So sind seit dem Mai 1998 die Züge der Ortenau-S-Bahn (OSB), einer Tochter der SWEG, zwischen Offenburg und Hausach im Einsatz. Inzwischen wurden die Züge bis Freudenstadt verlängert, wo sie Anschluss an die DB-Züge nach Eutin-

Der Hornberger Viadukt zählt zu den eindrucksvollsten Bauwerken der Schwarzwaldbahn.

gen im Gäu und an die AVG-Züge nach Karlsruhe haben. Seit Dezember 2006 wird der Verkehr auf der Schwarzwaldbahn mit modernen E-Loks der Baureihe 146 und modernen Doppelstockwagen der DB AG abgewickelt. Die Fahrgastzahlen stiegen innerhalb eines Jahres um 30 %. Mit Beginn des neuen Verkehrsvertrages Anfang der 30er-Jahre sollen einstöckige Neufahrzeuge im baden-württembergischen Landesdesign eingesetzt werden.

Streckenname	**Schwarzwaldbahn**
Alternative Bezeich.	Badische Schwarzwaldbahn (nicht zu verwechseln mit der Württembergischen Schwarzwaldbahn Stuttgart–Calw)
Relation	Offenburg–Singen (Baden-Württemberg)
Länge	149,1 km
Funktion	Personen- und Güterverkehr
Daten zum Bau	Baubeginn: April 1865 | Bauzeit (inkl. Planung, bis zur Fertigstellung): 8 Jahre | Eröffnung: Juli 1866 | Durchgängig befahrbar ab: 10.11.1873
Spurweite	Vollbahn (1435 mm)
Bahnhöfe	Niederwassertunnel (558 m), Eisenbergtunnel (792 m), Hippensbachtunnel (365 m), Großer Triberger Tunnel (835 m), Gummambstunnel (365 m), Gremmelsbachtunnel (912 m), Grundwaldtunnel (381 m), Sommerautunnel (1.697 m), Hattinger Tunnel (900 m)
Anschlusspunkte	Offenburg, Villingen, Donaueschingen, Immendingen, Singen | Offenburg: Rheintalbahn Mannheim–Basel | Villingen: nach Rottweil | Donaueschingen: Badische Höllentalbahn nach Freiburg im Breisgau | Immendingen: Donautalbahn nach Ulm | Singen: Hochrheinbahn Basel–Konstanz, Gäubahn nach Stuttgart
Besonderheiten	Zweigleisige, elektrifizierte Hauptbahn; zahlreiche Tunnel Überwundener Höhenunterschied: 650 m; Höchster Punkt: Sommerau (832 m); Größte Steigung: unter 20 Promille

HÖLLENTALBAHN

Streckenname	Höllentalbahn
Alternative Bezeich.	Badische Höllentalbahn (nicht zu verwechseln mit der Fränkischen Höllentalbahn Blankenstein–Marxgrün)
Relation	Freiburg im Breisgau–Donaueschingen (Baden-Württemberg)
Länge	76,2 km
Funktion	Personen- und Güterverkehr
Daten zum Bau	Baubeginn: 1882 | Bauzeit (inkl. Planung, bis zur Fertigstellung): 19 Jahre (mit Unterbrechungen) | Eröffnung: 23.5.1887 | Durchgängig befahrbar ab: 20.8.1901
Spurweite	Vollbahn (1435 mm)
Bauwerke	Brücken über Dreisam und Gutach, Loretto-Tunnel (514 m), Sternwald-Tunnel (302 m), Ravenna-Viadukt (224 m), Finsterrank-Tunnel (248 m), Dögginger Tunnel (535 m)
Bahnhöfe	Freiburg im Breisgau, Donaueschingen
Anschlusspunkte	Freiburg im Breisgau: Rheintalbahn Mannheim–Basel, Breisacher Bahn nach Breisach | Titisee: Dreiseenbahn nach Seebrugg | Donaueschingen: Badische Schwarzwaldbahn Offenburg–Singen
Besonderheiten	Elektrifizierte, eingleisige Hauptbahn; eine der steilsten Bahnstrecken Deutschlands; Größte Steigung: 57,1 Promille (Abschnitt Himmelreich–Hinterzarten); Größte Höhe: bei Hinterzarten (893 m); Minimaler Radius: 200 m

Die Höllentalbahn verbindet Freiburg im Breisgau mit Donaueschingen durch den landschaftlich reizvollen Schwarzwald. Die eingleisige Strecke überwindet zwischen Freiburg und Hinterzarten auf einer Länge von 25,4 km eine Höhendifferenz von etwa 600 m. Mit 885 m ü. NN ist in Hinterzarten der höchste Punkt der Strecke erreicht. Mit einer Steigung von 5,5 % zählt die Höllentalbahn zu den steilsten Bahnlinien in Deutschland. Deshalb wurde der Abschnitt zwischen Hirschsprung und Hinterzarten ursprünglich als Zahnradstrecke ausgeführt. Die Strecke weist mehrere Tunnel auf und überquert auf einem 40 m hohen Viadukt die Ravennaschlucht.

Im Mai 1887, fünf Jahre nach Konzessionserteilung, wurde das erste Streckenstück zwischen Freiburg und Neustadt (Schwarzwald) eröffnet. Planung und Bau lagen in den Händen des Ingenieurs Robert Gerwig, der auch den Bau der Rheintalbahn von Waldshut nach Konstanz und der Schwarzwaldbahn leitete. Bertreiber der Bahn war zunächst die Großherzoglich Badische Staatseisenbahn. Später kam die Strecke nacheinander unter die Verwaltung der Deutschen Reichsbahn, der Deutschen Bundesbahn und seit 1994 gehört sie der Deutsche Bahn AG.

Hohe Kosten verhinderten zunächst den Weiterbau der Strecke. Erst kurz vor der Jahrhundertwende war die Finanzierung gesichert und im August 1901 wurde die Strecke bis nach Donaueschingen eröffnet. Von Hüfingen bis Donaueschingen wurde die Trasse der rund zehn Jahre zuvor eröffneten und von der Süddeutschen Eisenbahn-Gesellschaft betriebenen Bregtalbahn von Donaueschingen nach Furtwangen mitbenutzt. Die Badische Staatseisenbahn kaufte dafür das für die Höllentalbahn genutzte Teilstück.

Mitte der 1920er-Jahre begann die Deutsche Reichsbahn mit der Modernisierung der Strecke. Zunächst musste der Ravenna-Viadukt ersetzt werden, denn der ständig wachsende Verkehr hatte dem Bauwerk stark zugesetzt. Beim Bau des neuen Viadukts wurde gleich die Strecke in diesem Bereich begradigt und der ehemals 85 Meter lange Ravennatunnel auf 47 Meter verkürzt. Anfang der 1930er-Jahre wurde die Strecke dem Freiburger Hauptbahnhof und Freiburg-Littenweiler so umgebaut, dass sie nun die Rheintalbahn kreuzungsfrei überquert. Aufgrund leistungsfähigerer Bremsen und neuer Dampflokomotiven der Baureihe 85 konnte ab 1933 auf die Zahnstange verzichtet werden. Gleichzeitig wurde die Strecke bis Neustadt im Schwarzwald elektrifiziert. Allerdings entschied man sich nicht für die üblichen 15 kV Wechselspannung mit einer Frequenz von 16 2/3 Hertz, sondern man wählte eine Spannung von 20.000 Volt bei einer Frequenz von 50 Hertz. Damit untersuchte die Deutsche Reichsbahn, ob sich eine Bahnlinie aus dem öffentlichen Stromnetz versorgen ließ. Für den Betrieb lieferten mehrere Lokfabriken insgesamt vier Maschinen, die sich stark an die Baureihen E 44 bzw. E 44.5 anlehnten und die als Baureihe E 244 bezeichnet wurden. Die in Titisee von der Höllentalbahn abzweigende Dreiseenbahn wurde 1926 eröffnet und später ebenfalls mit diesem System elektrifiziert. In den 1950er-Jahren entschloss sich die Deutsche Bundesbahn das abweichende Stromsystem auf die üblichen
15 kV umzustellen und so das Umspannen der Züge zu beenden.

Anfang der 1990er-Jahre wurde der Streckenabschnitt zwischen Neustadt und Freiburg modernisiert. Im Dezember 2010 wurde die Elektrifizierung des Abschnitts Neustadt–Donaueschingen beschlossen und als Teil des Konzepts Breisgau-S-Bahn 2020 bis Ende 2019 umgesetzt. Zuvor war bis zum Ende des Jahres 2018 der bereits elektrifizierte Abschnitt von Freiburg nach Neustadt ausgebaut worden. Seit dem Fahrplanwechsel im Dezember 2019 wird die Strecke zusammen mit der Breisacher Bahn von der DB Regio betrieben, sodass es jetzt eine Verbindung Breisach–Freiburg–Neustadt–Donaueschingen–Villingen gibt. An Sonn- und Feiertagen gibt es einen 20-Minuten-Takt zwischen Freiburg (Breisgau) Hbf und Titisee. Dafür nahm man im November 2018 ein zweites Gleis am Haltepunkt Freiburg-Littenweiler in Betrieb, um als Kreuzungsbahnhof Verstärkerfahrten zwischen Freiburg und Kirchzarten zu gewährleisten.

Der bekannteste Viadukt der Höllentalbahn ist die Ravennabrücke.

MÜNCHEN–ULM

Nachdem sich der Erfolg der ersten deutschen Eisenbahn zwischen Nürnberg und Fürth abzeichnet, gründen sich in Augsburg und München sowie an anderen Orten Bahnkomitees, die für einen Weiterbau der Eisenbahn werben. Am 28.9.1836 erlässt Bayern die sogenannten Fundamentalbestimmungen für sämtliche Eisenbahnstatuten in Bayern, die rechtliche wie technische Fragen des künftigen Bahnbaus im Königreich regeln. Am 23.7.1837 gründet sich die München-Augsburger Eisenbahn-Gesellschaft (MAE), die Anfang 1838 mit dem Bau der zweiten bayerischen Bahnstrecke, die von München nach Augsburg führt, beginnt. Am 1.9.1839 geht der erste Abschnitt München–Lochhausen in Betrieb, am 4.10.1840 ist Augsburg erreicht. Am 1.6.1846 geht die MAE in den 1844 gegründeten Königlich Bayerischen Staats-Eisenbahnen auf.

Die rasche Fertigstellung der württembergischen Südbahn Stuttgart–Ulm–Friedrichshafen am 29.6.1850 bringt Bayern an seiner Westgrenze in Zugzwang: Um nicht vom übrigen entstehenden Bahnnetz isoliert zu bleiben, muss das Königreich auf den von Württemberg propagierten Vorschlag eines Bahnanschlusses in Ulm eingehen. Eigentlich strebt Bayern nach einer Linie, die über Nördlingen weiter nach Norden führen soll. 1851 schließen beide Länder einen den Bahnbau über Ulm betreffenden Vertrag. 1852 beginnen bei Augsburg und an der Donaubrücke bei Ulm/Neu-Ulm die Bauarbeiten, als erste Abschnitte gehen Neu-Ulm–Burgau und Dinkelscherben–Augsburg am 26.9.1853 in Betrieb. Am 1.5.1854 ist mit Fertigstellung der Donaubrücke Ulm/Neu-Ulm und dem Lückenschluss Burgau–Dinkelscherben die dem bayerische König zu Ehren Maximiliansbahn genannte Strecke durchgängig befahrbar und entwickelt sich in der Folgezeit zu einer wichtigen Verkehrsachse im deutschen Süden. Der zweigleisige Ausbau erfolgt bis 1892, im Mai 1933 kann der elektrische Betrieb durchgängig aufgenommen werden.

Aus Anlass der Verkehrsausstellung in München (Juni–Oktober 1965) befahren Loks der Baureihe 103 die Strecke zwischen Olching und Augsburg-Hochzoll mit 200 km/h. 1977 wird in diesem Abschnitt erstmals in Deutschland der 200-km/h-Betrieb fahrplanmäßig aufgenommen. Der 44 Kilometer lange Abschnitt zwischen Augsburg und Olching wurde von zwei auf vier Gleise ausgebaut. Die Planungen dafür begannen 1991, abgeschlossen wurde das Projekt 2011. Mittlerweile ist eine umfassende Generalsanierung der Bahnstrecke Augsburg–Ulm geplant, analog zur Sanierung der Riedbahn im Jahr 2024. Ursprünglich sollte diese Generalsanierung im Jahr 2030 erfolgen. Weil das Konzept der Generalsanierungen nochmals überarbeitet und der Zeitplan dabei geändert wurde, verschob sich die Sanierung der Bahnstrecke zwischen Augsburg und Ulm ins Jahr 2034.

Das Ulmer Münster bildet den beeindruckenden Hintergrund für einen Schnellzug, der auf einer Mehrfeldbrücke die Donau auf überquert.

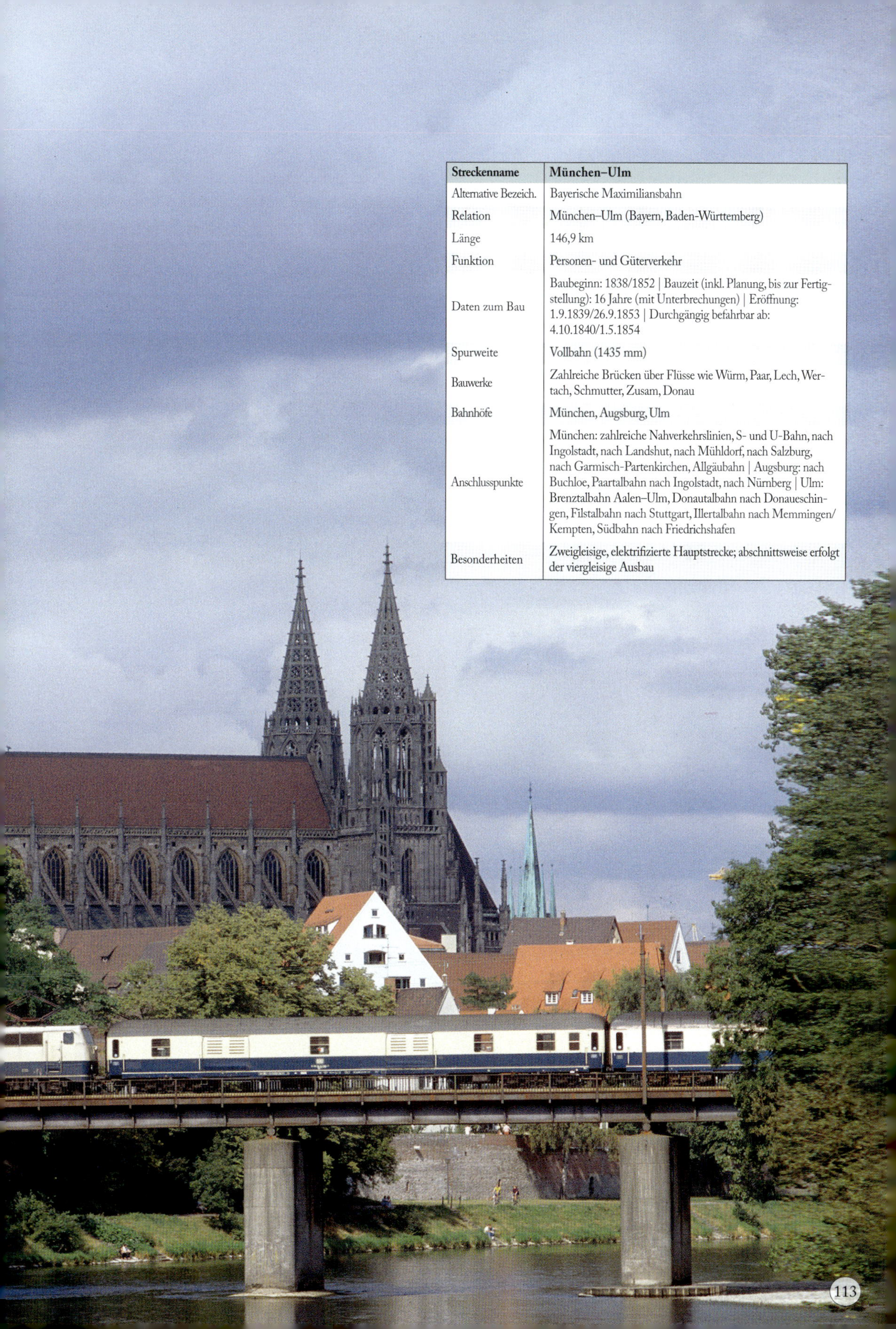

Streckenname	München–Ulm
Alternative Bezeich.	Bayerische Maximiliansbahn
Relation	München–Ulm (Bayern, Baden-Württemberg)
Länge	146,9 km
Funktion	Personen- und Güterverkehr
Daten zum Bau	Baubeginn: 1838/1852 | Bauzeit (inkl. Planung, bis zur Fertigstellung): 16 Jahre (mit Unterbrechungen) | Eröffnung: 1.9.1839/26.9.1853 | Durchgängig befahrbar ab: 4.10.1840/1.5.1854
Spurweite	Vollbahn (1435 mm)
Bauwerke	Zahlreiche Brücken über Flüsse wie Würm, Paar, Lech, Wertach, Schmutter, Zusam, Donau
Bahnhöfe	München, Augsburg, Ulm
Anschlusspunkte	München: zahlreiche Nahverkehrslinien, S- und U-Bahn, nach Ingolstadt, nach Landshut, nach Mühldorf, nach Salzburg, nach Garmisch-Partenkirchen, Allgäubahn | Augsburg: nach Buchloe, Paartalbahn nach Ingolstadt, nach Nürnberg | Ulm: Brenztalbahn Aalen–Ulm, Donautalbahn nach Donaueschingen, Filstalbahn nach Stuttgart, Illertalbahn nach Memmingen/Kempten, Südbahn nach Friedrichshafen
Besonderheiten	Zweigleisige, elektrifizierte Hauptstrecke; abschnittsweise erfolgt der viergleisige Ausbau

DAS ALBBÄHNLE

In den 1870er-Jahren plädieren Bürger Laichingens, Merklingens und Nellingens dafür, ihre Orte an das Eisenbahnnetz anzuschließen. Unterstützung finden sie durch die Leinen- und Bettwäscheindustrie der Region, die auf kostengünstige und sichere Transportmöglichkeiten angewiesen ist. Doch erst 1888 entsteht ein Eisenbahnkomitee, das die verschiedenen Vorschläge – so existieren verschiedene Vorschläge zu Linienführung (z.B. Kirchheim/Teck–Laichingen–Blaubeuren oder Amstetten–Oppingen–Laichingen) und Anschlussbahnhof (z.B. Beimerstetten oder Lonsee) – strukturiert und ein Planungsbüro aus Hannover beauftragt, den Anschluss an die Hauptstrecke Ulm–Stuttgart (Filstalbahn) zu projektieren. Doch

die Königlich Württembergische Staats-Eisenbahn (KWStE) lehnt aus wirtschaftlichen Erwägungen den Bahnbau ab.

Erst mit Gründung der Württembergischen Eisenbahn-Gesellschaft (WEG, 13.5.1899) werden die Pläne umgesetzt, aus wirtschaftlichen Erwägungen kommt aber nur eine Schmalspurbahn (1000 mm) infrage: Die WEG übernimmt die Betriebsführung, erhält am 24.10.1899 die Konzession und beginnt im Juni 1900 mit den Bauarbeiten. Am 22.6.1901 fahren erste Arbeitszüge bereits bis Laichingen, am 20.10.1901 folgt die offizielle Eröffnung. Von Anfang an macht sich die WEG keine Illusionen: Ein großer wirtschaftlicher Erfolg wird der Bahn Amstetten/Württ.–Laichingen trotz des Einsatzes von Rollböcken zum flexiblen und Zeit sparenden Gütertransport nicht beschieden sein. Allein während des Autobahnbaus der in der Weimarer Zeit projektierten, aber erst von den Nationalsozialisten umgesetzten A8 (1936/37) steigt die Transportleistung der Bahn bei Materiallieferungen kurzzeitig an.

In Amstetten (Württ.) zweigt die Schmalspurstrecke nach Laichingen ab. Sie wird heute nur noch von Museumszügen bis Oppingen befahren.

1954 kommt der erste Dieseltriebwagen (ein umgebauter Omnibus) auf die Strecke, mit dem 60-jährigen Betriebsjubiläum 1961 endet die Zeit der Dampfloks auf der Bahn. 1968 erscheint der WEG-Triebwagen 35 (Fuchs, Heidelberg, 1955), der bis 1976 eingesetzt wird. Triebwagen der 1972 eingestellten Härtsfeldbahn Aalen–Dillingen, T 37 (MAN, 1960) sowie die Triebwagen T 30 und 31 (Fuchs, Heidelberg, 1956) ergänzen 1973–1976 den Fuhrpark der Strecke.

Die WEG sucht den Betrieb Anfang der 80er-Jahre zu rationalisieren und saniert die Strecke grundlegend, sie investiert auch in die Infrastruktur (z. B. neue Lokhalle in Laichingen). Doch der zurückgehende Güterverkehr und die Senkung von Zuschüssen machen eine Weiterbetrieb nicht mehr möglich: Am 31.8.1985 wird der Personenverkehr, am 14.9. der Güterverkehr eingestellt, im September 1985 beginnt der Abbau der Gleise zwischen Laichingen und Oppingen.

Seit 14.7.1990 betreiben die Ulmer Eisenbahnfreunde auf dem nicht abgebauten Teil der Strecke, also zwischen Amstetten/Württ. und Oppingen, einen Museumsbahnverkehr. Eingesetzt wird die Dampflok 99 7233 (Borsig, 1904), die einst auf der Schmalspurbahn Mosbach–Mudau zu Hause war.

Streckenname	Albbähnle
Relation	Amstetten/Württ.–Laichingen (Baden-Württemberg), heute nur noch Amstetten–Oppingen
Länge	Einst 19 km, heute noch 5,3 km
Funktion	Einst Personen- und Güterverkehr, heute Museumsbahn der Ulmer Eisenbahnfreunde (UEF)
Daten zum Bau	Baubeginn: Juni 1900 | Bauzeit (inkl. Planung, bis zur Fertigstellung): 1 Jahr | Eröffnung: 20.10.1901 |Durchgängig befahrbar ab: 22.6.1901
Spurweite	Schmalspurbahn (1000 mm)
Bahnhöfe	Amstetten/Württ., Oppingen
Anschlusspunkte	Amstetten: Filsbahn Ulm–Stuttgart und Lokalbahn Amstetten/Württ.–Gerstetten
Besonderheiten	Museumsbahn; größte Steigung: 1.35; minimaler Radius: 140 m; überwundener Höhenunterschied: 123 m

HOHENZOLLERISCHE LANDESBAHN (HZL)

Regioshuttle überquert den Viadukt von Lautlingen.

Im Jahr 1899 wird die »Actiengesellschaft Hohenzollernische Kleinbahngesellschaft« (AHK) gegründet. Unternehmensziel ist die Erschließung des seit 1850 zu Preußen gehörenden Regierungsbezirks Sigmaringen, der inmitten des Königreichs Württemberg liegt. Bislang hat die Königlich Württembergische Staats-Eisenbahn (KWStE) lediglich die Hohenzollern-Städte Hechingen und Sigmaringen über die bis 1879 erbaute Zollernalbbahn an ihr Bahnnetz angeschlossen.

Ab 1900 erstellt die AHK von der Zollernalbbahn im Hohenzollern-Territorium ausgehend Zweig- und Stichstrecken. Am 28.3.1900 geht z. B. die Bahnstrecke Sigmaringendorf-Bingen durch das Laucherttal in Betrieb, am 18.3.1901 folgt die Bahn Hechingen-Burladingen, am 7.6.1901 die Strecke Eyach bei Eutingen nach Stetten und schließlich am 7.11.1901 stellt sie die Verbindung zwischen Kleinengstingen (hier Anschluss an die Schwäbische Albbahn nach Ulm) mit Gammertingen her.

Am 18.6.1907 erfolgt die Umbenennung der AHK, die inzwischen weitere Strecken projektiert, in »Hohenzollerische Landesbahn AG« (HzL). Am 6.12.1908 wird die Strecke Burladingen–Gammertingen–Bingen (dort über Sigmaringendorf–Bingen Anschluss an Donautalbahn Ulm–Tuttlingen) in Betrieb genommen, am 5.10.1910 der Abschnitt Hanfertal–Sigmaringen. Mit Eröffnung des Abschnittes Stetten–Hechingen am 24.12.1912 hat das HzL-Stammnetz bis auf einige, in den nächsten Jahren folgende Ergänzungen seine volle Ausdehnung (123 km) erreicht. Nach verschiedenen Gesellschaften, denen die Betriebsführung obliegt, führt die HzL seit 1.7.1933 den Betrieb auf dem Stammnetz selbst.

Im Jahr 1947 erweitert die Bahn ihr Angebot und richtet die erste Omnibuslinie Bingen–Riedlingen–Gammertingen ein. Damit setzt die schrittweise Einstellung des Personenverkehrs auf dem Streckennetz ein. Seit 1973 führt die HzL nur noch zwischen Hechingen und Sigmaringen schienengebundenen Personenverkehr durch.

Der Bahnhof Sigmaringendorf wird 1992 durch den Bau einer Verbindungskurve in Richtung Ulm überflüssig, 1994 der Landesbahnhof in Sigmaringen aufgelassen (Züge fahren seitdem direkt in den DB-Bahnhof Sigmaringen ein). 1997 entsteht in Hechingen ein zweites Verbindungsgleis, um den

Die Oberstadt des Städtchens Haigerloch unterquert die Strecke Eyach–Hechingen der HzL in einem 146 m langen Tunnel.

HzL-Personenzügen die Einfahrt in den DBAG-Bahnhof zu ermöglichen.

1990 übernimmt die HzL den schienengebundenen Nahverkehr auf der Donautalbahn (Sigmaringen–Tuttlingen) – Auftakt zu weiteren ähnlichen Leistungen der HzL (z. B. 1997: Tübingen–Aulendorf, 2003: 3er-Ringzug Landkreise Schwarzwald-Baar, Rottweil und Tuttlingen, 2006: Seehäsle Stockach–Radolfzell). Am 1.7.1993 übernimmt sie die Betriebsführung der BOB (Bodensee-Oberschwaben-Bahn) in der Relation Aulendorf–Friedrichshafen.

Das Land Baden-Württemberg ist seit 1972 Mehrheitsaktionär der HzL mit 71,934 Prozent, während der Zollernalbkreis und der Landkreis Sigmaringen je 14,033 Prozent der Aktien halten. Seit den 2000er-Jahren arbeitet die HzL zunehmend mit der zu 100 Prozent in Landeseigentum befindlichen Südwestdeutschen Verkehrs-AG (SWEG) zusammen. Schließlich fusioniert die HzL am 1. Januar 2018 mit der SWEG zur Südwestdeutschen Landesverkehrs-AG (SWEG). Die HzL mit ihrem reizvollen Streckennetz besteht weiterhin als Marke.

Streckenname	Hohenzollern-Bahn
Relation	Stammnetz: Hechingen–Gammertingen, Eyach (Eutingen)–Hechingen, Kleinengstingen–Sigmaringen, Sigmaringendorf–Hanfertal (Baden-Württemberg)
Länge	123 km eigenes Netz (zusammen mit den befahrenen Strecken der DBAG über 600 km)
Funktion	Personen- und Güterverkehr
Daten zum Bau	Baubeginn (Stammnetz): 1899/1900 | Bauzeit (inkl. Planung, bis zur Fertigstellung): 12 Jahre | Eröffnung: 28.3.1900 | Durchgängig befahrbar ab: 24.12.1912
Spurweite	Vollbahn (1435 mm)
Bauwerke	Haigerloch-Tunnel (146 m)
Bahnhöfe	Eyach (Eutingen), Hechingen, Gammertingen, Kleinengstingen, Sigmaringen
Anschlusspunkte	Eyach (Eutingen): Obere Neckarbahn Tübingen–Horb | Hechingen: Zollernalbbahn Tübingen–Sigmaringen | Gammertingen: Kleinengstingen–Sigmaringen | Kleinengstingen: Schwäbische Albbahn Schelklingen–Ulm | Sigmaringen: nach Krauchenwies
Besonderheiten	Eine der größten nichtbundeseigenen Eisenbahngesellschaften in Baden-Württemberg,

TROSSINGER EISENBAHN

Mitte des 19. Jahrhunderts begann die Fertigung von Mundharmonikas in Trossingen und schon kurze Zeit später wurde die Anlieferung von Werkzeugen und Rohstoffen ebenso zum Problem wie der Abtransport der fertigen Instrumente. Zwar wird im August 1869 eine Bahnlinie zwischen Rottweil und Villingen eröffnet. Diese führt aber so weit an Trossingen vorbei, dass der Bahnhof fünf Kilometer vom Ort entfernt entsteht. Der Trossinger Gewerbeverein lässt deshalb eine Straße vom Dorf zum Bahnhof Trossingen bauen, auf der Fuhrunternehmen Zubringerdienste übernehmen. Schon bald ist diese Straße überlastet. Deshalb regt der Gewerbeverein den Bau einer Bahn zwischen dem Bahnhof und dem Ort an. Im November 1893 stimmt der Gemeinderat dem Projekt zu.

Im Sommer 1897 wird die Baugenehmigung erteilt und im September desselben Jahres die »Aktiengesellschaft Elektrizitätswerk und Verbindungsbahn Trossingen« gegründet. Am 14. Dezember 1898 wird der Betrieb mit zwei neu beschafften Triebwagen und einem Beiwagen aufgenommen. 1902 ist das Güteraufkommen so groß, dass zur Beförderung der Staatsbahn-Güterwagen eine eigne Ellok beschafft wird. Im Juli 1909 übernimmt die Gemeinde Trossingen die AG. Mitte der 1920er-Jahre wird die Bahn saniert. Die hölzernen Fahrleitungsmasten werden durch Stahlgittermasten ersetzt und die Gleise und Weichen erneuert. Im Juli 1939 geht ein neuer Triebwagen in Betrieb.

Im April 1945 rücken die französischen Truppen in Trossingen ein und die Bahn muss ihren Betrieb einstellen. Aber schon im Juni 1945 kann der Betrieb nach notwendigen Reparaturarbeiten wieder aufgenommen werden.

Im Januar 1973 wird die »Konzession zum Bau und Betrieb der Trossinger Eisenbahn« bis Ende Dezember 2022 verlängert, aber schon bald bescheren Absatzschwierigkeiten bei den Musikinstrumenten einen starken Rückgang des Güteraufkommens. Der Trossinger Eisenbahn droht die Stilllegung. 1988 legt die Deutsche Bundesbahn für die Region Villingen/Rottweil ein neue Nahverkehrs-Konzept vor, das die Trossinger Eisenbahn miteinbezieht. So können nun die Züge beider Bahnen mit einer Fahrkarte genutzt werden.

Im Juni 1993 kündigt die DB an, den Güterverkehr nach Trossingen einzustellen.

1994 wird ein neues ÖPNV-Konzept vorgelegt, in dem eine »Ringzug«-Lösung vorgestellt wird, das auch die Strecke der Trossinger Eisenbahn umfasst. Nach Prüfung des Konzepts beschließt der Gemeinderat im September 1996 endgültig, den Betrieb der Trossinger Eisenbahn Ende 1996 bzw. zum Fahrplanwechsel im Mai 1997 einzustellen, falls nicht ein anderer Betreiber gefunden würde. Trotzdem kann der Betrieb über den Stilllegungstermin hinaus bis Ende 1998 weitergeführt werden; bereits im September 1997 wird die gesamte Strecke der Trossinger Eisenbahn komplett aufgearbeitet. Im Dezember 1998 feiert die Trossinger Eisenbahn ihr 100jähriges Bestehen. Am Freitag, 11. Juli 2003 endete der planmäßige Schienenverkehr der Trossinger Eisenbahn und am 1. September 2003 startete der Ringzug auf der Strecke Bräunlingen–Villin-

Der T 5 (MF Esslingen 1956) war das modernste Fahrzeug der Trossinger Eisenbahn.

gen–Rottweil–Tuttlingen–Immendingen. Weil die Gleise der Trossinger Eisenbahn noch nicht fertig saniert waren, musste zunächst ein »Schienenersatzverkehr« eingerichtet werden.

Im Mai 2005 wurden mit den alten Triebwagen erste Museumsfahrten vom »Freundeskreis der Trossinger Eisenbahn e.V.« durchgeführt. Die alte Fahrleitung durfte nämlich im Rahmen der Sanierung nicht abgebaut werden, weil sie unter Denkmalschutz steht. Sie wird betriebsfähig erhalten und versorgt die alten E-Triebwagen weiterhin bei Bedarf mit Energie.

Streckenname	Trossinger Eisenbahn
Relation	Trossingen Bahnhof–Trossingen Stadt (Baden-Württemberg)
Länge	5 km
Funktion	Einst Personen- und Güterverkehr, heute nur noch Personenverkehr sowie Museumsbetrieb
Daten zum Bau	Baubeginn: 1897 | Bauzeit (inkl. Planung, bis zur Fertigstellung): 1 Jahr | Eröffnung: 14.12.1898 | Durchgängig befahrbar ab: 14.12.1898
Spurweite	Vollbahn (1435 mm)
Bauwerke	Tunnel Westtangente (15 m)
Bahnhöfe	Trossingen Bahnhof
Anschlusspunkte	Trossingen Bahnhof: Rottweil-Villingen
Besonderheiten	Elektrifizierte (600 V DC), nicht bundeseigene Strecke

79

DIE »SAUSCHWÄNZLEBAHN«

Die Wutachtalbahn verläuft am südöstlichen Rand des Schwarzwalds und verbindet Waldshut an der Hochrheinbahn mit Immendingen an der Schwarzwald- und Donautalbahn. Wegen ihres kurvenreichen Verlaufes heißt sie auch Sauschwänzlebahn. Schon 1857 gab es erste Überlegungen, eine Bahnlinie durch das Wutachtal zu bauen. Beim Bau der Verbindung zwischen Mannheim und Konstanz orientierte man sich am Verlauf des Rheins und hätte so die Strecke zwei Mal über Schweizer Gebiet führen müssen. Eine Streckenführung durch das Wutachtal hätte eine Umfahrung der Schweiz bei Schaffhausen ermöglicht, wurde aber wieder verworfen.

Die Gemeinden entlang der Wutach waren aber weiterhin an einem Eisenbahnanschluss interessiert. Erst als ein Anschluss Südbadens an die Gotthardbahn in erwogen wurde, war der Bau einer Bahnstrecke entlang der Wutach wieder aktuell. Die Strecke sollte von Oberlauchringen entlang der Wutach bis nach Donaueschingen führen.

Das erste Teilstück der Strecke zwischen Oberlauchringen und Stühlingen wurde am 16. April 1875 eröffnet. Ein Jahr später, am 15. Oktober 1876, wurde die Strecke bis nach Weizen verlängert. Der Weiterbau in Richtung Donaueschingen wurde dann wegen geologischer Probleme beendet.

Einige Jahre später zeigte das Militär Interesse an einer Bahn durchs Wutachtal. Der deutsche Generalstab überlegte in den 1880er-Jahren, wie man im Fall eines Kriegs gegen Frankreich Truppen und Gerät schnell mit der Eisenbahn nach Westen bringen könne. Trotz hoher Kosten und geringem zivilen Nutzen setzte das Militär den Bau durch. 1887 begann der Weiterbau der eingleisigen Wutachtalbahn von Immendingen in Richtung Südwesten. Die Steigung der Strecke durfte 10 Promille nicht übersteigen. Wegen dieser Vorgabe entstanden wegen der Höhenunterschiede zwischen Weizen und Zollhaus-Blumberg mehrere offene Kehren, ein Kehrtunnel und Deutschlands einziger Kreiskehrtunnel. Außerdem mussten

Streckenname	Wutachtalbahn
Alternative Bezeich.	Sauschwänzlebahn
Relation	Lauchringen–Immendingen (Baden-Württemberg)
Länge	61,5 km
Funktion	Einst Personen- und Güterverkehr, heute nur noch Museumsbahnverkehr sowie Nahverkehr im nördlichen Abschnitt Immendingen–Zollhaus-Blumberg
Daten zum Bau	Baubeginn: 1874 | Bauzeit (inkl. Planung, bis zur Fertigstellung): 16 Jahre (mit Unterbrechungen) | Eröffnung: 16.4.1875 | Durchgängig befahrbar ab: 20.9.1890
Spurweite	Vollbahn (1435 mm)
Bauwerke	Kehr-Tunnel im Grimmelshofer Weiler (1205 m), Kreiskehrtunnel Großer Stockhalde-Tunnel Grimmelshofen (1700 m), Tunnel am Achdorfer Weg (540 m), Epfenhofer Viadukt (264 m), Biesenbach-Viadukt (252,5 m), Buchbergtunnel (805 m)
Bahnhöfe	Lauchringen, Immendingen
Anschlusspunkte	Lauchringen: Hochrheinbahn Basel–Konstanz | Immendingen: Donautalbahn nach Ulm, Schwarzwaldbahn Offenburg–Singen
Besonderheiten	Zahlreiche Kurven, ein Kehrtunnel und ein Kreiskehrtunnel Minimaler Radius: 300 m; Höchstgelegener Punkt: Buchbergtunnel (705 m), dort Überquerung der Wasserscheide Rhein/Donau

Quertäler mit vier Viadukten und Brücken überspannt werden. Sie haben eine Höhe von bis zu 30 Metern und eine Länge von 100 bis 250 Metern. Für die statische Bemessung der Brücken waren die damals schwersten Kanonen der Firma Krupp mit einem Gewicht von 140 Tonnen maßgebend. Im Rahmen der strategischen Aufgaben war auch der zweigleisige Ausbau vorgesehen, was noch heute an Widerlagern und Pfeilern der Brücken zu erkennen ist.

Am 20. Mai 1890 wurde die Wutachtalbahn dem Verkehr übergeben. Mitte der 1930er-Jahre wurde entlang der Bahnstrecke Erz abgebaut, das mit Güterzügen von Blumberg aus bis an die Saar bzw. an die Ruhr gebracht wurde. Die Nutzung der Wutachtalbahn war aber insgesamt mäßig. Nach dem Zweiten Weltkrieg war die Strecke mit ihrem hohen Instandhaltungsaufwand eine große Belastung für die junge Bundesbahn. Am 22. Mai 1955 wurde der durchgehende Verkehr zwischen Lausheim-Blumegg und Zollhaus-Blumberg eingestellt. Bereits zu diesem Zeitpunkt versuchte der Präsident der Eurovapor Ferdinand Mollet erfolglos, die Wutachtalbahn in eine Museumseisenbahn umzuwandeln. 1962 bis 1965 ließ die NATO die Strecke auf eigene Kosten sanieren. Trotz des Aufwands in Millionenhöhe wurde die Strecke nicht mehr befahren, obwohl das Bundesministerium der Verteidigung bis 1974 den Unterhalt der Strecke zahlte. Der Personenverkehr zwischen Zollhaus-Blumberg und Hintschingen wurde am 28. Mai 1967 eingestellt, der Abschnitt zwischen Lauchringen-Lausheim und Blumegg folgte am 25. September 1971.

Die strategische »Sauschwänzlebahn« ist heute eine reine Museumsbahn. Lok 262 baute Henschel 1962 für die Frankfurt-Königsteiner Eisenbahn.

Am 1. Januar 1976 legte die DB den gesamten Abschnitt zwischen Weizen und Zollhaus-Blumberg still. Doch schon am 21. Mai 1977 wurde auf der Strecke unter Federführung der Eurovapor ein Museumseisenbahnbetrieb eingerichtet, der aber nur im mittleren Streckenabschnitt zwischen Weizen und Zollhaus-Blumberg verkehrte. 1988 erhielt die Strecke den Rang eines technischen Denkmals von nationaler Bedeutung. Umfangreiche Renovierungen sichern den Betrieb auch zu Beginn des 21. Jahrhunderts. 1997 übernahm die Wutachtalbahn (WTB) e. V. den Betrieb von der Eurovapor. Mitte der 1990er-Jahre gab es erste Überlegungen, zumindest Teile der Wutachtalbahn wieder für den Regelbetrieb zu reaktivieren. Mangels politischer Unterstützung wurde die Reaktivierung des südlichen Wutachtalbahn-Abschnitts aber nicht weiterverfolgt.

1995 begannen Überlegungen den Schienennahverkehr in der Region Schwarzwald-Baar-Heuberg neu zu strukturieren. So wurde am 12. Dezember 2004 der Abschnitt von Immendingen bis Zollhaus-Blumberg nach fast 40 Jahren reaktiviert. Werktags fahren die Züge in einem annähernden Stunden-Takt. Sie verkehren aber nur bis Leipferdingen. Hier besteht Busanschluss von und nach Blumberg. An den Wochenenden wird im Zwei-Stunden-Takt auf der Schiene bis Blumberg gefahren. Die Museumszüge selbst verkehren seit 1997 auf dem mittleren Streckenstück zwischen Weizen und Zollhaus-Blumberg. Sie werden überwiegend Dampfloks bespannt, die dem Verein selbst gehören oder die als Gastloks von anderen Vereinen ins Wutachtal kommen.

Auf dem südlichen Abschnitt zwischen Lauchringen und Weizen richtete man 2003 einen auf die Fahrtzeiten der Museumsbahn abgestimmten Zubringerverkehr von Waldshut an der Hochrheinbahn nach Weizen ein. Zum Fahrplanjahr 2014 wurde an Schultagen mittags ein Zugpaar von Waldshut über Lauchringen nach Wutöschingen eingeführt. Zum Fahrplanjahr 2015 wurde dieser Schülerzug bis Eggingen mit Busanschluss Richtung Stühlingen verlängert. Zum 8. Januar 2024 wurde montags bis freitags – auch in den Schulferien – ein Zweistundentakt mit 7 Zugpaaren zwischen Waldshut und Stühlingen als Vorlaufbetrieb zu einem täglichen Stundentakt eingeführt. Seit 16. Juni 2025 fahren zwei Zugpaare über Stühlingen hinaus auch werktags bis Weizen. Die Aufnahme eines Personenverkehrs im Stundentakt ist für Ende 2027 geplant. Für den dafür vorgesehenen Kreuzungsbahnhof Ofteringen erfolgte am 22. September 2025 der symbolische Spatenstich.

BRENZBAHN

Der Gewerbeverein Heidenheim (in der Stadt bestehen damals allein 21 Fabriken) wendet sich 1853 an den württembergischen König mit der Bitte eine Bahnstrecke Heidenheim–Wasseralfingen (bei Aalen)–Nördlingen zu prüfen. Nachdem mit dem Königreich Bayern am 21.2.1861 ein Staatsvertrag geschlossen worden ist – die durch verkehrspolitische Erwägungen Bayerns erzwungene Brenztalbahnklausel (bis 1874 darf Württemberg keine Verbindung nach Ulm herstellen, da der Verkehr zum Bodensee in diesem Fall nicht über das bayerische Lindau, sondern über die kürzere Brenztalbahn abgelaufen wäre) – wird mit dem königlichen Gesetz vom 10.1.1862 die Verbindung des Brenztals von Heidenheim bis Wasseralfingen (dort arbeiten mehrere Hüttenwerke) mit dem Eisenbahnnetz beschlossen.

Geplant wird die Strecke zweigleisig, gebaut zunächst nur eingleisig. Am 12.9.1864 wird die Strecke Heidenheim–Wasseralfingen eröffnet, der reguläre Betrieb beginnt drei Tage später. Die Bahnhofsbauten werden im gründerzeitlichen Stil aus massivem Jurastein errichtet. Durch die ungünstige Verkehrslage, die Brenztalbahnklausel und die nahegelegene bayerische Grenze unterbleibt der Weiterbau. Zudem entwickeln sich die 1862 prognostizierten Verkehrsströme völlig anders, vom zweigleisigen Ausbau ist keine Rede mehr.
Das Dasein der Brenztalbahn als Stichstrecke endet mit dem Gesetz vom 16.3.1872, das eine Verlängerung der Linie von Heidenheim bis Langenau und nach Ablauf der Sperrklausel auch bis Ulm vorsieht. Nach Baubeginn im Frühjahr 1873 werden die Abschnitte Heidenheim–Niederstotzingen am 25.7.1875 und Niederstotzingen–Langenau am 15.11.1875 eröffnet. Mit der Inbetriebnahme des letzten Abschnitts Langenau–Ulm ist die Brenzbahn am 5.1.1876 durchgängig befahrbar.

Die Bahnhöfe des jüngeren Streckenteils bestehen überwiegend aus Backstein. Die Strecke besitzt nur wenige Kunstbauten: einen Tunnel, den Brünneleskopf-Tunnel zwischen Schnaitheim und Itzelberg, und lediglich einige Brücken über die Brenz.

Im Februar 2024 unterschreiben Bayern und Baden-Württemberg eine Absichtserklärung über den Ausbau der Brenzbahn. Etwa zwei Drittel der geschätzten Kosten von 600 Millionen Euro sollen aus den Mitteln des Gemeindeverkehrsfinanzierungsgesetzes gezahlt werden.

Am 6. November 2025 unterzeichnen Land Baden-Württemberg, Landkreis Heidenheim, Ostalbkreis, Stadt Ulm und die Deutsche Bahn eine Finanzierungsvereinbarung zur Vorplanung sowie Entwurfs- und Genehmigungsplanung für den Ausbau und die Elektrifizierung der Brenzbahn. Die Kosten von 63 Millionen Euro werden überwiegend durch das Land Baden-Württemberg (35 Mio. Euro) finanziert. Die Landkreise Heidenheim, Ostalbkreis, Alb-Donau-Kreis und die Stadt Ulm tragen ca. 28,42 Mio. Euro. Davon übernimmt der Landkreis Heidenheim ca. 16,53 Mio. Euro, der Ostalbkreis c 8,70 Mio. Euro, die Stadt Ulm ca. 2,47 Mio.; der Alb-Donau-Kreis leistet einen Solidarbeitrag von rund 721.000 Euro.

218 256 mit dem Locon-Containerzug von der Bosch Haushaltsgeräte aus Giengen (Brenz) nach Aalen in Herbrechtingen (August 2021).

Streckenname	Brenztalbahn
Alternative Bezeich.	Brenzbahn
Relation	Aalen–Ulm (Baden-Württemberg)
Länge	72,5 km
Funktion	Personen- und Güterverkehr
Daten zum Bau	Baubeginn: Mai 1862 | Bauzeit (inkl. Planung, bis zur Fertigstellung): 23 Jahre | Eröffnung: 12.9.1864 | Durchgängig befahrbar ab: 5.1.1876
Spurweite	Vollbahn (1435 mm)
Bauwerke	Brünneleskopf-Tunnel (ca. 250 m lang) zwischen Schnaitheim und Itzelberg, Brenzbrücke (ca. 40 m) bei Herbrechtingen
Bahnhöfe	Aalen, Heidenheim, Ulm
Anschlusspunkte	Aalen: Härtsfeldbahn (schmalspurig) nach Dillingen (bis 1972), Jagstbahn nach Crailsheim, Remsbahn nach Stutt-gart, Riesbahn nach Nördlingen | Sontheim: Donautalbahn nach Gundelfingen (bis 1956) | Ulm: Bayerische Maximiliansbahn nach Augsburg und München, Donautalbahn nach Donaueschingen, Filstalbahn nach Stuttgart, Illertalbahn nach Memmingen/Kempten, Südbahn nach Friedrichshafen
Besonderheiten	Zweigleisig geplant, aber nur eingleisig ausgeführt; nicht elektrifiziert; größte Steigung: 1:118,5; größte Höhe: Seegartenhof (507,5 m)

SÜDBAHN

Am 18.4.1843 erlässt Württemberg sein erstes Eisenbahngesetz, das die Bahnlinien projektiert, die zusammengenommen das Königreich von Heilbronn über Stuttgart und Ulm bis Friedrichshafen zu erschließen. Dabei ist die endgültige Linienführung der im Projektierungsplan als Südbahn bezeichneten Strecke von Friedrichshafen über Biberach/Riß nach Ulm bereits festgelegt (der Begriff »Südbahn« hat sich bis in die heutige Zeit hinübergerettet). Dennoch werden Varianten erschöpfend diskutiert.

Der Bau der Südbahn verläuft kurios: Weil das Königreich den Wettlauf zum Bodensee gegen Bayern gewinnen will, beginnt der Bau der Südbahn von den Ufern des Sees aus (anstatt den Bau der Filstalbahn bis Ulm abzuwarten). Am 9.2.1846 erfolgt der erste Spatenstich der Linie Friedrichshafen–Ravensburg. Sämtliches Baumaterial muss umständlich auf dem Landweg herangeschafft werden. Am 8.11.1847 wird die erste Teilstrecke der württembergischen Südbahn von Ravensburg nach Friedrichshafen im Inselbetrieb eröffnet.

Streckenname	Südbahn
Relation	Friedrichshafen–Ulm (Baden-Württemberg)
Länge	104 km
Funktion	Personen- und Güterverkehr
Daten zum Bau	Baubeginn: 9.2.1846, Bauzeit (inkl. Planung, bis zur Fertigstellung): 23 Jahre, Eröffnung: 12.9.1864, Durchgängig befahrbar ab: 5.1.1876
Spurweite	Vollbahn (1435 mm)
Bahnhöfe	Ulm, Biberach/Riß, Aulendorf, Ravensburg, Friedrichshafen
Anschlusspunkte	Ulm: Filstalbahn nach Stuttgart, Brenztalbahn nach Aalen, Donautalbahn nach Tuttlingen, nach Augsburg und München, Illertalbahn nach Kempten und Oberstdorf | Biberach/Riß: bei Warthausen Anschluss an Öchsle | Aulendorf: Württembergische Allgäubahn nach Memmingen, Zollernalbbahn nach Tübingen | Ravensburg: Straßenbahn Ravensburg–Baienfurt | Friedrichshafen (Stadtbahnhof): Bodensee-Gürtelbahn Lindau–Radolfzell |Friedrichshafen (Hafenbahnhof): Eisenbahnfähre nach Romanshorn (Schweiz)
Besonderheiten	Zweigleisige, nicht elektrifizierte Hauptbahn

Am 26.5.1849 folgt der Abschnitt von Ravensburg bis Biberach/Riß, schließlich wird am 1.6.1850 mit der Strecke Biberach/Riß–Ulm der Anschluss an das bestehende württembergische Bahnnetz hergestellt, die Südbahn ist vollendet (am 1.7.1850 kann die Gesamtstrecke von Friedrichshafen nach Heilbronn in Betrieb gehen).

In Meckenbeuren zweigt am 4.12.1895 die Strecke nach Tettnang ab, den Betrieb führt die LAG (München). Diese Zweigstrecke wird – im Gegensatz zur Südbahn – von Anfang an elektrisch betrieben und gilt als erste Normalspurstrecke in Deutschland mit elektrischem Betrieb. Die Südbahn entwickelt sich erfolgreich, sodass zwischen 1905–1913 der zweigleisige Ausbau erfolgt. Als 1929 der Trajektbetrieb für Autos zwischen Friedrichshafen und Romanshorn eingeführt und am 6.10.1930 der neue Rangierbahnhof in Friedrichshafen eröffnet wird, erfährt die Südbahn nochmals Verkehrszuwachs.

Nach dem Zweiten Weltkrieg erfolgen erste Verkehrseinschränkungen. Am 29.5.1976 wird der Trajektverkehr Friedrichshafen–Romanshorn eingestellt, am 30.5.1976 auch der Reisezugverkehr auf der Zweigstrecke Meckenbeuren–Tettnang. Die Schließung des Rangierbahnhofs Friedrichshafen (31.5.1980) und die nachfolgende Umwandlung in einen Knotenpunktbahnhof leitet auch die Auflösung des Bw Friedrichshafen ein (zum 1.1.1982).

Die Württembergische Südbahn gehört bis 2021 zu den letzten nicht elektrifizierten zweigleisigen Hauptbahnen in Süddeutschland. Von März 2018 bis Dezember 2021 wird die Strecke elektrifiziert und für eine maximale Geschwindigkeit von 160 km/h (statt zuvor 140 km/h) ausgebaut. Am 6. Dezember 2021 wird der elektrische Betrieb eröffnet.

Lange Zeit war die Südbahn nicht elektrifiziert. Hier wurden deshalb außer Triebwagen überwiegend Diesellokomotiven der Baureihe 218 und 225 eingesetzt.

ÖCHSLE

Dampf beim Öchsle in Oberschwaben: 99 633 am 9. Oktober 2015 bei Reinstetten.

Streckenname	Öchsle
Relation	Biberach–Ochsenhausen (Baden-Württemberg), heute verbliebener Streckenteil: Warthausen–Ochsenhausen
Länge	Ursprünglich 22,5 km, heute 19 km
Funktion	Personen- und Güterverkehr, heute Museumsbahn
Daten zum Bau	Baubeginn: Januar 1899 | Bauzeit (inkl. Planung, bis zur Fertigstellung): 1 Jahr | Eröffnung: 29.11.1899 | Durchgängig befahrbar ab: 1.3.1900
Spurweite	Schmalspurbahn (750 mm)
Bahnhöfe	Warthausen, Ochsenhausen
Anschlusspunkte	Warthausen: Biberach (dort: Südbahn Ulm–Friedrichshafen)
Besonderheiten	Als letzte bundesdeutsche Schmalspurbahn des Festlands bis 1983 betrieben, Tssd 99 633 soll aufgearbeitet werden; größte Steigung: 25 Promille (zwischen Wennedach und Reinstetten; dort auch höchster Punkt der Strecke (595 m)); überwundener Höhenunterschied: 73 m; kleinster Radius: 120 m

Seit 1873 gibt es Pläne einer Bahnlinie Memmingen–Herbertingen, die von Ochsenhausen über Biberach nach Buchau führen soll. Die Königlich Württembergische Staats-Eisenbahn (KWStE) aber erschließt seit 1880 den ländlichen Raum mit Nebenbahnen und die Gemeinden bitten erstmals am 15.4.1891 um eine entsprechende Genehmigung. Die KWStE aber plant aus Kostengründen eine 750-mm-Schmalspurbahn und erteilt am 19.9.1898 den Bauauftrag über die Strecke Biberach–Ochsenhausen (ursprünglich als Teilstück eines württembergischen Schmalspurnetzes geplant). Im Januar 1899 beginnt der Bau. Am 29.11.1899 eröffnet die KWStE das Teilstück Warthausen–Ochsenhausen, am 1.3.1900 die Strecke Biberach/Riß–Warthausen. Der Güterverkehr besteht anfangs vor allem aus Holztransporten aus der waldreichen Gegend. Während des Ersten Weltkriegs wächst das Güteraufkommen so stark, dass in Ochsenhausen ein Güterbahnhof außerhalb der Ortschaft gebaut wird.

Am 12.9.1945 wird der Betrieb wieder aufgenommen, nachdem er bei Kriegsende eingestellt werden musste. 1954 setzt der Niedergang der Bahn ein, als bestimmte Zugverbindungen durch Busse ersetzt und Haltepunkte aufgelassen werden. 31.5.1964 wird der Personenverkehr auf der Gesamtstrecke eingestellt. Gleichzeitig erfolgen die Stilllegung und der Abbau des Streckenabschnitts Warthausen–Biberach. Damit entfällt die Kreuzung mit der Südbahn Ulm–Friedrichshafen.
Der Güterverkehr bleibt bestehen: 1964 wird er mit der neuen Diesellok V 51 902 rationalisiert. Noch bis 31.3.1983 sichert das Transportaufkommen des Kühlschrankwerks Liebherr (Ochsenhausen) den Güterverkehr nach Warthausen. Dann endet der Betrieb auf der letzten Bundesbahn-Schmalspurbahn auf dem Festland.

Doch bereits 1982 hat sich ein Kreis von Eisenbahnfreunde zusammengefunden, um das Öchsle als technisches Denkmal zu erhalten und gründet den Verein »Öchsle Schmalspurbahn«. Am 26.6.1985 wird die Bahn mit einem Nostalgieverkehr wieder eröffnet und nach kurzen Unterbrechungen 1991–1996 bzw. 2000/2001 jeweils wieder aufgenommen. Im Jahr 2001 wird die Öchsle Bahn Betriebs-GmbH gegründet. Für den Touristikverkehr übernimmt sie den größten Teil des rollenden Materials des Öchsle Schmalspurbahn e. V. Zu den Gesellschaftern zählen der Landkreis Biberach (50 %), die Anliegergemeinden (45 %) und die Tourismus GmbH (5 %).

Heute finden zwischen Mai und Oktober Museumsfahrten mit verschiedenen Dampfloks statt. Mittlerweile konnte die jährliche Zahl der Fahrgäste auf über 40.000 gesteigert werden. 2020 erhält der Trägerverein Öchsle Schmalspurbahn e. V. den Bürgerpreis der Denkmalstiftung Baden-Württemberg für seine Arbeit.

BODENSEE-GÜRTELBAHN

1845 erfährt das württembergische Finanzministerium, dass Bayern mit dem Bau der Ludwigs-Süd-Nord-Bahn von Hof kommend das Allgäu erreicht hat – der Weiterbau an den Bodensee ist absehbar. Um die drohende Abwanderung der Verkehrsströme nach Bayern zu verhindern, will Württemberg als erstes deutsches Land den Bodensee eisenbahntechnisch erreichen. Daher beginnt am 9.2.1846 der Bau der Südbahn Friedrichshafen–Ravensburg vom See aus (die Strecke ist vom übrigen württembergischen Bahnnetz völlig isoliert und erst nach Fertigstellung der Geislinger Steige am 29.6.1850 ist die Fahrt Stuttgart–Bodensee durchgängig möglich) und geht am 8.11.1847 in Betrieb.

Bayern aber ist nicht untätig: Am 12.10.1853 erreicht die Ludwigs-Süd-Nord-Bahn in Aeschach bei Lindau den Bodensee. Da sich der Bau des Seedamms nach Lindau technisch aufwendig gestaltet, erreicht der erste Zug die bayerische Stadt erst am 1.3.1854.

Baden beabsichtigt bereits 1838 den Bau einer Bodenseebahn, aber Streit über die endgültige Linienführung verzögert den Baubeginn. Schließlich werden 1853 Verträge geschlossen und bis 15.6.1863 mit der Hochrheinbahn in Konstanz der Bodensee erreicht.

Die nächste Etappe zur Gürtelbahn ist die Eröffnung der badischen Linie von Radolfzell bis Stahringen (6.9.1873) und weiter bis Stockach (Hegau-Ablachtal-Bahn) und Mengen (dort Anschluss Donautalbahn nach Ulm), mit der Baden Verkehr von der württembergischen Südbahn abziehen will. Diese Erwartung erfüllt sich nicht, aber die – noch gar nicht beabsichtigte – Gürtelbahn ist bis Stahringen gewachsen.

Noch gibt es keine Verbindung zwischen Friedrichshafen und Lindau, und partikularistische Politiker in Württemberg und Bayern denken auch gar nicht daran eine solche herzustellen. Die allgemeine Verkehrsentwicklung und öffentlicher Druck lässt der Politik aber keine Wahl: Baden zweigt 1894 in Stahringen eine Stichbahn bis Überlingen ab (Betriebsaufnahme 18.8.1895). 1895 schließen die Bayern und Württemberg einen Staatsvertrag, am 1.10.1899 geht die Linie Friedrichshafen–Lindau in Betrieb.

Auch klimatisierte Doppelstockzüge sind auf der Bodensee-Gürtelbahn anzutreffen (218 406 im Juli 2009 in Nonnenhorn).

Der Bodenseedamm in Lindau verbindet die Insel mit dem Festland. Der 628 337 rollt im Juli 2009 in Richtung Friedrichshafen.

Schließlich überwinden sogar Württemberg und Baden ihre Animositäten und vollziehen am 2.10.1901 den Lückenschluss zwischen Überlingen und Friedrichshafen. Damit ist die Bodensee-Gürtelbahn vollendet.

Zur Bodensee-Gürtelbahn zählen auch die schweizerische Bodenseestrecke Schaffhausen–Kreuzlingen–Romanshorn–Rorschach (»Seelinie«) sowie die österreichischen Bodenseestrecken Lindau–Lochau, Hörbranz–Bregenz–Hard und Fußach–Lustenau–St. Margrethen (sie gehören zur Vorarlbergbahn). Zusammen mit einigen Zweigstrecken sind das knapp 175 km. Heute sind aber bereits einige solcher Zweigstrecken – etwa die aus militärischen Überlegungen 1940 gebaute Verbindungskurve zwischen Rotenmoos und Seewald (vor Friedrichshafen), mit der von der Südbahn auf die Strecke Friedrichshafen–Lindau gewechselt werden konnte – stillgelegt.

Streckenname	Bodensee-Gürtelbahn
Relation	Radolfzell–Lindau (Baden-Württemberg, Bayern)
Länge	82,6 km
Funktion	Personen- und Güterverkehr
Daten zum Bau	Baubeginn: 9.2.1846 | Bauzeit (inkl. Planung, bis zur Fertigstellung): 55 Jahre (mit zum Teil langjährigen Unterbrechungen) | Eröffnung: 2.10.1901 | Durchgängig befahrbar ab: 2.10.1901
Spurweite	Vollbahn (1435 mm)
Bauwerke	Mehrere Brücken über Flüsse der Region wie Rotach, Schussen, Argen, Bodenseedamm bei Lindau, Brandbühl-Tunnel (255 m), Überlinger West-Tunnel (948 m), Überlinger Ost-Tunnel (615 m)
Anschlusspunkte	Radolfzell, Friedrichshafen, Lindau Radolfzell: Hochrheinbahn Konstanz–Basel |Stahringen: Hegau–Ablachtal-Bahn nach Stockach | Friedrichshafen (Stadtbahnhof): Südbahn Ulm–Friedrichshafen (Hafen) | Lindau: Allgäubahn nach München, Vorarlbergbahn nach Bludenz (Österreich)
Besonderheiten	Folgt in großen Teilen dem Bodenseeufer, im Wesentlichen eingleisig, teilweise elektrifiziert

VOM ALLGÄU BIS NACH NORDITALIEN

SBB CFF FFS
SBB CFF FFS

BAYERISCHE ALLGÄUBAHN

Vom Bodensee windet sich bei Bodolz ein Arriva-Länderbahn-Express (ALEX) die Allgäubahn hinauf in Richtung Hergatz (Juli 2009).

Schon 1833 sieht der Eisenbahnvisionär Friedrich List in seinem Plan eine Verbindung von Augsburg nach Lindau vor. In Lindau gründet sich daraufhin 1835 ein Komitee, das den Bau einer Eisenbahnlinie nach Augsburg vorbereitet. Der bayerische Landtag genehmigt am 6.1.1836 das Vorhaben. Aber 1840 entzieht der Staat dem Lindauer Komitee die Konzession wieder. Nach den Bestimmungen des Bahngesetzes vom 25.8.1843 baut Bayern die Ludwigs-Süd-Nord-Bahn, die einmal Hof mit Lindau verbinden soll. In ihrem Südteil wird sie zweigleisig geplant, zunächst aber nur eingleisig ausgeführt. Als erstes Teilstück der künftigen Allgäubahn geht der Abschnitt Buchloe–Kaufbeuren nach einjähriger Bauzeit am 1.9.1847 in Betrieb – erstmals schnauft ein Zug durch das Allgäu.

Erst am 1.4.1852 – der Bau gestaltet sich durch die Topographie kompliziert, denn Erddämme müssen aufgeschüttet werden, Brücken wie die Illerbrücke bei Kempten entstehen – erreicht die Bahnstrecke den Kemptener Endbahnhof. Am 1.5.1853 geht es schon bis Immenstadt, Kempten ist nun Durchgangsbahnhof.

Mit der Fertigstellung des Oberstaufener Tunnels erreicht die Bahn am 1.10.1853 Oberstaufen. Der erste offizielle Zug erreicht den Bodensee und eröffnet damit den Gesamtbetrieb zwischen Augsburg und Lindau–Aeschach am 12.10.1853. Am 1.5.1854 wird der reguläre Zugverkehr von Hof bis Lindau aufgenommen.

In Kempten erhält die Allgäubahn am 1.7.1863 den Anschluss über Memmingen nach Ulm. Noch aber steht die

Ein Triebwagenzug der BR 612 hat vor wenigen Minuten Immenstadt verlassen und ist bei Martinszell in Richtung Kempten unterwegs.

Verbindung zur Landeshauptstadt München aus (bislang fahren die Züge von Lindau über Buchloe nach Augsburg und von dort nach München). So geht Buchloe–Kaufering am 1.11.1872, München–Kaufering am 1.5.1873 in Betrieb. Die Allgäubahn wird sehr erfolgreich, das Verkehrsaufkommen übertrifft alle Erwartungen. 1907 wird die Bahn zweigleisig ausgebaut.

Im Februar 2008 unterzeichneten Deutschland und die Schweiz eine Absichtserklärung, die Strecke München–Lindau auszubauen und das bisher nicht elektrifizierte Teilstück zwischen Geltendorf und Lindau zu elektrifizieren. Elektrifiziert und ausgebaut wurde schließlich die alternative Verbindung über Memmingen. Auf der Strecke Buchloe–Lindau wurde nur der 23 Kilometer lange Abschnitt Hergatz–Lindau mit Oberleitungen überspannt. Im Dezember 2020 nahm die Deutsche Bahn den elektrischen Betrieb im Abschnitt Hergatz–Lindau-Aeschach Abzw auf. Der verbliebene Abschnitt Lindau-Aeschach Abzw–Lindau-Insel wurde bis Dezember 2021 elektrifiziert.

Streckenname	Bayerische Allgäubahn (nicht zu verwechseln mit Württembergischer Allgäubahn Aulendorf–Hergatz)
Alternative Bezeich.	Südlicher Teil der Ludwig-Süd-Nord-Bahn
Relation	München–Lindau (Bayern)
Länge	220,9 km
Funktion	Personen- und Güterverkehr
Daten zum Bau	Baubeginn: 1846 | Bauzeit (inkl. Planung, bis zur Fertigstellung): 27 Jahre (mit langjährigen Unterbrechungen) | Eröffnung: 1.9.1847 | Durchgängig befahrbar ab: 1.5.1873
Spurweite	Vollbahn (1435 mm)
Bauwerke	Oberstaufener Tunnel (189 m), Ellhofertobelbrücke (163 m), Bodenseedamm
Bahnhöfe	München, Buchloe, Lindau
Anschlusspunkte	München: Hauptstrecke nach Augsburg und Salzburg, S-Bahn nach Herrsching am Ammersee, S-Bahn nach Garmisch-Partenkirchen | Buchloe: nach Augsburg, nach Memmingen | Lindau: Vorarlbergbahn nach Bludenz, Bodenseegürtelbahn nach Friedrichshafen
Besonderheiten	Zweigleisige, nicht elektrifizierte Hauptstrecke (Ausnahme der Abschnitt München–Geltendorf); sehr kurvenreich

In Zusammenhang mit dem Ausbau und der geplanten Elektrifizierung der Bahnstrecke Kempten (Allgäu)–Neu-Ulm wird erwogen auch den Abschnitt Kempten (Allgäu)–Immenstadt der Bahnstrecke Buchloe–Lindau sowie die Bahnstrecke Immenstadt–Oberstdorf zu elektrifizieren.

NÜRNBERG–MÜNCHEN

Anfang 1838 beginnen die Arbeiten an der Bahnstrecke Augsburg–München, am 4.10.1840 ist Betriebseröffnung. Im Rahmen der Ludwigs-Süd-Nord-Bahn entsteht die Verbindung von Nürnberg bis Augsburg, die am 20.11.1844 zwischen Oberhausen (bei Augsburg) und Nordheim eröffnet wird. Am 1.10.1849 geht die Gesamtstrecke Nürnberg–Augsburg (und von dort bis nach München) in Betrieb.

Das ist eine Strecke über insgesamt mehr als 230 km. Sie spiegelt in ihrem kurvenreichen, vor allem aber möglichst viele Orte berührenden Charakter die damaligen Erfordernisse wider: Die Bahn soll wirtschaftlichen Aufschwung auch in bislang strukturschwache Regionen bringen, den Verkehr zu Handel und Wandel beleben und – nicht zu unterschätzen – in einer dritten, politischen Zielsetzung »den Nutzen des Vaterlandes mehren«, also Bayern in vielerlei Hinsicht stärken.

Allerdings sind die Zeitgenossen bereits 1863 geneigt das Thema Zeitersparnis stärker in den Vordergrund zu rücken, als die ersten Bahnpioniere: In diesem Jahr tauchen Fachaufsätze auf, die eine direkte, also kürzere Verbindung zwischen Nürnberg und München empfehlen.

1863 genehmigt der Landtag das folgende »Staatsbahnbaupaket«, darunter auch die Herstellung einer Verbindung München–Ingolstadt–Treuchtlingen–Gunzenhausen. Damit ist die Anbindung Südbayerns an den nördlichen Landesteil neu konzipiert, die teilweise umständliche Trassierung der Ludwigs-Süd-Nord-Bahn wird nun modernisiert. Im November 1867 geht München–Ingolstadt in Betrieb, der Abschnitt Treuchtlingen–Pleinfeld entsteht am 2.10.1869, Ingolstadt–Treuchtlingen am 12.4.1870 (die Verbindung Nürnberg–Pleinfeld ist bereits am 1.10.1849 entstanden). Damit ist eine um über 30 km kürzere Verbindung nach Nürnberg hergestellt, bis 1906 wird der Abschnitt Nürnberg–Ingolstadt nochmals verkürzt.

In den 1980er-Jahren ist die Trasse Nürnberg–München im Hinblick auf die maximal zu erzielenden Geschwindigkeiten an ihre Grenze gestoßen. Am 3.8.1983 wird ein erster Vorschlag zum Streckenaus- und Neubau bekannt. Nach langjährigen Diskussionen über den genauen Verlauf der Neubautrasse, entscheidet sich die bayerische Staatsregierung am 19.7.1988 für den Neubau der Strecke Nürnberg–Ingolstadt. Die endgültige Planung beginnt im Mai 1991, am 15.7.1994 erfolgt der erste Spatenstich bei Nürnberg–Altenfurt. Am 13.5.2005 wird bei Kinding der Lückenschluss vollzogen und schließlich am 13.5.2006 die Neubaustrecke eröffnet.

Der Südteil des Abschnitts München–Ingolstadt wird zwischen 2000 und 2006 für höhere Geschwindigkeiten ertüchtigt. Heute benutzen ICE- und IC-Züge zwischen München und Hamburg, Hannover bzw. Berlin die Neubautrasse über Ingolstadt sowie im Regionalverkehr der München-Nürnberg-Express. Hohe Bekanntheit erlangt der Taurus III (EuroSprinter 64 U4, Siemens), der am 2.9.2006 mit 357 km/h bei Hilpoltstein einen neuen Geschwindigkeits-Weltrekord für konventionelle Elektrolokomotiven aufstellt.

Streckenname	Nürnberg–München
Alternative Bezeich.	Heute Schnellfahrstrecke Nürnberg–München
Relation	Nürnberg–München
Länge	170,8 km
Funktion	Personen- und Güterverkehr
Daten zum Bau	Baubeginn: Anfang 1838 | Bauzeit (inkl. Planung, bis zur Fertigstellung): 11 Jahre | Eröffnung: 20.11.1844 | Durchgängig befahrbar ab: 1.10.1849
Spurweite	Vollbahn (1435 mm)
Bauwerke	Göggelsbuchtunnel (2287 m), Offenbautunnel (1333 m), Euerwangtunnel (7700 m), Irlahülltunnel (7260 m), Denkendorftunnel (1925 m), Geisbergtunnel (3289 m), Audítunnel (1258 m), Brücken über Flüsse wie Altmühl, Donau, Paar, Ilm, Amper
Bahnhöfe	Nürnberg, Ingolstadt, München
Anschlusspunkte	Nürnberg: zahlreiche Nahverkehrslinien (Roth, Feucht etc.), nach Augsburg, nach Bamberg, nach Crailsheim, nach Regensburg, nach Schwandorf, nach Cheb (Tschechien) | Ingolstadt: nach Treuchtlingen | München: Hauptstrecke nach Augsburg und Salzburg, S-Bahn nach Herrsching am Ammersee, S-Bahn nach Garmisch-Partenkirchen
Besonderheiten	Hochgeschwindigkeitsausbau im Südteil bis 2013 vorgesehen

Ein Regional-Express bei Otting-Weilheim: Die Lok der Baureihe 110 und die Wagen dokumentieren drei verschiedene Farbkonzepte (August 2001).

MÜNCHEN–SALZBURG

Der rasche Bahnbau Württembergs zwingt Bayern eine Reaktion auf: In Ulm will Bayern den Anschluss seiner Ludwigs-Süd-Nord-Bahn an die württembergische Filstalbahn herstellen (bayerisch-württembergischen Staatsvertrag vom 25.4.1850). 1851 entschließt sich Bayern zugleich auch eine Ost-West-Eisenbahnverbindung nach Österreich herzustellen. Der Staat erhofft sich einen Anteil an der daraus entstehenden Verkehrsachse Paris–Wien. Diese Bahnstrecke wird dem bayerischen König Maximilian II. zu Ehren Maximiliansbahn genannt.

Die Bahn nach Österreich, also der östliche Streckenabschnitt der Bayerischen Maximiliansbahn, soll nach Salzburg (und von dort weiter nach Wien) sowie nach Kufstein führen. In dieser Hinsicht hofft Bayern auf einen lukrativen Anschluss an den österreichischen Adriahafen in Triest (über den Semmering, denn Österreich treibt bereits den Bau der Linie Wien–Triest sowie Innsbruck–Verona voran). Da die Schweiz noch keine Alpenbahnstrecken gebaut hat, läuft der Verkehr nach Osteuropa über die Maximiliansbahn. 1851 schließt das Königreich einen entsprechenden Vertrag mit der Donaumonarchie (und legt dabei auch den Bau weitere Verbindungen nach Böhmen und Tirol fest).

Den Bau des östlichen Streckenteils München–Salzburg bestimmt das bayerische Eisenbahngesetz vom 7.5.1852. Vorgesehen ist bis 1.3.1856 eine Bahn München–Salzburg (mit Verbindung zur Semmeringbahn) sowie eine Zweiglinie Rosenheim–Kufstein (mit Anschluss an Brennerbahn bei Innsbruck) herzustellen. Zwar wird 1852 mit den Bauarbeiten begonnen, aber die Fertigstellung der Strecken verzögert sich: Der Abschnitt München–Großhesselohe wird am 24.6.1854 eröffnet, Rosenheim ist am 31.10.1857 erreicht. Bis Traunstein geht es ab 7.5.1860. Das Reststück Traunstein–Landesgrenze Richtung Salzburg kann am 1.8.1860 eröffnet werden.

Der erwartete Erfolg stellt sich tatsächlich ein. Die Bahn ist so stark frequentiert, dass schon 1862 der Abschnitt München–Rosenheim zweigleisig ausgebaut werden muss. Bis 1910 ist die Strecke für eine Achslast von 16 to ausgerüstet, bis 1916 ist die Strecke elektrifiziert.

Streckenname	München–Salzburg
Alternative Bezeich.	Bayerische Maximiliansbahn
Relation	München–Salzburg (Bayern–Österreich)
Länge	153,4 km
Funktion	Personen- und Güterverkehr
Daten zum Bau	Baubeginn: 1852 | Bauzeit (inkl. Planung, bis zur Fertigstellung): 8 Jahre | Eröffnung: 24.6.1854 | Durchgängig befahrbar ab: 1.8.1860
Spurweite	Vollbahn (1435 mm)
Bauwerke	Zahlreiche Brücken über Flüsse wie Mangfall, Inn, Tiroler Ache, Saalach, Salzach
Bahnhöfe	München, Rosenheim, Traunstein, Salzburg
Anschlusspunkte	München: Hauptstrecke nach Augsburg und Salzburg, S-Bahn nach Herrsching am Ammersee, S-Bahn nach Garmisch-Partenkirchen | Rosenheim: Mangfalltalbahn nach Holzkirchen, nach Mühldorf/Inn, München–Kufstein, nach Frasdorf Traunstein: nach Ruhpolding, Traun-Alz-Bahn Traunstein–Garching, nach Waging am See | Salzburg: Salzburg-Tiroler-Bahn nach Wörgl, Westbahn nach Wien
Besonderheiten	Zweigleisig ausgebaut und elektrifiziert; Abschnitt München–Rosenheim benutzt dieselbe Trasse wie die Verbindung München–Kufstein

Im September 2023 wurde eine Generalsanierung der Strecken München–Rosenheim und Rosenheim–Salzburg für das Jahr 2027 angekündigt, die die Erneuerung der Gleise, Weichen und Oberleitung sowie den Ausbau der Bahnhöfe umfasst.

Außerdem werden die Strecken mit ETCS ausgerüstet. Beide Strecken werden dazu für mehrere Monate vollständig gesperrt. Diese Planung änderte sich im August 2024: Während die Sanierung des Abschnitts Rosenheim–Salzburg von 2. auf des 1. Halbjahr 2027 vorgezogen wird, verschiebt sich die Sanierung München–Rosenheim auf 2028. Dies geschah Anregung der Österreichischen Bundesbahnen und der Rete Ferroviaria Italiana, da wegen umfangreicher Bauarbeiten auf der Brennerautobahn im Jahr 2027 »die Bahnkapazitäten für Güter- und Personenverkehr zur Gänze gebraucht« würden.

Im April 2004 rollte eine Lok der Baureihe 111 mit einem Regional-Express über die Salzachbrücke bei Salzburg.

TEGERNSEEBAHN

Der Tegernsee im oberbayerischen Voralpenland gilt im 19. Jh. aufgrund der Nähe zu München, aber auch durch die reizvolle Lage als Anziehungspunkt für Sommerfrischler und Urlauber. Um den Bau einer Bahn an den See zu finanzieren, gründen Unternehmer um Ferdinand von Miller 1880 ein Konsortium. 1882 erteilt der bayerische König Ludwig II. der »Eisenbahn-Actiengesellschaft Schaftlach-Gmund« (EASG) die Konzession zum Bau und Betrieb einer 7,6 km langen Eisenbahnverbindung von Schaftlach nach Gmund.

1882 beginnen die Bauarbeiten, am 1.8.1883 geht die Strecke Schaftlach–Gmund in Betrieb. Der Tourismus nimmt in der Folgezeit stark zu, auch Unternehmen profitieren vom Bahnanschluss. Daher kommt rasch der Wunsch auf, die Strecke zu verlängern. Doch es sind die auf Sparsamkeit bedachten Behörden und stolze örtliche Grundbesitzer, die den Weiterbau boykottieren.

Zwar beginnt 1896 der Bau an der Streckenverlängerung nach Tegernsee, aber Baustopps und Streitereien erzwingen immer wieder Baupausen. Schließlich wird Tegernsee erst am 1.5.1902 erreicht. Von Anbeginn setzt die Bahn eigene Lokomotiven und Waggons ein. 1942 wird aus der EASG die Tegernsee-Bahn Aktiengesellschaft. 1983 erfolgt die Ausgliederung der Sparte Bahnbetrieb in die neue Tochtergesellschaft Tegernsee-Bahn Betriebsgesellschaft mbH (TBG), das »Eisenrad« wird das bekannte Logo des Unternehmens.

Am 28.11.1998 stellt die TBG den Fahrbetrieb ein, der Zuschlag für den Betrieb des Schienenverkehrs im bayerischen Oberland geht an die Bayerische Oberlandbahn (BOB, Holzkirchen). Die TBG fungiert nur noch als reiner Infrastrukturanbieter. 1999 veräußert sie den gesamten Fuhrpark. Die 12,4 km lange Gleisstrecke wird umfassend modernisiert und den Erfordernissen des modernen Schienenverkehrs angepasst. Mit der Beendigung des eigenen Bahnbetriebes übernimmt die TBG für mehr als 25 Jahre ausschließlich die Aufgaben eines Infrastrukturunternehmens. Ende Oktober 2025 verlautbart der DB-Konzern, dass die DB InfraGO AG die Tegernsee-Bahn Betriebsgesellschaft mbH mit der Bahnstrecke Schaftlach–Tegernsee und den 14 Mitarbeitern erwirbt. Sie wird als eigenständige Gesellschaft innerhalb der DB RegioNetz Infrastruktur GmbH geführt. DB InfraGO plant, die Strecke auszubauen und zu elektrifizieren. Zugfunk und Stellwerkstechnik der Bahnhöfe Gmund und Tegernsee soll digitalisiert werden. Außerdem sollen die Bahnübergänge entlang der Strecke angepasst und abschnittsweise die Geschwindigkeit erhöht werden.

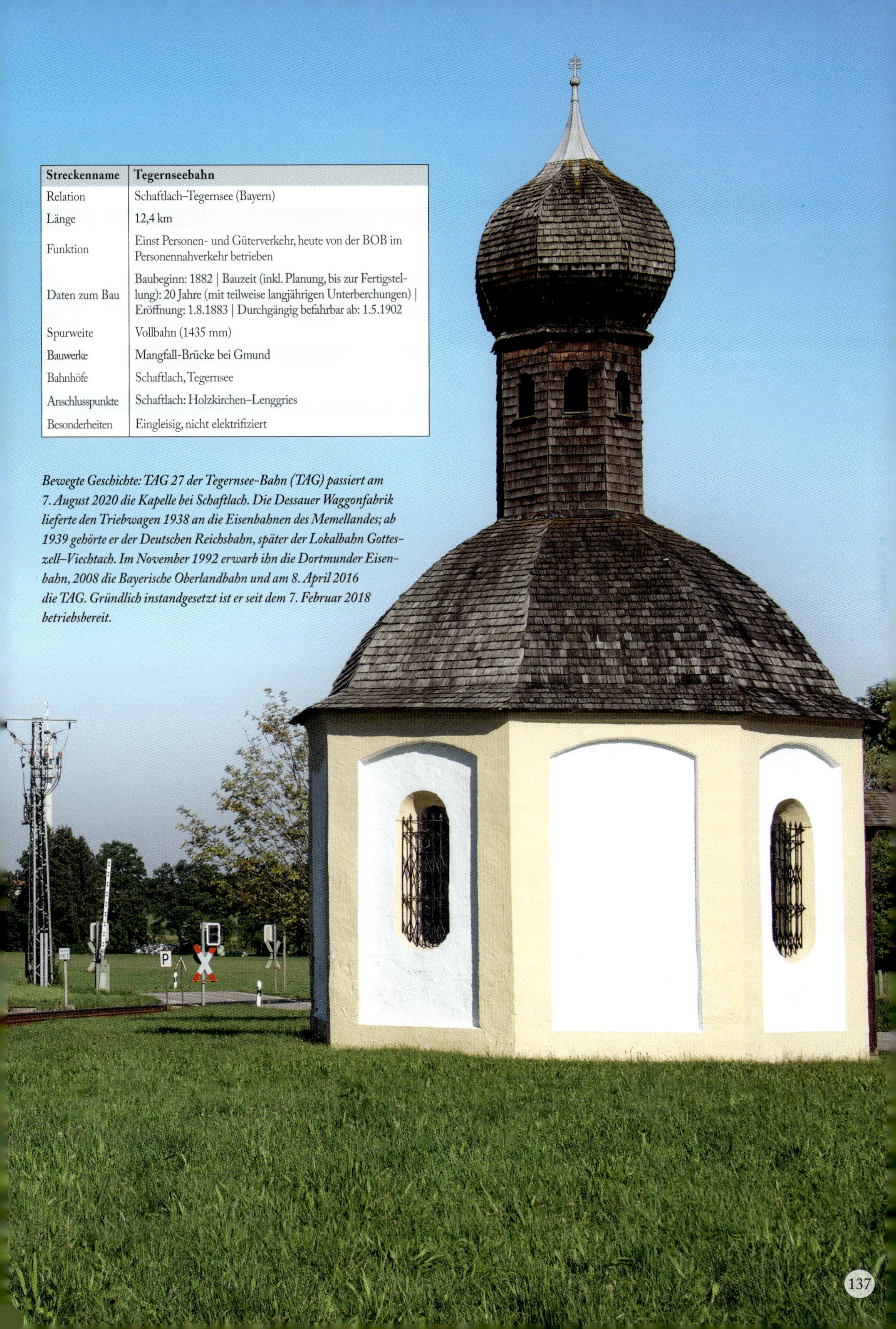

Streckenname	Tegernseebahn
Relation	Schaftlach–Tegernsee (Bayern)
Länge	12,4 km
Funktion	Einst Personen- und Güterverkehr, heute von der BOB im Personennahverkehr betrieben
Daten zum Bau	Baubeginn: 1882 | Bauzeit (inkl. Planung, bis zur Fertigstellung): 20 Jahre (mit teilweise langjährigen Unterberchungen) | Eröffnung: 1.8.1883 | Durchgängig befahrbar ab: 1.5.1902
Spurweite	Vollbahn (1435 mm)
Bauwerke	Mangfall-Brücke bei Gmund
Bahnhöfe	Schaftlach, Tegernsee
Anschlusspunkte	Schaftlach: Holzkirchen–Lenggries
Besonderheiten	Eingleisig, nicht elektrifiziert

Bewegte Geschichte: TAG 27 der Tegernsee-Bahn (TAG) passiert am 7. August 2020 die Kapelle bei Schaftlach. Die Dessauer Waggonfabrik lieferte den Triebwagen 1938 an die Eisenbahnen des Memellandes; ab 1939 gehörte er der Deutschen Reichsbahn, später der Lokalbahn Gotteszell–Viechtach. Im November 1992 erwarb ihn die Dortmunder Eisenbahn, 2008 die Bayerische Oberlandbahn und am 8. April 2016 die TAG. Gründlich instandgesetzt ist er seit dem 7. Februar 2018 betriebsbereit.

88

DIE CHIEMSEE-BAHN

Die nur 1,9 Kilometer lange, schmalspurige Chiemsee-Bahn verbindet seit 1887 den Bahnhof von Prien am Chiemsee mit dem Ortsteil Prien-Stock. In Stock legen die Schiffe der Chiemsee-Flotte an, die die Touristen zur Herreninsel übersetzen. Es war Prinzregent Luitpold, der die Bauarbeiten am Schloss Herrenchiemsee nach dem Tod Ludwig II. einstellen ließ und das Schloss der Öffentlichkeit zugänglich machte. Schon bald nach dem ersten großen Andrang auf die Herreninsel beantragten der Schifffahrtbetreiber Ludwig Feßler und Kommerzienrat Georg Krauss aus München 1886 den Bau der Bahn. Die Bauarbeiten begannen schon im Mai 1887 und nach nur 70 Tagen Bauzeit konnte die Bahn am 9. Juli 1887 mit einer Dampflok und mehreren kleinen zweiachsigen Personenwagen eröffnet werden.

Im Winter 1887/88 wurde in Prien ein Umladegleis zur Staatsbahn gebaut und das Gleis in Stock bis zum Landungssteg verlängert. Mit zwei offenen Güterwagen wurde Kohle für die Lokomotive, die Dampfschiffe und für eine Brauerei auf der Herreninsel befördert. Der Güterverkehr wurde 1966 von LKW übernommen und die beiden Güterwagen abgestellt, die Umladegleise wieder abgebaut. Zunächst wurde die Bahn von der Chiemseebahn Fessler & Companie Prien betrieben. Diese

Im Bahnhof Stock am Chiemsee wartet der Zug in unmittelbarer Nähe der Dampferanlegestellen auf seine Fahrgäste.

< Der Dampfzug der Chiemseebahn erreicht im Mai 2007 von Stock kommend den Bahnhof Prien am Chiemsee.

Streckenname	Chiemseebahn
Relation	Prien Chiemseebahnhof–Prien-Stock (Bayern)
Länge	1,9 km
Funktion	Personen- und Güterverkehr, heute nur noch Personenverkehr
Daten zum Bau	Baubeginn: Mai 1887 | Bauzeit (inkl. Planung, bis zur Fertigstellung): 2 Monate | Eröffnung: 9.7.1887 | Durchgängig befahrbar ab: 9.7.1887
Spurweite	Schmalspurbahn (1000 mm)
Bauwerke	Zahlreiche Straßenquerungen
Bahnhöfe	Prien Chiemseebahnhof
Anschlusspunkte	Prien (Bahnhof): Chiemgaubahn nach Aschau, München–Salzburg
Besonderheiten	Weltweit älteste ununterbrochen in Betrieb stehende Dampfstraßenbahn (Steamtramway), seit 1980 unter Denkmalschutz; Größte Steigung: 2,5 Promille; Minimaler Radius: 60 m

wurde 1965 in die Chiemsee-Schifffahrt Ludwig Feßler KG eingegliedert. Im Dezember 1980 wurde die Chiemsee-Bahn vom Bayerischen Landesamt für Denkmalpflege unter Denkmalschutz gestellt und im Juni 1986 verlängerte der bayerische Staat die Betriebskonzession um weitere 50 Jahre bis 2036.

Die Fahrt in dem kleinen grünen Zug dauert etwa 8 Minuten. Nach Fahrplan wird nur von Mai bis Oktober gefahren. Dann ist der Zug an Samstagen, Sonn- und Feiertagen von 9:30 Uhr bis 18:23 Uhr mit zehnmal unterwegs.

Meist ist dabei die 1887 von der Lokomotivenfabrik Krauss, München + Linz gebaute Tramway- bzw. Kastenlokomotive mit der Fabriknummer 1813 im Einsatz. Ist die Dampflok nicht einsatzbereit oder sind nur wenige Bedarfsfahrten erforderlich, kommt die 1982 beschaffte Diesellok zum Einsatz. Sie wurde 1962 von der Eisenwarenfabrik Halberger Hütte GmbH (Nr. 22) gefertigt und in ihrem Aussehen der Dampflok angeglichen, um eine einheitliches Zugbild zu erreichen. Für die Reisenden stehen noch neun zweiachsige Originalwaggons von 1887 und 1888 zur Verfügung. Sie werden bei starkem Andrang alle in den Zug eingestellt. Besonders hervorzuheben ist der Salonwagen (Wagen 1). Er war 18 Jahre lang im Besitz des Technischen Museums in Marxzell bei Karlsruhe, wurde nach seiner Rückkehr zwei Jahre lang restauriert und ist seit 29. April 1995 wieder betriebsbereit. 1961 erhielten die Wagen eine Druckluftbremse der Firma Knorr, damit entfiel das Bremsen per Hand. Die beiden Güterwagen wurden leider verschrottet.

Dank ihres nostalgischen Charmes erfreut sich die Chiemsee-Bahn weiterhin großer Beliebtheit, bietet sie doch eine Zeitreise ins Jahr 1887. Auch die Autofahrer unternehmen gerne mit ihr eine kleine Vergnügungsfahrt.

AMMERGAUBAHN

´Im Mai 1879 hat die Bahn mit der Eröffnung der Strecke München–Murnau das Ammertal erreicht, 1889 erfolgt die Inbetriebnahme der Verbindung Murnau–Garmisch-Partenkirchen, betrieben von der Lokalbahn AG, München (LAG). Ende 1892 erhält die »Interessengemeinschaft Ammertaler Realitätenbesitzer« – also Geschäftsleuten – die Konzession für den Bau einer Bahnstrecke von Murnau nach Altenau. Deren Erteilung ist jedoch mit dem ausdrücklichen Hinweis verbunden, dass mit staatlicher Unterstützung nicht zu rechen sei. Schließlich gewinnen die Geschäftsleute die Unterstützung der »Actiengesellschaft Elektricitätswerke, vormals O. Kummer, Dresden, Sitz München«, die die Strecke Bad Aibling–Feilnbach betreibt. Am 24.1.1897 wird die Konzession erteilt, am 5.4.1900 die Lokalbahn Murnau–Kohlgrub–Oberammergau (LMKO) eröffnet. Ausgangspunkt ist zunächst der Murnauer Lokalbahnhof, der unweit des heutigen Bahnhofs liegt und am 3.5.1960 aufgelassen wird. Probleme mit der jungen Drehstromtechnik verzögern den von Anfang an geplanten elektrischen Betrieb und erfordern zunächst den Einsatz von Dampfloks.

Am 1.10.1901 geht die LMKO in Insolvenz, bis zur Betriebsübernahme durch die LAG (1.1.1904) führt die KBayStsB die Linie. Unter der LAG wird die Elektrifizierung umgesetzt, der elektrische Betrieb beginnt am 23.9.1904 mit Testfahrten der elektrische Triebwagen (LAG 674–677). Nach der offiziellen Eröffnung (1.1.905) wird der elektrische Betrieb in vollem Umfang am 24.1.1905 aufgenommen.

Die Bahn wird mit Einphasen-Wechselstrom (5,5 kV 16 Hz) betrieben, die Ammergaubahn ist damit die erste derart betriebene Eisenbahn in Deutschland und fungiert als Vorbild für das heute übliche Stromsystem auf dem DB-AG-Netz (15 kV 16,7 Hz). Am 19.2.1906 wird mit der LAG 1 (später E 69 01) die erste E-Lok in Dienst gestellt. Zwischen 1909 und 1933 folgen vier weitere Maschinen.

Auf der Ammergaubahn pendeln heute ausschließlich Triebwagen der Baureihen 425/426: der 426 034 im Juli 2009 bei Unterammergau.

Die Bahn entwickelt sich vor allem im Personenverkehr zum bedeutendsten regionalen Verkehrsmittel. Auch der Güterverkehr, vor allem Holztransporte, floriert zunächst. Am 1.8.1938 übernimmt die DR den Betrieb (Gesetz über die Verstaatlichung der LAG vom 16.6.1938). 1954/55 rüstet die DB die Strecke auf die üblichen 15 kV 16,7 Hz um, ein Umbau der Loks folgt.

Die eingleisige elektrifizierte Nebenstrecke erschließt eine touristisch beliebte Region im bayerischen Voralpenland. Neben dem Kurort Bad Kohlgrub stellen die weltbekannten Passionsspiele in Oberammergau eine Attraktion dar.

Der Güterverkehr wird in den 1980er-Jahren eingestellt. In den 2000er-Jahren wird die Strecke umfangreich modernisiert, das umfasst allerdings auch Rückbauten an der Infrastruktur. Den Personenverkehr bewältigen 2002 bis 2013 vor allem Triebwagen der BR 425/426. Seit Sommer 2013 sind Triebwagen des Typs Bombardier Talent 2 (Baureihe 442) im Einsatz.

Streckenname	Ammergaubahn
Alternative Bezeich.	Ammertalbahn
Relation	Murnau–Oberammergau (Bayern)
Länge	23,7 km
Funktion	Personen- und Güterverkehr, heute nur noch Personenverkehr
Daten zum Bau	Baubeginn: Frühjahr 1897 | Bauzeit (inkl. Planung, bis zur Fertigstellung): 3 Jahre | Eröffnung: 5.4.1900 | Durchgängig befahrbar ab: 5.4.1900
Spurweite	Vollbahn (1435 mm)
Bahnhöfe	Murnau, Bad Kohlgrub, Oberammergau
Anschlusspunkte	Murnau: München–Garmisch-Partenkirchen
Besonderheiten	Eingleisig, Stromsystem bis 1954: 5,5 kV 16 Hz, einstiger Einsatzort der E 69, bekannt durch Passionsspiele (alle zehn Jahre, zuletzt 2010); größte Steigung: 30 Promille (zwischen Grafenaschau und Bad Kohlgrub); größte Höhe: 853 m (bei Saulgrub); überwundener Höhenunterschied: 184 m

Auf einem Teil der Strecke, hier bei Jägerhaus, stehen noch die alten Fahrleitungsmasten aus LAG-Zeiten.

AUSSERFERNBAHN

Schon um 1865 setzen sich interessierte Kreise im Allgäu für den Bau einer Bahnstrecke von Kempten über den Fernpass bis nach Innsbruck ein. Doch Österreich blockiert die Planungen, die als Konkurrenz zur damals projektierten Arlbergstrecke gelten. Erst 1890 wird die Verbindung erneut diskutiert. Ab März 1892 erlaubt das neue bayerische Lokalbahngesetz, private Lokalbahnen durch staatliche Garantien zu unterstützen. Prinzregent Luitpold genehmigt das neue Gesetz am 26.5.1892. Die Strecke wird daraufhin als Lokalbahn von Kempten Richtung Tirol gebaut. Im gleichen Jahr beginnen die Bauarbeiten, am 30.11.1895 rollt der erste Zug von Kempten bis Pfronten-Ried.

Nun gibt es Forderungen, die Bahn bis Reutte/Tirol weiterzuführen. Doch dauert es zehn Jahre, bis der erste Zug am 16.12.1905 bei Pfronten-Steinach über die deutsch-österreichische Staatsgrenze fährt und in Schönbichl endet. Von dort aus bringt die private »Localbahn Reutte-Schönbichl AG« die Fahrgäste weiter nach Reutte. Schon bald wird der Weiterbau der Strecke nach Garmisch gefordert, denn dort besteht bereits ein Anschluss nach München (über Murnau, Weilheim und Starnberg), zudem entsteht 1910–1912 die Mittenwaldbahn (eröffnet 1.5.1912, auch Karwendelbahn genannt), die Garmisch mit Innsbruck verbindet. Allerdings gibt es Diskussionen über die Linienführung der Relation Reutte–Garmisch, schließlich setzt sich eine Trasse über Ehrwald ins Außerfern durch. 1910 schließen Österreich und Bayern das »Außerfern-Mittenwald-Abkommen«. Der »Lückenschluss« erfolgt am 29.5.1913, der Abschnitt Garmisch–Reutte wird von Anfang an elektrisch betrieben. In ihrem gesamten Verlauf ist die Außerfernbahn eine eingleisige Nebenbahn. Pläne, die Außerfernbahn mit der nahe gelegenen Strecke Biessenhofen–Füssen zu verbinden, scheitern.

Die Strecke besitzt von Anfang an fast ausschließlich touristische Bedeutung. Die auf den Straßenbau setzende Verkehrspolitik legt ihre Stilllegung mehrfach nahe, zuletzt 2001, als die reparaturbedürftige Oberleitung abgebaut wird. Zwischenzeitlich wird die Fahrleitung wieder saniert und installiert. Durch den Umbau der Sicherungstechnik zwischen Kempten und Pfronten konnten seit Dezember 2012 die Fahrzeiten verkürzt werden.

2013 schreibt die Bayerische Eisenbahngesellschaft die Strecke von Kempten bis Reutte als Teil des Dieselnetzes Allgäu aus. Die Ausschreibung gewinnt die DB Regio Bayern, die den Verkehr bis Dezember 2029 betreibt. Vom 15. März 2019 bis zum 27. April 2019 und vom 13. September 2019 bis zum 4. November 2019 ist die Außerfernbahn zwischen Reutte in Tirol und Pfronten-Steinach gesperrt, weil die Strecke zwischen Reutte in Tirol und der Staatsgrenze bei Schönbichl elektrifiziert wird. In der zweiten Hälfte 2021 wird der 1,4 Kilometer lange Streckenabschnitt von der Staatsgrenze bis Pfronten-Steinach ebenfalls elektrifiziert (bezuschusst vom Bund und vom Freistaat Bayern). Deshalb müssen die Fahrgäste in Pfronten-Steinach zwischen Diesel- und Elektrozügen umsteigen. Seit dem Fahrplanwechsel im Dezember 2021 verkehren Elektrotriebwagen der Baureihe 442 durchgehend von Garmisch-Partenkirchen bis Pfronten-Steinach.

Ein Doppel-Triebwagen der Baureihe 628.0 legt sich im Juni 2004 bei Haslach in die Kurve. Das Fahrzeug trägt die ehemaligen Regionalbahn-Farben.

Streckenname	**Außerfernbahn**
Relation	Kempten–Pfronten–Reutte/Tirol–Garmisch-Partenkirchen (Bayern, Österreich), verbindet das Außerfern, wie die Region Reutte/Tirol auch genannt wird, über die Mittenwaldbahn mit Innsbruck
Länge	93,9 km
Funktion	Personen- (vor allem Berufs- und Ausflugsverkehr) und Güterverkehr
Daten zum Bau	Baubeginn: 1892 | Bauzeit (inkl. Planung, bis zur Fertigstellung): 21 Jahre | Eröffnung: 30.11.1895 | Durchgängig befahrbar ab: 29.5.1913
Spurweite	Vollbahn (1435 mm)
Bauwerke	Katzenbergtunnel (512,5 m), Leermoostunnel (105,6 m)
Bahnhöfe	Kempten, Reutte/Tirol, Garmisch-Partenkirchen
Anschlusspunkte	Kempten: Allgäubahn nach Lindau, Illertalbahn Ulm–Memmingen | Garmisch-Partenkirchen: nach München, Mittenwaldbahn nach Innsbruck
Besonderheiten	Grenzüberschreitende Verbindung, passiert zweimal die deutsch-österreichische Landesgrenze; größte Steigung: 37,5 Promille

ACHENSEE

Die 1889 eröffnete Achenseebahn, eine Schmalspur-Zahnradbahn mit einer Spurweite von 1.000 mm, führt von Jenbach zum Achensee (Seespitz). In Jenbach hat die Bahn Anschluss ans regelspurige ÖBB-Netz sowie an die bekannte Zillertalbahn (760 mm Spurweite) von Jenbach nach Mayrhofen. In Jenbach befindet sich mit dem Lokschuppen und der Werkstatt der Betriebsmittelpunkt der Achenseebahn. Schon 1886 bewarb sich der K.K. Konsul Theodor Friedrich Freiherr von Dreifuss aus Grüneck bei Dorf Kreuth in Oberbayern um die Konzession für eine Zahnradbahn bzw. um eine Bahnlinie von Jenbach im Inntal bis zur Südspitze des Achensees. Im August 1888 erteilte schließlich Kaiser Franz Josef I. die Konzession zum Bau und Betrieb der Bahn, die nach nur acht Monaten Bauzeit am 8. Juni 1889 feierlich eröffnet wurde.

Von Jenbach steigt die Strecke zunächst hinauf nach Eben. Zur Überwindung der Steigungen von bis zu 16 % entschied man sich für das Zahnstangensystem Riggenbach. Ab Eben führt die Strecke in einem leichten Gefälle ohne Zahnstange zum Seespitz am Ufer des Achensees, wo Anschluss an die Achensee-Schifffahrt besteht.

Die Strecke wird bis heute planmäßig nur mit Dampflokomotiven befahren. Bei der Eröffnung standen bereits vier Zahnrad-Dampfloks mit den Nummern 1 bis 4 (Achsfolge Bzt-n2) zur Verfügung. Um die Betriebssicherheit auf der Steilstrecke zu gewährleisten, haben die Loks drei unabhängige Bremssysteme, die so ausgelegt sind, dass sie jeweils alleine einen Zug im Steilstreckenabschnitt halten können. Ein Zug besteht in der Regel aus einem geschlossenen Personenwagen und einem offenen Aussichtswagen, die von Jenbach bis Eben von der Lok bergwärts geschoben werden. In Eben setzt sich die Lok an die Spitze des Zuges und zieht die Wagen bis nach Seespitz. Zwar wurden nach der Jahrhundertwende mehrfach Überlegungen angestellt, die Bahn zu elektrifizieren, aber der Erste Weltkrieg ließ dieses Projekt scheitern. Später wurden die Pläne nicht mehr aufgegriffen.

Weil im Zweiten Weltkrieg Ersatzteile fehlten, diente Lok 4 als Ersatzteilspender. Sie wurde später verschrottet. Die drei verbliebenen Maschinen sind weiterhin im Einsatz und gelten als die ältesten betriebsfähigen Zahnradbahnloks Österreichs. Im Jahr 2005 wurde eine aus aufgearbeiteten Altteilen der anderen Maschinen und einigen Ersatzteilen rekonstruierte Lok 4 erstmals wieder zur Probe angeheizt. Nachdem die Lok 1 am 16. Mai 2008 bei einem Brand im Heizhaus in Jenbach schwer beschädigt worden war, wurde die Lok 4 innerhalb dreier Monate mit nicht schadhaften Teilen der Lok 1 voll einsatzfähig hergerichtet, so dass vorerst weiterhin drei Lokomotiven zur Verfügung standen. Bis Ende 2009 wurde die beschädigte Lok 1 wieder neu aufgebaut und wieder betriebsfähig hergerichtet. Lok 2 stand bei dem Brand ebenfalls im Heizhaus. Sie wurde aber von den Mitarbeitern unbeschädigt aus dem Schuppen gebracht.

Im Herbst 2018 geriet die Achenseebahn AG in Turbulenzen, denn finanzielle Schwierigkeiten verbunden mit

Streckenname	Achenseebahn
Relation	Jenbach–Seespitz (Österreich)
Länge	6,8 km
Funktion	Personenverkehr
Daten zum Bau	Baubeginn: 1888 | Bauzeit (inkl. Planung, bis zur Fertigstellung): 1 Jahr | Eröffnung: 8.6.1889 | Durchgängig befahrbar ab: 8.6.1889
Spurweite	Schmalspurbahn (1000 mm)
Bahnhöfe	Jenbach, Seespitz
Anschlusspunkte	Jenbach: Unterinntalbahn Kufstein–Innsbruck
Besonderheiten	Nicht elektrifiziert, dampfbetrieben; Minimaler Radius 100 m (Adhäsionsabschnitt), 120 m (Zahnstangenabschnitt); Größte Steigung: 25 Promille (Adhäsion), 160 Promille (Zahnstange)

Die Lok 2 der Aachenseebahn ist mit ihrem Zug auf der Rückfahrt vom größten Gebirgssee Tirols hinunter nach Jenbach. In Maurach am Achensee ist ein kurzer Halt.

einem hohen Sanierungsbedarf an Strecke und Fahrzeugen gefährdeten ihren Fortbestand, trotzdem wurde die Saison 2019 noch gefahren. Am 25. März 2020 meldete die Achenseebahn AG beim Landesgericht Innsbruck Insolvenz an. Das Land Tirol erklärte sich schließlich bereit, die Bahn zu retten. Seit 2022 ist die Achenseebahn in den Denkmallisten des österreichischen Bundesdenkmalamts enthalten und die am 2. März 2021 als Nachfolgegesellschaft gegründete Achenseebahn Infrastruktur- und Betriebs-GmbH führt den Betrieb. Geschäftsführung und Betriebsleitung übernimmt die Zillertalbahn. Der planmäßige Verkehr wurde am 29. April 2022 wieder aufgenommen.

ZILLERTALBAHN

Die 31 km lange Schmalspurbahn (760 mm Spurweite) verbindet Mayrhofen im Zillertal mit dem an der Hauptstrecke Innsbruck – Kufstein gelegenen Jenbach. Sie überwindet dabei einen Höhenunterschied von nur 97 m und kommt ohne größere Kunstbauten wie Brücken oder Tunnel aus.

Schon Mitte des 19. Jahrhunderts entstand die Idee eine Eisenbahn durch das Zillertal zu bauen, denn die vorhandene Straße war dem ständig zunehmenden Verkehrsaufkommen nicht mehr gewachsen und konnte wegen des sumpfigen Untergrunds im Tal auch nicht ohne größeren Aufwand ausgebaut werden. Doch es dauerte noch bis in die 1890er-Jahre, ehe der Bau einer Bahn beschlossen wurde. Im Jahr 1900 begannen endlich die Arbeiten an der Strecke. Ende Juli 1902 konnte die Strecke zwischen Jenbach und Mayrhofen dem Verkehr übergeben werden. Zuvor wurden mehrere Linienführungen, so von Brixlegg aus entlang des rechten Zillerufers oder eine Verbindung zur Krimmler Bahn über Gerlos diskutiert. Auch die Frage der Spurweite stand zu Debatte. Hier gab man aus militärischen Gründen der Spurweite 760 mm vor der Regelspur mit 1.435 mm den Vorzug.

Anfang der 1920er-Jahre kaufte die Zillertalbahn-Actiengesellschaft zwar ein Elektrizitätswerk, aber die Zillertalbahn wurde nicht elektrifiziert. Mitte der 1960er-Jahre stand zum ersten Mal die Stilllegung der Zillertalbahn zur Debatte, denn durch den Ausbau der mehr oder weniger parallel verlaufenden Straße glaubte man auf die Bahn verzichten zu können. Zu gleichen Stand entstand aber ein Speicherkraftwerk in Mayrhofen und die Bahn wurde bis 1971 zum Transport des Baumaterials genutzt. Dafür wurden sogar zwei Diesellokomotiven und mehrere Rollböcke angeschafft, auf denen die beladenen Regelspurgüterwagen direkt zur Baustelle gebracht werden konnten.

1980 begann eine grundlegende Modernisierung der Zillertalbahn. So wurden die alten Fahrzeuge im Regelbetrieb durch Dieseltriebwagen ersetzt. Seit 2003 ist die neue, verstärkte Innbrücke bei Rotholz befahrbar und ab 2007 wurden einige Streckenabschnitte der Bahn zweigleisig ausgebaut. Heute hat die Zillertalbahn drei Standbeine: Zum einen gibt es einen planmäßigen Personenverkehr im 30-Minuten-Takt, zum anderen fahren in den Sommermonaten besonders für Touristen zahlreiche mit Dampfloks bespannte Sonder- und Regelzüge. Außerdem kann man im Zillertal selbst einmal Lokführer sein und für einen Obulus dem Lokführer zu Seite stehen bzw. die kleine Dampflok selbst steuern. Die dritte Einnahmequelle der Bahn ist der Holztransport aus den umliegenden Bergen. Der Güterverkehr wird mit Rollwagen und Normalspurgüterwagen abgewickelt.

Streckenname	Zillertalbahn
Relation	Mayrhofen im Zillertal–Jenbach (Österreich)
Länge	31,7 km
Funktion	Personen- und Güterverkehr
Daten zum Bau	Baubeginn: 1900 | Bauzeit (inkl. Planung, bis zur Fertigstellung): 2 Jahre | Eröffnung: 20.12.1900 | Durchgängig befahrbar ab: 31.7.1902
Spurweite	Schmalspurbahn (760 mm)
Bauwerke	Brücken über Flüsse wie Inn und Ziller
Bahnhöfe	Mayrhofen im Zillertal, Jenbach
Anschlusspunkte	Jenbach: Unterinntalbahn Kufstein–Innsbruck, Achenseebahn nach Seespitz
Besonderheiten	Bosnische Spur (760 mm), Verlängerung der Strecke beabsichtigt, stellenweise zweigleisig; Überwundener Höhenunterschied: 97 m

Im September 2007 ist die 746 KW starke Gmeinder-Diesellok D15 bei Strass mit einem Wendezug auf der Fahrt nach Mayrhofen.

SCHAFBERGBAHN

Der Schafberg, Hausberg der bereits zu Beginn des 19. Jahrhundert bekannten und beliebten Sommerfrische St. Wolfgang am gleichnamigen See, ist Ziel zahlreicher Gäste. Sogenannte Sesselträger – um 1880 gibt es 30 solcher Sesselträger in St. Wolfgang – tragen die Sommerfrischler auf den Schafberg. Dort steht seit 1836 eine Schutzhütte und macht den Besuch der Bergspitze noch attraktiver.

Erste Pläne für eine Zahnradbahn auf St. Wolfgangs Hausberg gibt es 1872: Der Betreiber der Dampfschiffe auf dem Wolfgangsee, Berthold Currant, will eine Bahn auf den Schafberg bauen, da er sich davon eine erhöhte Nachfrage nach seinen Ausflugsfahrten erhofft. Die Konzession wird ihm am 10.8.1872 erteilt, doch die sogenannte Gründerkrach von 1873 – eine kurze, aber heftige Wirtschaftskrise – zerschlage Currants Pläne.

1889 bilden der Ingenieur Wilhelm Michel und das Bauunternehmen Stern und Hafferl eine Interessengemeinschaft und erhalten am 13.1.1890 eine neue Konzession für Bau und Betrieb einer Bahn auf den Schafberg. Im Sommer konstituiert sich die Salzkammergut-Localbahn-Aktiengesellschaft (SKGLB), die den Betrieb der Bahn ausführen wird.

Die Bauarbeiten unter Ägide Stern und Hafferls beginnen im April 1892. Am 28.3.1893 unternimmt die erste Lokomotive eine kurze Probefahrt. Die erste durchgängige Streckenfahrt findet am 31.7.1893 statt, am folgenden Tag kann die Schafbergbahn eröffnet werden.

Nach dem Ersten Weltkrieg muss der Betrieb kurzfristig eingestellt werden (1919/20). Die Österreichischen Bundesbahnen (BBÖ) übernehmen die Konzession, ehe die SKGLB 1927 wieder mit der Betriebsführung betraut wird. Nach finanziellen Schwierigkeiten infolge der Weltwirtschaftskrise kauft das Österreichische Verkehrsbüro die Bahn und kann sie wieder in ruhigeres Fahrwasser führen. Nach der Annexion Österreichs durch das Deutsche Reich im März 1938 gehört die Schafbergbahn zur DR. Ab 1942 ruht der öffentliche Verkehr aus militärischen Gründen. Im Sommer 1945 erfolgt die Wiederaufnahme des Verkehrs durch die Österreichischen Staatsbahnen, 1947 umbenannt in ÖBB.

Für den Fortbestand des beliebten Dampfbetriebs werden 1992 und 1995 die ölgefeuerten Neubau-Dampfloks Z11-14 (SLM/Winterthur) beschafft. 2006 übernimmt die Salzkammergutbahn GmbH (SKGB) als Tochtergesellschaft der Salzburg AG die Schafbergbahn wie Wolfgangseeschifffahrt. Heute gilt die Schafbergbahn als steilste Dampf-Zahnradbahn Österreichs. Die Touristenbahn erfreut sich großer Beliebtheit, durchschnittlich fahren an die 600.000 Urlaubsgäste mit der Bahn und werden mit einem Bergpanorama verwöhnt.

2010 bis 2013 werden die Brücken und Tunnel sowie einige Oberbauabschnitte saniert, zwischen 2018 und 2023 folgt der Rest der Gleise. Bis dahin lagen vielfach noch Schienen aus dem Eröffnungsjahr 1893 mit dem Walzzeichen »BST« (für Bessemer-Stahl) aus Zeltweg. Im April 2021 beginnt der komplette Umbau der Talstation mit dem Abriss der alten Fahrkartenausgabe. Eigentlich sollte der Neubau 2022 fertig sein, kann aber erst am 29. April 2023 feierlich eröffnet werden. Mit Erfolg: Das Land Oberösterreich zeichnet das Projekt »Talstation Schafbergbahn« als »*Bauwerk des Jahres 2024*« aus.

Streckenname	Schafbergbahn
Relation	St. Wolfgang auf den Schafberg (Österreich)
Länge	5,8 km
Funktion	Personenverkehr
Daten zum Bau	Baubeginn: April 1892 | Bauzeit (inkl. Planung, bis zur Fertigstellung): 1,5 Jahre | Eröffnung: 1.8.1893 | Durchgängig befahrbar ab: 1.8.1893
Spurweite	Schmalspurbahn (1000 mm)
Bauwerke	Tunnel Schafbergspitze I (87 m) und II (26 m)
Bahnhöfe	St. Wolfgang, Haltestelle Schafbergalpe
Besonderheiten	steilste Dampf-Zahnradbahn Österreichs Zahnradbahn (System Abt), dampfbetrieben (es gibt auch zwei Dieseltriebwagen); größte Steigung: 255 Promille; größte Höhe: Schafbergspitze (1732 m); überwundener Höhenunterschied: 1190 m

Die Fahrt mit der Schafbergbahn ermöglicht einen herrlichen Panoramablick auf den Wolfgangsee.

TAUERNBAHN

Mit 396 Metern ist die Falkensteinbrücke an der Südrampe die längste Brücke der Tauernbahn.

Streckenname	Tauernbahn
Relation	Schwarzach-St. Veit – Spital-Millstättersee (Österreich)
Länge	79 km
Funktion	Eine der wichtigsten Nord-Süd-Verbindung in Europa für Personen- und Güterverkehr, touristische Erschließung des Gasteiner Tals
Daten zum Bau	Baubeginn: Oktober 1901 | Bauzeit (inkl. Planung, bis zur Fertigstellung): 29 Jahre | Eröffnung: 20.9.1905 | Durchgängig befahrbar ab: 5.7.1909
Spurweite	Vollbahn (1435 mm)
Bauwerke	Birgl-Tunnel (960 m), Angerschluchtbrücke (bei Badgastein), Tauerntunnel (8370 m), Kaponig-Tunnel (5096 m), Falkensteinbrücke (396 m)
Bahnhöfe	Schwarzach-St. Veit, Spital-Millstättersee
Anschlusspunkte	Schwarzach-St. Veit: Salzburg-Tiroler Bahn Salzburg–Wörgl | Spittal-Millstättersee: Drautalbahn nach Villach und Maribor
Besonderheiten	Abschnittsweise eingleisig, im Wesentlichen aber zweigleisig größte Steigung: ursprünglich 25 Promille, später 30 Promille größte Höhe: 1226 m (im Tauerntunnel erreicht); überwundener Höhenunterschied: 635 m (Nordrampe), 683 m (Südrampe)

Gegen Ende des 19. Jahrhunderts erfordert der starke Nord-Süd-Verkehr in Österreich den Bau einer weiteren Alpenbahn (neben Semmering und Brenner). Im Rahmen der wirtschaftlichen Entwicklung Österreich-Ungarns soll zudem Triest neben der (privaten) Südbahn durch eine weitere – nun aber staatliche – Bahn angebunden werden.

Um 1880 beginnt die Planung einer Bahnlinie von Triest über Kärnten durch die Tauern nach Salzburg. Aus wirtschaftlichen Erwägungen wird die sogenannte Gasteiner Linie festgelegt, die von Scharzach-St. Veit durch das Gasteiner Tal bis Böckstein an die Tauern-Nordseite gelangt, im Tauerntunnel den Streckenscheitel erreicht und über Mallnitz-Obervellach (Tauern-Südseite) bis Spittal-Millstättersee gelangt (hier endet die eingleisige Gebirgsbahn). Am 6.6.1901 ergeht der Bauauftrag, im Oktober 1901 starten die eigentlichen Bauarbeiten. Am 20.9.1905 eröffnet Kaiser Franz Joseph I. den ersten Abschnitt zwischen Schwarzach-St. Veit und Badgastein. Nach der Fertigstellung des Tauerntunnels (er ist von Anfang an zweigleisig angelegt, die übrige Strecke nur eingleisig) wird am 5.7.1909 das Reststück bis nach Spittal-Millstättersee freigegeben. Bald rollen auch internationale Züge über die Tauernbahn, etwa der Tauern-Express Paris–Triest.

Mit dem Ende der Donaumonarchie 1918 behält die Tauernbahn ihre Bedeutung, seit 1920 dient sie durch den Tauerntunnel auch als sogenannte Tauernschleuse und bietet »Autoüberstellerzüge«, da über die Tauern keine Autostraße führt. Während der Weltwirtschaftskrise 1929 wird die Elektrifizierung als sogenannte Notstandsarbeit beschlossen. Am 15.12.1933 beginnt der elektrische Betrieb der Tauernbahn. In den 1960er-Jahren stößt die Strecke an ihre Kapazitätsgrenze, obwohl in den zurückliegenden Jahrzehnten immer wieder Ausbauarbeiten erfolgt sind (z. B. Erweiterungen an Kreuzungspunkten). Daher erfolgt ab 1969 der abschnittsweise zweigleisige Ausbau. Bei dieser Gelegenheit wird die Linie zum Teil neu trassiert. Das umfasst auch den Ausbau bestimmter Viadukte und eine vereinzelte Streckenbegradigung, die aber stellenweise zu einer höheren Steigung (ehedem 25 Promille, nun bis zu 30 Promille) führt. Der längste und anspruchsvollste Modernisierungsabschnitt geht am 14.11.1999 in Betrieb: die Neubaustrecke Mallnitz-Obervellach und Lindisch. Erst seit Ende 2009 ist die Südrampe durchgängig zweigleisig befahrbar. Die Nordrampe ist bis auf drei Teilstücke ebenfalls zweigleisig. In einem der Teilstücke wurde der Rohbau für eine neue, zweigleisige Angerschluchtbrücke im Sommer 2008 fertiggestellt. Wegen der nachträglich durchgeführten Umweltverträglichkeitsprüfung erfolgte die Inbetriebnahme erst am 25. April 2016. Die alte Brücke steht unter Denkmalschutz. Weiterhin gilt die Tauernbahn als eine der wichtigsten europäischen Nord-Süd-Verbindungen.

BRENNERBAHN

Die Brennerbahn verbindet seit 1867 die Tiroler Landeshauptstadt Innsbruck mit Bozen bzw. Verona. Baubeginn der Strecke war im Jahre 1864. Betreiber war zunächst die Südbahngesellschaft (österreichische Aktiengesellschaft), die zahlreiche Bahnstrecken in Österreich-Ungarn baute. Der bekannte Ingenieur Karl von Etzel bekam den Auftrag zum Bau der Strecke.

Über eine Eisenbahn über den Brenner wurde bereits 1836 nachgedacht. Sie sollte eine engere Verbindung der Adriahäfen Venedig und Triest an Österreich herstellen.

Weil die Brennerbahn auf langen Streckenabschnitten eine Steigung von 25 Promille hat, wurde schon recht bald erwogen, einen »Brenner-Basis-Tunnel« mit einer Länge von ca. 55 km zwischen Patsch in Österreich und Franzensfeste in Italien zu bauen. Dieses Projekt wurde aber inzwischen wieder zurückgestellt und dafür 1999 der 7.340 m lange Schellenbergtunnel zwischen Brenner und Pflersch fertiggestellt. Die Maximalsteigung der Strecke beträgt 31 Promille, ihr minimaler Kurvenradius 264 Meter. Erstmals wurden Kehrtunnel gebaut, um die Höhendifferenz zwischen Innsbruck und Brenner zu überwinden.

Bis 1928 wurde der österreichische Abschnitt zwischen Innsbruck und Brennersee mit dem in Österreich üblichen Stromsystem 15 kV, 16 2/3 elektrifiziert. Ungefähr zur gleichen Zeit hatte die Oberleitung von Bozen her den Bahnhof Brenner erreicht, allerdings mit einer Gleichspannung von 3 kV. Erst 1934 trafen sich beide Systeme am Grenzbahnhof Brenner. Der wachsende Verkehr auf der Brennerbahn zeigte bald die Schwächen der Strecke. Enge Kurvenradien, starke Steigungen und der Lokwechsel an der Grenze führten zu kurzen Zügen, die häufig mit mehreren Loks bespannt und nachgeschoben werden mussten. Einzige Möglichkeit, diese Mankos zu beseitigen, war die Modernisierung der Strecke. Dazu gehört die 1994 fertiggestellte Umfahrung von Innsbruck mit einem 12,75 km langen Tunnel, der es ermöglicht, dass Güterzüge ohne den Bahnhof zu berühren in Richtung Italien und Deutschland fahren.

Die Brennerbahn führt von Innsbruck durch den Tunnel unter dem Bergisel nach Süden. Nun folgt sie der Sillschlucht ins Wipptal. Bei St. Jodok schwenkt die Bahn ins Valsertal, umrundet den Ort mit einer 180°-Kurve und verlässt das Tal wieder. Im Grenzbahnhof Brenner werden häufig noch die Lokomotiven gewechselt. Die Trennstelle befindet sich in etwa in der Bahnsteigmitte. Deshalb rollen einfahrende Lokomotiven mit bereits gesenktem Stromabnehmer über die Trennstelle in den »fremden« Spannungsbereich. Dort werden sie von einer Rangierlok abgezogen und wieder unter den »eignen« Fahr-

Streckenname	Brennerbahn
Relation	Innsbruck–Verona (Österreich, Italien)
Länge	275,4 km
Funktion	Personen- und Güterverkehr
Daten zum Bau	Baubeginn: 23.2.1864 | Bauzeit (inkl. Planung, bis zur Fertigstellung): 3 Jahre | Eröffnung: 17.8.1867 | Durchgängig befahrbar ab: 24.8.1867
Spurweite	Vollbahn (1435 mm)
Bauwerke	Bergiseltunnel (662 m), Mühltaltunnel (872 m), Pflersch-Tunnel (7343 m), Schlerntunnel (13287 m), Kardaun-Tunnel (3939 m), Ceraino Tunnel (4.314 m)
Bahnhöfe	Innsbruck, Fortezza/Franzensfeste, Verona
Anschlusspunkte	Innsbruck: Unterinntalbahn nach Kufstein, Arlbergbahn nach Bludenz, Mittenwaldbahn nach Garmisch-Partenkirchen | Fortezza/Franzensfeste: Pustertalbahn nach Lienz | Verona: nach Venedig, nach Mailand, nach Bologna
Besonderheiten	Zweigleisige, elektrifizierte Hauptstrecke; Größte Steigung: 31 Promille; Minimaler Radius: 264 m; Größte Höhe: Brenner (1370 m) Überwundener Höhenunterschied: 1311 m

draht zurückgedrückt. Nach dem Bahnhof Brenner steigt die Strecke über Sterzing, Franzensfeste und Brixen nach Bozen ab. In Franzensfeste zweigt die Pustertalbahn nach Lienz ab und ab Bozen führt die Vinschgaubahn nach Meran und Mals. Zwischen 1915 und 1960 zweigte in Klausen die schmalspurige Grödnertal-Bahn in das gleichnamige Seitental ab. Ab Bozen folgt die Trasse der Brennerbahn der Etsch und weist keine größeren Steigungen mehr auf.

Am 3. August 2006 wurde auf dem italienischen Abschnitt die Zugbeeinflussung SCMT eingeführt. Im Sommer 2012 wurde auf der österreichischen Seite die Strecke generalsaniert. Bereits seit 2007 wird am Brennerbasistunnel gebaut, der für eine deutliche Kapazitäts- und Geschwindigkeitssteigerung sorgen wird. Der Tunnel von Innsbruck bis nach Franzensfeste besitzt eine Länge von 55 km, zusammen mit der Umfahrung Innsbruck sogar von 64 km. Geplant ist eine Inbetriebnahme für das Jahr 2032. Parallel sind weitere Zulaufstrecken auf der Südrampe der Brennerbahn geplant; der Teilabschnitt Franzensfeste–Waidbruck mit dem Schalderer Tunnel und dem Grödner Tunnel sowie die Umfahrung von Trient mit dem Trienttunnel sind bereits in Bau.

Durch die Kehre bei St. Jodok rollt ein ÖBB-Triebwagen der Reihe 4020 in Richtung Innsbruck (August 1988).

DIE RITTNERBAHN

Die meterspurige Rittnerbahn erschließt das Hochplateau des Ritten bei Bozen in Südtirol, denn im 19. Jahrhundert nahm der Tourismus auf den Berg so stark zu, dass er eine Bahn auf den Berg rentabel schien. So wurde am 3. Juli 1906 die Konzession für eine schmalspurige elektrische Lokalbahn mit Zahnradantrieb Bozen nach Oberbozen erteilt. Bereits knapp ein Jahr später waren die Bauarbeiten abgeschlossen und am 13. August 1907 wurde die Bahn eröffnet. Sie gliederte sich zunächst in drei Abschnitte. Vom Waltherplatz in Bozen ging es zunächst als Straßenbahn über den Bahnhofsvorplatz zum Rittnerbahnhof. Hier befanden sich die Hauptwerkstatt, die Abstellhalle für die Triebwagen und eine Umladerampe für Güter.

Im Rittnerbahnhof setzte sich eine Zahnradlokomotive hinter den Triebwagen und schob ihn über die Zahnradstrecke bergwärts bis Maria Himmelfahrt. Dort setzte die Zahnradlok ab und der Triebwagen fuhr weiter bis zur Endstation in Klobenstein. Die maximale Steigung der Zahnradstrecke betrug 25 %, in ihrer Mitte war eine Betriebsausweiche. Hier stand die Umformerstation, die die Oberleitung mit einer Gleichspannung von 750 Volt speiste.

Von der Eröffnung bis 1911 wurde die Rittnerbahn von der k. k. privilegierten Südbahn betrieben, danach bis 1924 von den Etschwerken. Von 1924 bis 1929 führte die AG der Rittnerbahn den Betrieb, dann kam die Bahn bis 1955 zur Società Trentina di Elettricità.

Nach dem Zweiten Weltkrieg hatten die Fahrzeuge das Ende ihrer Nutzungszeit erreicht und es traten vermehrt Schäden an Lokomotiven und Triebwagen auf. Zudem waren die langen Fahrzeiten auf der Zahnradstrecke nicht mehr zeitgemäß, zumal die Pläne einer Straße auf den Ritten schon in den Schubladen der Baubehörden lagen. Überlegungen führten schließlich dazu, den Zahnradbetrieb einzustellen und durch eine Seilbahn zwischen Bozen und Oberbozen zu ersetzen. Am 3. Dezember 1964 ereignete sich auf der Steilrampe oberhalb von St. Magdalena ein schwerer Unfall. Ein Zug entgleiste, die Zahnradlok und der vorangestellte Triebwagen stürzten ab. Es gab mehrere Todesopfer und Schwerverletzte. Der vierachsige Triebwagen 1 und die Zahnradlok 1 wurden bei dem Unfall so schwer beschädigt, dass sie verschrottet werden mussten.

2007 feierte die Rittnerbahn ihr 100-jähriges Bestehen. Der von der END (Esslingen-Nellingen-Denkendorf) stammende Triebwagen 112 steht in Klobenstein zur Abfahrt bereit.

< In Klobenstein wartet Triebwagen 105 »Alioth« auf Fahrgäste für seine Rückfahrt nach Oberbozen.

Im zweiständigen Schuppen in Oberbozen können die Fahrzeuge untergestellt und gewartet werden.

Zusätzlich zu den vierachsigen »Plantriebwagen« hat die Rittnerbahn auch noch den zweiachsigen Triebwagen Nummer 12, der meist in Oberbozen auf Sondereinsätze wartet.

Der Unfall forcierte den Bau der Seilbahn, die am 16. Juli 1966 zwischen Oberbozen und Bozen eröffnet wurde. Die Talstation der Seilbahn entstand auf dem Areal der Talstation der Zahnradbahn. Mit der Eröffnung der Seilbahn wurde die Straßenbahnstrecke ins Stadtzentrum eingestellt und durch Busse ersetzt.

Seit 1982 ist die SAD Nahverkehr AG für den Betrieb der Rittnerbahn zuständig. Mit der Übernahme wurde auch eine grundlegende Generalsanierung beschlossen und 1985 begannen die Arbeiten in deren Rahmen neue Schienen verbaut und die Station Maria Himmelfahrt nach Originalplänen rekonstruiert wurden.

Im Frühjahr 2009 kamen zwei gebrauchte Triebwagen von der Trogenerbahn in der Schweiz zur Rittnerbahn. Sie ermöglichten einen Halbstundentakt. Dafür mussten 2011 die Oberleitung modernisiert und eine neue Speiseleitung installiert werden. Vom 7. Januar bis 15. Juni 2013 wurde die Strecke umfassend modernisiert. Während dieser Arbeiten ruhte der Betrieb.

Streckenname	Rittnerbahn
Relation	Oberbozen–Klobenstein (Italien)
Länge	11,7 km
Funktion	Personen- und Güterverkehr
Daten zum Bau	Baubeginn: 1906 | Bauzeit (inkl. Planung, bis zur Fertigstellung): 1 Jahr |Eröffnung: 13.8.1907 | Durchgängig befahrbar ab: 13.8.1907
Spurweite	Schmalspurbahn (1000 mm)
Bahnhöfe	Oberbozen, Klobenstein
Anschlusspunkte	Oberbozen: Rittner Seilbahn auf den Ritten
Besonderheiten	Zahnradbahnabschnitt 1966 aufgelassen; Minimaler Radius: 30 m; Größte Steigung: 45 Promille

97

ALBULABAHN

Der Schweizer Kanton Graubünden ist Ende des 19. Jahrhunderts immer noch schlecht erschlossen. Zudem haben die Bündner Pässe durch die neuen Eisenbahnlinien über Gotthard und Brenner an Bedeutung eingebüßt. Die am 21.7.1890 eröffnete Landquart-Davos-Bahn (1895 in Rhätische Bahn – RhB – umbenannt) beweist die Wirtschaftlichkeit einer Alpenbahn. Von Herbst 1894 bis Sommer 1896 wird die Strecke von Landquart nach Thusis erstellt.

Die vordringliche Aufgabe der 1897 per Volksentscheid zur »Graubündner Staatsbahn« erhobenen RhB ist die Anbindung des Engadins an das Streckennetz (diese Idee hat ein Hotelier bereits 1890). Die Nationalversammlung in Bern entscheidet sich am 30.6.1898 für eine Schmalspurbahn für Dampfbetrieb durch das Albulatal. Im September 1898 beginnen die Bauarbeiten. Die Ingenieure können auf die gewonnenen Erfahrungen beim Bau der Gotthardbahn aufbauen, so kann die Strecke als reine Adhäsionsbahn angelegt werden (was im Vorfeld bestritten worden ist). Um die Steigung nicht größer als 35 Promille anlegen zu müssen, sind zahlreiche Kunstbauten notwendig, darunter mehrere Spiral- und Kehrtunnel, mehrere Galerien und Schutzbauten. Unter den über 70 Brücken sind damals Aufsehen erregende Konstruktionen wie das berühmte Landwasserviadukt bei Filisur. Eine besondere Herausforderung stellt die von der Oberflächenbeschaffenheit erforderliche Steigung mit 76 Promille zwischen Bergün und Preda dar – das ist natürlich nicht zu bewältigen. Daher reduzieren die Ingenieure die vorgesehene Steigung auf 35 Promille. Das wiederum erzwingt die künstliche Verlängerung der Strecke um etwa 12 km und die Bewältigung der Steigung durch Bau von Kehr- und Spiraltunnel sowie zahlreichen Brücken. Mit dem Albulatunnel, dem längsten Kunstbau der Strecke, wird die Wasserscheide zwischen Rhein und Donau überwunden.

Am 1.7.1903 findet die Eröffnung des Abschnitts Thusis–Celerina statt. Nach gut einem Jahr weitere Bauzeit geht am 10.7.1904 die Verlängerungsstrecke bis St. Moritz in Betrieb (St. Moritz ist als Durchgangsbahnhof angelegt, weil ursprünglich geplant ist, die Albulalinie über den Malojapass nach Chiavenna zu verlängern). Bereits zum 15.10.1919 ist die Strecke voll elektrifiziert. Die Strecke wird auch von berühmten Zügen benutzt, etwa dem Glacier Express oder dem Bernina Express. Die Albulabahn ist heute eine der wichtigsten Strecken im Netz der RhB, seit 1997 werden umfangreiche Sanierungsmaßnahmen durchgeführt. Heute rollen Schnellzüge nach St. Moritz im Stundentakt. Im Winter werden zusätzliche Autozüge von Thusis nach Samedan eingesetzt. Seit dem 7. Juli 2008 zählt die Albulabahn zum UNESCO-Welterbe.

Streckenname	Albulabahn
Alternative Bezeich.	Albulalinie
Relation	Thusis–St. Moritz (Graubünden, Schweiz)
Länge	61,7 km
Funktion	Personen- und Güterverkehr
Daten zum Bau	Baubeginn: September 1898 | Bauzeit (inkl. Planung, bis zur Fertigstellung): 6 Jahre | Eröffnung: 1.7.1903 | Durchgängig befahrbar ab: 10.7.1904
Spurweite	Schmalspurbahn (1000 mm)
Bauwerke	Sehr viele Brücken (Landwasserviadukt, 136 m) sowie Tunnel und Galerien (Runplanas, 502 m), Versasca (694 m), Solis (986 m), Alvaschein (609 m), Greifenstein (698 m), Bergünerstein (409 m), God (487 m), Chanalletta-Galerie (117 m), Toua (677 m), Zuondra (535 m), Albulatunnel (5865 m)
Bahnhöfe	Thusis, Filisur, Samedan, St. Moritz
Anschlusspunkte	Thusis: nach Landquart | Filisur: nach Davos Platz | Samedan: nach Pontresina | St. Moritz: Berninanbahn nach Tirano (Italien)
Besonderheiten	aufwendige Linienführung zwischen Filisur und Preda, eine der spektakulärsten Schmalspurbahnen der Welt; UNESCO-Weltkulturerbe seit 2008; Größte Steigung: 35 Promille (zwischen Bergün und Preda); Größte Höhe: Bahnhof Spinas (1815 m); Überwundener Höhenunterschied: 1118 m

Eines der bekannten RhB-Krokodile bei der Auffahrt von Bergün in Richtung Preda.

BERNINABAHN

Ein Zug der Bernina-Bahn fährt am Lago Bianco entlang. Bald ist der Scheitelpunkt Ospizio Bernina erreicht.

Streckenname	Berninabahn
Relation	St. Moritz (Kanton Graubünden)–Tirano (Italien)
Länge	60,7 km
Funktion	Personen- (mit Aussichtswagen) und Güterverkehr, Tourismus
Daten zum Bau	Baubeginn: 1904 (Kraftwerke), 16.7.1906 (Bahn) | Bauzeit (inkl. Planung bis zur Fertigstellung): 11 Jahre | Eröffnung: 5.7.1910 | Durchgängig befahrbar ab: 5.7.1910
Spurweite	Schmalspurbahn (1000 mm)
Bauwerke	Kreisviadukt von Brusio; zahlreiche Kehrtunnel, Galerien; Montebellokurve (bei Morteratsch)
Bahnhöfe	St. Moritz, Pontresina, Ospizio Bernina (Scheitelpunkt), Poschiavo, Tirano (Italien)
Anschlusspunkte	St. Moritz: Albulabahn nach Thusis, Pontresina: Engadinerbahn nach Scuol-Tarasp
Besonderheiten	Eingleisig, 1000-V-Gleichstrombahn; Querung der Passhöhe offen (nicht im Tunnel); alte Dampfschneeschleuder 9213 noch im Einsatz; größte Steigung: 70 Promille; größte Höhe: Ospizio Bernina (2253 m)

Der Fremdenverkehr in den Schweizer Alpen erhält durch die Eröffnung der Bernina-Pass-Straße 1865 einen starken Impuls und nicht lange danach kommt die Idee auf die immer größeren Touristenscharen per Bahn in die Bergwelt zu transportieren. Zudem beabsichtigt der Kanton Graubünden das entlegene Puschlavtal jenseits des Alpenkamms verkehrstechnisch besser zu erschließen und den Gütertransport wie die Verbindungen ins Veltlin zu optimieren.

Nach ersten Plänen 1899 beginnen die Bauarbeiten der geplanten Verbindung zwischen dem Kurort St. Moritz (wo die Albulabahn endet) und dem italienischen Tirano am 16.7.1906, und zwar zu beiden Seiten des Bernina-Passes: zwischen Pontresina und Morteratsch im Norden sowie am Puschlaversee im Süden. Parallel entsteht 1904–1920 auch ein System aus Wasserkraftwerken zur Stromproduktion für die Bahn. Der Bahnbau vollzieht sich in drei Etappen, am 5.7.1910 wird mit Inbetriebnahme des Abschnittes Alp Grüm–Poschiavo die noch bestehende Lücke geschlossen. Bis 1.1.1942 ist die Berninabahn eine selbstständige aktienbasierte Bahngesellschaft, dann wird sie von der Rhätischen Bahn (RhB) übernommen. Seit 1969 betreibt die RhB direkte Wagenläufe zwischen Chur und Tirano, sie bilden als »Erlebnisfahrten« den »Bernina Express«. Dieser verkehrt seit 1990 auch im Winterhalbjahr.

Die elektrisch angetriebenen Fahrzeuge der Berninabahn bewältigen Steigungen von 70 Promille ohne Zahnstange. Als 1.000-V-Gleichstrom-Bahn ist sie eine Besonderheit im Wechselstrom (11 kV, 16,7 Hz)-Bahnnetz der RhB. Die engsten Kurvenradien betragen nur 45 m. Das ist auch der Grund, warum bis heute nur kurze Wagen die Berninastrecke befahren können (viele andere ursprüngliche Normen der Berninabahn wurden im Lauf der Zeit an das RhB-Normensystem angepasst). Die Berninabahn gehört mit ihren zahlreichen Kunstbauten wie Tunneln und Brücken – etwa der beeindruckende Kreisviadukt von Brusio – zu den eindrücklichsten Gebirgsbahnstrecken. Seit dem 7. Juli 2008 ist sie Teil des UNESCO-Welterbes »Albula-Bernina«.

Während das Personenzugangebot vor allem auf Touristen ausgerichtet ist (Aussichtswagen in einigen Relationen, stündlicher Verkehr, »Bernina Express« mit Panoramawagen) rollen auch Güterzüge über die Berninabahn: Holz und Brennstoffe, Lebensmittel und Baustoffe fahren über den Schweizer Grenzbahnhof Campocologno und sein italienisches Pendant Tirano.

FURKA-OBERALP-BAHN/MATTERHORN-GOTTHARD-BAHN

Am 27.5.1910 wird die Aktiengesellschaft der »Furkabahn Brig-Furka-Disentis« (BFD) mit dem Ziel gegründet, eine Bahn über den Furkapass zur Verbindung der Kantone Uri und Wallis zu bauen. 1911 beginnen die Bauarbeiten im Bezirk Goms/Wallis sowie an der Furka-Scheitelstrecke, 1912 erfolgt auch an der Oberalpstrecke Andermatt–Disentis der erste Spatenstich. Am 30.6.1914 wird der Abschnitt Brig–Gletsch (Wallis) eröffnet, nach verzögerter amtlicher Abnahme kann erst im Sommer 1915 in dem Abschnitt der Betrieb aufgenommen werden. Aber technische Schwierigkeiten am Furka-Scheiteltunnel und der Ausbruch des Ersten Weltkrieges stürzen die BFD in finanzielle Turbulenzen, die 1923 zum Konkurs führen. 1924 entsteht eine Interessengruppe aus den betroffenen Kantonen, der damaligen Visp-Zermatt-Bahn (VZ), der Schöllenenbahn und der Rhätischen Bahn (RhB). Durch ihr Zusammenwirken kann die Furka-Oberalp-Bahn als FO

neu gegründet und die Strecke bis Disentis (und zugleich die Furka-Bergstrecke von Realp bis Oberwald) im Oktober 1925 vollendet werden.

1930 vollendet die VZ (1962 in BVZ umbenannt) ihre Verbindungsbahn Visp–Brig (der Abschnitt Zermatt–Visp ist nach Baubeginn am 27.11.1888 zum 18.7.1898 fertig gestellt worden) und stellt damit den Lückenschluss zur Furka-Oberalp-Strecke her. Zusammen mit der Schöllenenbahn (SchB, zum 12.7.1917 eröffnet, 1961 mit der FO fusioniert), entsteht das große Schmalspurnetz von VZ, FO, SchB und RhB. Die Bahnen führen ebenfalls 1930 den durchgehenden Glacier Express zwischen Zermatt und St. Moritz ein. Durch die Saisonabhängigkeit benötigt die FO bald staatliche Unterstützungsgelder. Der Staat hilft auch bei der 1942 vollendeten Elektrifizierung der Stammstrecke (11 kV 16,3 Hz Wechselstrom, SchB von Anfang an elektrisch (1,2 kV Gleichstrom) betrieben, nach Fusion 700 V Wechselstrom).

Da die Bergstrecke nur im Sommer befahren werden kann, bekommt die FO auch hier bald Finanzprobleme. 1970 gibt es erste Planungen für einen Basistunnel, der ab 1973 gebaut wird (die Bauarbeiten entwickeln sich durch hohe Kostensteigerungen zu einem Skandal). Allen Widrigkeiten zum Trotz kann der Furka-Basistunnel als längster Schmalspurbahn-Tunnel der Welt (in dieser Hinsicht 1999 durch den Vereina-Tunnel abgelöst) am 25.6.1982 eröffnet werden. Die alte Strecke über die Furka wird 1981 stillgelegt und heute von der Dampfbahn Furka Bergstrecke (DFB) betrieben. Sie ist seit 1999 in Realp wieder an das FO-Netz angeschlossen.

Die Matterhorn-Gotthard-Bahn (MGB) entsteht zum 1.1.2003 durch die Fusion der FO mit der Brig-Visp-Zermatt-Bahn (BVZ). Die MGB bildet das Herzstück des alpinen Schmalspurnetzes zwischen Engadin und Matterhorn und stellt eine wichtige Ost-West-Achse in den Schweizer Alpen dar.

Ein moderner Orion-Triebzug der MGBahn überquert den Viadukt Bugnei - Sedrun (Sommer 2024).

Streckenname	**Matterhorn-Gotthard-Bahn (MGB, Fusion von FO und BVZ)**
Alternative Bezeich.	Einstmals Furka-Oberalp-Bahn (FO) und Brig-Visp-Zermatt-Bahn (BVZ)
Relation	Brig–Disentis und Andermatt–Göschenen (einst FO) und Brig–Zermatt (einst BVZ) (Kantone Graubünden, Uri, Wallis, Schweiz
Länge	100,6 km (ehemaliges FO-Netz) und 43,9 km (BVZ)
Funktion	Personen- und Güterverkehr
Daten zum Bau	Baubeginn: 27.11.1888 (BVZ)/1911 (FO) | Bauzeit (inkl. Planung, bis zur Fertigstellung): 37 Jahre (mit langjährigen Unterbrechungen) | Eröffnung: 18.7.1898 (BVZ)/30.6.1914 (FO) | Durchgängig befahrbar ab: Oktober 1925 (BVZ)/(FO)
Spurweite	Schmalspurbahn (1000 mm)
Bauwerke	Kehrtunnel bei Grengiols (592 m), Furka-Basistunnel (15442 m), Richlerenbrücke (69 m) Furka-Bergstrecke: Furka-Scheiteltunnel (1874 m), Gletsch-Kehrtunnel 578 m, Ehemalige BVZ: Jungbachgalerie 290 m, Täschwanggalerie 637 m
Bahnhöfe	Brig, Disentis, Zermatt
Anschlusspunkte	Brig: nach Zermatt Realp: Furka-Bergstrecke | Andermatt: Schöllenenbahn nach Göschenen | Disentis: zur RhB-Bahn nach Reichenau-Tamins | Zermatt: Anschluss zur Gornergratbahn, nach Brig
Besonderheiten	größte Steigung: 40 Promille (Adhäsionsabschnitt); 179 Promille (Zahnstangenabschnitt)

SIMPLONBAHN

1866 entscheidet sich die Schweiz zum Bau der Gotthardbahn, andere Alpenbahnprojekte wie die Querung des Simplons (Passlandschaft der östlichen Walliser Alpen) durch eine bereits geplante Simplonbahn zwischen Brig im Wallis und dem italienischen Domodossola müssen zurücktreten – und das, obwohl die Eisenbahn 1859 von Lausanne ausgehend bereits das Rhonetal erschließt: Sion erhält 1860 Bahnanschluss, Siders erreicht der Zug 1868.

Erst 1875 wird das Projekt durch Gründung der Simplonbahn-Gesellschaft wieder aktuell: Das Konsortium baut die Strecke im Rhonetal weiter nach Brig, das 1878 erreicht ist. Mit Gründung der Compagnie de Chemin de Fer du Jura et Simplon, der Jura-Simplon-Bahn (JS) im Jahr 1889 entstehen Pläne zum Bau des Simplontunnels, der die Bahnlinie von Brig nach Italien verlängern soll.

Am 25.11.1895 schließen Italien und die Schweiz einen Staatsvertrag über den Bau des Simplontunnels, die Arbeiten beginnen im August 1898 und enden am 17.5.1906. Am 1.6.1906 eröffnen die Schweizer Bundesbahnen (SBB) und die italienischen Staatsbahnen FS (Ferrovie dello Stato) die Bahnstrecke Brig–Domodossola, die Betriebsführung liegt vollständig bei den SBB. Im 19.823 m langen Simplontunnel (lange Zeit der längste Eisenbahntunnel der Welt) befindet sich eine Kreuzungsstation, die 1956 modernisiert wird.

Ein Schnellzug aus Brig ist in Domodossola eingetroffen (April 1958).

Streckenname	Simplonbahn
Relation	Brig–Domodossola (Schweiz, Italien)
Länge	40,8 km
Funktion	Personen- und Güterverkehr
Daten zum Bau	Baubeginn: August 1898 | Bauzeit (inkl. Planung, bis zur Fertigstellung): 8 Jahre (mit Unterbrechungen) | Eröffnung: 1.6.1906 | Durchgängig befahrbar ab: 1.6.1906
Spurweite	Vollbahn (1435 mm)
Bauwerke	Simplon-Tunnel I und II (je 19,8 km), Trasqueratunnel (1712 m), Varzotunnel (2966 m) Rio Rido-Pregliatunnel (2266 m)
Bahnhöfe	Brig, Domodossola
Anschlusspunkte	Brig: Visp–Göschenen, Visp–Zermatt, nach Bern, nach Lausanne | Domodossola: nach Lugano, nach Italien
Besonderheiten	Zweigleisig, elektrifiziert; Varzotunnel ist einer der weltweit längsten Kehrtunnel; größte Steigung: 25 Promille (in Diveria-Schlucht nördlich Domodossolas), (im Tunnel zwischen 2 und 7 Promille); größte Höhe: 705 m (im Simplontunnel bei km 9,6)

Schon nach wenigen Wochen wird der Abschnitt Brig–Iselle mit 3–3,3 kV Drehstrom (mit einer Frequenz von 16,3 Hz) elektrifiziert (damals eine Pionierarbeit, dasselbe avantgardistische Drehstromsystem nutzt seit 1902 die Valtellinabahn Monza–Chiavenna/Tirano in Italien), da man in den Tunnelstrecken infolge des Dampflokrauchs die Vergiftung des Lokpersonals befürchtet. 1912 erfolgt der Beschluss die Strecke Preglia–Domodossola zweigleisig auszubauen, die Arbeiten

werden am 20.11.1921 beendet. Der Ausbau Brig–Iselle erfolgt bis zum 7.1.1922 bzw. 16.10.1922. Der Abschnitt Varzo–Preglia erhält am 20.1.1922 das zweite Gleis, Iselle–Varzo am 1.6.1922.

Die sehr schwierig trassierte Strecke zwischen Iselle und Domodossola wird lange mit Dampf betrieben und erhält erst zum 2.3.1930 eine 15-kV-16,3-Hz-Wechselstrom-Fahrleitung, der bereits elektrifizierte Abschnitt Brig–Iselle wird auf dieselbe Wechselstromeinspeisung umgestellt. Nach wie vor spielt die Simplonbahn im internationalen Verkehr eine bedeutende Rolle, bündelt die Verkehrsströme aus Westeuropa und führt sie nach Oberitalien. Mit dem am 14.6.2007 freigegebenen Lötschberg-Basistunnel sind die Zuführungsstrecke zur Simplonbahn erheblich leistungsfähiger geworden und haben die Bedeutung der Strecke gesteigert. Die um Brig alpine Simplonbahn verläuft am Genfersee als Strecke mit geradezu mediterranem Charakter.

Bildnachweis Wikimedia Commons

Seite 8: By Bvcmz248.5 - Own work, CC0, https://commons.wikimedia.org/w/index.php?curid=152024253; Seite 9: By Nelso Silva from Porto, Portugal - DB 245 027, CC BY-SA 2.0, https://commons.wikimedia.org/w/index.php?curid=136620576; Seite 10: By Johan Wessman / News Oresund - Jernbane Tyskland Fehmarnsundsbrucke 20160716_0002, CC BY 2.0, https://commons.wikimedia.org/w/index.php?curid=83850866; Seite 12/13: By Хрюша Own work, CC BY-SA 3.0, https://commons.wikimedia.org/w/index.php?curid=7284399; Seite 16: By Dietmar Rabich, CC BY-SA 4.0, https://commons.wikimedia.org/w/index.php?curid=95059220; Seite 17: By Ramessos - Own work, Public Domain, https://commons.wikimedia.org/w/index.php?curid=12139635; Seite 18: By Thal1982 - Own work, CC BY-SA 3.0, https://commons.wikimedia.org/w/index.php?curid=30324381;Seite 19: By Rob Dammers - Appelhülsen DB 101 118 als IC 2201 naar Köln Hbf, CC BY 2.0, https://commons.wikimedia.org/w/index.php?curid=66190771; Seite 20: By Rob Dammers - Salzbergen DB 146 557 IC 2203 Köln Hbf, CC BY 2.0, https://commons.wikimedia.org/w/index.php?curid=99553369; Seite 21: By Torsten Maue from Magdeburg, Deutschland - Deutscher Eisenbahn-Verein, CC BY-SA 2.0, https://commons.wikimedia.org/w/index.php?curid=69116957; Seite 25 u.: By JoachimKohler-HB - Own work, CC BY-SA 4.0, https://commons.wikimedia.org/w/index.php?curid=89621223; Seite 26: By Joachim Lutz - Own work, CC BY-SA 4.0, https://commons.wikimedia.org/w/index.php?curid=174315064; Seite 27: By Ralf Roletschek - Own work, GFDL 1.2, https://commons.wikimedia.org/w/index.php?curid=66797225; Seite 33: By Bybbisch94, Christian Gebhardt - Own work, CC BY-SA 4.0, https://commons.wikimedia.org/w/index.php?curid=58104159; Seite 36: By Christian Schulz - Own work, CC BY 3.0, https://commons.wikimedia.org/w/index.php?curid=17244275; Seite 37: By Joachim Seyferth - Own work, CC BY 4.0, https://commons.wikimedia.org/w/index.php?curid=148809887; Seite 38: By A.Savin - Own work, CC BY-SA 3.0, https://commons.wikimedia.org/w/index.php?curid=2910896; Seite 39: By Lothar Spurzem - Own work, CC BY-SA 2.0 de, https://commons.wikimedia.org/w/index.php?curid=84415197; Seite 40: By © Raimond Spekking / CC BY-SA 4.0 (via Wikimedia Commons), CC BY-SA 4.0, https://commons.wikimedia.org/w/index.php?curid=45054317; Seite 41 o.: By Faxtester - Own work, CC BY-SA 4.0, https://commons.wikimedia.org/w/index.php?curid=140903990; Seite 41 u.: By Superbass - Own work, CC BY-SA 4.0, https://commons.wikimedia.org/w/index.php?curid=107876629; Seite 43 M.: By R. J. Mathar - Own work, CC BY-SA 4.0, https://commons.wikimedia.org/w/index.php?curid=89327962; Seite 43 u.: By A.Savin - Own work, CC BY-SA 3.0, https://commons.wikimedia.org/w/index.php?curid=2557736; Seite 44: By Tohma (talk) - Own work, CC BY-SA 4.0, https://commons.wikimedia.org/w/index.php?curid=179915080; Seite 46: By Holger Weinandt - Own work, CC BY-SA 3.0 de, https://commons.wikimedia.org/w/index.php?curid=10549079; Seite 47: By Rolf Kranz - Own work, CC BY-SA 4.0, https://commons.wikimedia.org/w/index.php?curid=114344062; Seite 49: By A.Savin - Own work, CC BY-SA 3.0, https://commons.wikimedia.org/w/index.php?curid=1166638; Seite 50/51: By Johannes Martin Conrad - Self-photographed, CC BY 3.0, https://commons.wikimedia.org/w/index.php?curid=21008014; Seite 54: By Kora27 - Own work, CC BY-SA 4.0, https://commons.wikimedia.org/w/index.php?curid=54697821; Seite 55: By Radler59 (talk) - Self-photographed, CC BY-SA 4.0, https://commons.wikimedia.org/w/index.php?curid=71411377; Seite 56: By M62-1981 - Gallery Photoarchive copy at the Wayback Machine, CC BY-SA 4.0, https://commons.wikimedia.org/w/index.php?curid=66660762; Seite 57: By R.D. --Rolf-Dresden - Own work, CC BY 2.5, https://commons.wikimedia.org/w/index.php?curid=4379426; Seite 58: By Jwaller - Own work, CC BY-SA 4.0, https://commons.wikimedia.org/w/index.php?curid=34822118; Seite 59: By Frank Vincentz - Own work, CC BY-SA 3.0, https://commons.wikimedia.org/w/index.php?curid=25234716; Seite 60: By Dr. Bernd Gross - Own work, CC BY-SA 3.0, https://commons.wikimedia.org/w/index.php?curid=28369176; Seite 61: By User:Liesel - Own work, CC BY-SA 3.0, https://commons.wikimedia.org/w/index.php?curid=11749253; Seite 63: By Steffen Levie - Wikipedia (de; original text: Eigenes Werk), CC BY 2.0 de, https://commons.wikimedia.org/w/index.php?curid=32805669; Seite 64: By SchiDD - Own work, CC BY-SA 3.0, https://commons.wikimedia.org/w/index.php?curid=33558481; Seite 66: By LVT771, CC BY-SA 2.0 de, https://commons.wikimedia.org/w/index.php?curid=18566004; Seite 73: By Rob Dammers - Boppard DB 101 097 als IC 2012 naar Hannover, CC BY 2.0, https://commons.wikimedia.org/w/index.php?curid=50144945; Seite 74: By Joachim Seyferth - Own work, CC BY 4.0, https://commons.wikimedia.org/w/index.php?curid=158095914; Seite 75 o.: By Joachim Seyferth - Own work, CC BY 4.0, https://commons.wikimedia.org/w/index.php?curid=158050032; Seite 75 u.: By Joachim Seyferth - Own work, CC BY 4.0, https://commons.wikimedia.org/w/index.php?curid=156933369; Seite 76: By Jakkes - https://www.panoramio.com/photo/105874517, CC BY-SA 3.0, https://commons.wikimedia.org/w/index.php?curid=37053848; Seite 77: By Madinn - Own work, CC BY-SA 3.0, https://commons.wikimedia.org/w/index.php?curid=6786822; Seite 84/85: By Bahnfisch - Own work, CC BY-SA 3.0, https://commons.wikimedia.org/w/index.php?curid=28073922; Seite 85: By I, Sese Ingolstadt, CC BY-SA 2.5, https://commons.wikimedia.org/w/index.php?curid=2502892; Seite 87: By Roehrensee - Own work, CC BY-SA 4.0, https://commons.wikimedia.org/w/index.php?curid=96193070; Seite 102: By E235JREMU - Own work, CC BY-SA 4.0, https://commons.wikimedia.org/w/index.php?curid=166978342; Seite 104: By MCMC - Own work, CC BY-SA 2.5, https://commons.wikimedia.org/w/index.php?curid=1058256; Seite 107: By MireoDriver - Own work, CC BY-SA 4.0, https://commons.wikimedia.org/w/index.php?curid=159437594; Seite 116: By Harald Bischoff - Own work, CC BY-SA 3.0, https://commons.wikimedia.org/w/index.php?curid=19048895; Seite 118/119: By Frank Nowotny - Own work, CC BY-SA 4.0, https://commons.wikimedia.org/w/index.php?curid=130346310; Seite 120/121: By Nelso Silva from Porto, Portugal - BB 262 Sauschwänzlebahn, CC BY-SA 2.0, https://commons.wikimedia.org/w/index.php?curid=129512270; Seite 122/123: By Ödenturm - Own work, CC BY-SA 4.0, https://commons.wikimedia.org/w/index.php?curid=114391178